信息技术人才培养系列教材　　　　华育兴业产学研合作系列教材

云计算与
大数据技术

Linux 网络平台 ✚ 虚拟化技术 ✚ Hadoop 数据运维

邢丽 边雪芬 王鹏 ◎ 编著

人民邮电出版社

北 京

图书在版编目（CIP）数据

云计算与大数据技术：Linux网络平台+虚拟化技术+
Hadoop数据运维 / 邢丽，边雪芬，王鹏编著. -- 北京：
人民邮电出版社，2021.8（2024.1重印）
信息技术人才培养系列教材
ISBN 978-7-115-55931-9

Ⅰ. ①云… Ⅱ. ①邢… ②边… ③王… Ⅲ. ①云计算
－数据处理－教材 Ⅳ. ①TP393.027②TP274

中国版本图书馆CIP数据核字(2021)第021048号

内 容 提 要

本书以大数据系统运维工程师岗位要求为依据，以企业的实际工作任务为导向编写而成。全书分
为三个部分，共 7 章，分别介绍：云计算与大数据运维概论、Linux 操作系统、OpenStack 部署与运维、
Docker 容器虚拟化技术、大数据运维导论、大数据运维实操、大数据运维监控。

本书既可作为大数据、云计算、计算机网络等专业的教学用书，也可作为相关技术人员的参考书。

◆ 编 著 邢 丽 边雪芬 王 鹏
　　责任编辑 李 召
　　责任印制 王 郁 马振武
◆ 人民邮电出版社出版发行　　北京市丰台区成寿寺路 11 号
　　邮编 100164　　电子邮件 315@ptpress.com.cn
　　网址 https://www.ptpress.com.cn
　　固安县铭成印刷有限公司印刷
◆ 开本：787×1092　1/16
　　印张：18.25　　　　　　　　　　2021 年 8 月第 1 版
　　字数：455 千字　　　　　　　2024 年 1 月河北第 4 次印刷
定价：59.80 元
读者服务热线：(010)81055256　印装质量热线：(010)81055316
反盗版热线：(010)81055315
广告经营许可证：京东市监广登字 20170147 号

目前，云计算和大数据在技术体系上已经趋于成熟，技术本身不再是问题，核心问题是云计算及大数据的落地应用。

要想解决云计算及大数据的落地应用问题，技术人才必不可少，因此，我们需要建立云计算与大数据运维技术的课程体系，培养一批云计算与大数据的运维工程师。本书定位于云计算与大数据运维技术教材，为运维工程师讲解目前所需的基本知识点和技术要点，帮助他们为将来的运维工作打下良好的基础。

本书分为三部分，共 7 章。

第一部分：平台基础，包含第 1 章、第 2 章。

第 1 章云计算与大数据运维概论，主要介绍云计算的概念、相关技术、云存储、云计算与大数据的关系，以及大数据技术和应用场景。第 1 章主要是点明本书的主题。第 2 章 Linux 操作系统，主要阐述 CentOS 7 的安装、Linux 用户与用户组的管理、文件系统的操作与管理、Shell运用、进程和网络的管理。

第二部分：虚拟化技术，包含第 3 章、第 4 章。

第 3 章 OpenStack 部署与运维，主要介绍 OpenStack 各个组件之间的逻辑关系、各个组件的安装与配置，带领读者完成云计算平台的搭建。第 4 章 Docker 容器虚拟化技术，主要介绍Docker 的安装与配置、Docker 的镜像管理、Docker 的容器管理等。第 4 章解决的是云平台的个性设置和迁移。

第三部分：大数据运维与监控，包含第 5 章、第 6 章、第 7 章。

第 5 章大数据运维导论，主要介绍大数据运维的基本概念、涉及的相关技术及主流工具和工作平台，包括 Hadoop、ZooKeeper、HBase、Spark、Hive、MongoDB、Kafka、Storm、Flume等的工作基本原理。第 6 章大数据运维实操，主要介绍 Hadoop、ZooKeeper、HBase、Spark、Hive、MongoDB、Kafka、Storm、Flume 的安装和配置过程，以及它们在不同的配置模式下可能产生的相互影响及互相依赖的关系。第 7 章大数据运维监控，主要介绍如何使用主流的运维工具对大数据集群的运行状态及性能指标进行监控。

在教学过程中，建议安排 64 学时，16 个教学周，每周 4 学时。每章的具体学时如下：第

1章2周，8学时；第2章2周，8学时；第3章3周，12学时；第4章3周，12学时；第5章2周，8学时；第6章2周，8学时；第7章2周，8学时。

本书由黑龙江农业工程职业学院邢丽编写第1~4章，由黑龙江大学边雪芬编写第5~7章。北京华育兴业王鹏提供企业真实项目及案例资源，参与教材配套实验的编写。在编写过程中，编者深入企业一线，进行技术运维的实践。本书所有项目任务均来自企业真实的工作任务，得到了企业的大力支持和运维工程师的协助，在此表示感谢！

本书提供了教学PPT和相关资料，读者可以登录人邮教育社区 www.ryjiaoyu.com 下载，北京华育兴业科技有限公司为本书配套开发了企业实战任务实践平台，同时提供了教法指南、学法指南、实践视频、上机习题、技术资料等。

在本书编写过程中，编者参考了大量国内外的教材、专著、论文等资料，对云计算和大数据运维所需知识进行了系统梳理以明确运维思路。本书也是编者对教学、科研、产业等方面工作的系统总结。由于编者能力有限，书中难免存在不足之处，望广大读者指正。

编 者
2021年5月

目 录 CONTENTS

第一部分　平台基础

01 第1章 云计算与大数据运维概论

近半个世纪以来，信息技术的飞速发展给世界带来巨大的变化。电子货币、商务智能推荐、打车平台、扫地机器人、智能语音学习机、无人驾驶车、人造卫星等互联网应用，随处影响着我们的生活、生产与科技研究。

信息化的形式由单机本地向局域网内办公、系统集成、商务智能转化，随着数据量的业务需求在不断变化。随着互联网的发展，物联网云平台出现了，大数据、机器学习、人工智能技术也出现了，数据量不断增加，相应学科的知识要求也在不断提高。世界各国积极推动信息化进程。近几年，物联网、大数据、云计算、人工智能被投入大量资金和人员进行技术研究，相关政策法规也处于建立与完善的过程中。信息化全球发展的今天，它们也将成为世界各国技术力量博弈的重要领域。

知识地图

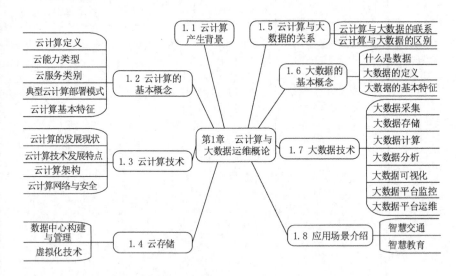

1.1 云计算产生背景

随着网络技术的成熟，云计算成为传统计算机技术和网络技术发展融合的产物。它的产生离不开互联网的助力，更离不开政府政策的推动。云计算作为信息技术领域的一种创新应用技术，成为新一代信息技术发展与商业模式变革的核心力量之一，引起世界各国的广泛关注。

个人计算机（Personal Computer，PC），该词源自 1981 年 IBM 的第 1 部桌上型计算机型号 PC。自第 1 台 PC 出现到普及，人们的生活发生了巨大的改变，如无纸化办公等。随着业务的增加，软硬件、网络通信等技术的发展，信息达到局域网内共享，服务器规模由单台发展到多台乃至集群。网络信息容量增加，办公效率提高，信息处理与办公趋近于智能化。近几年，互联网已经走进各家各户，基于互联网进行购物、学习、娱乐等已经是司空见惯的事情。人们通过网络共享资源，按自己的需求购买指定网络资源或应用。例如，购买网盘空间、服务器空间，购买电视节目等，这些都体现了互联网用户信息共享、按需获取资源的业务过程，这也是云计算的典型应用过程。传统信息化与云应用信息化如图 1-1 所示。

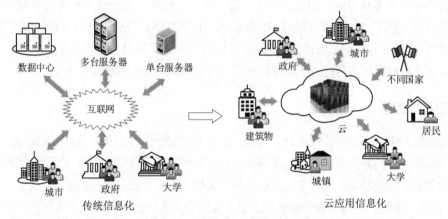

图 1-1　传统信息化与云应用信息化

在传统信息化应用中，大学、政府、城市大多按业务量、范围建立属于自己的独立的服务器或数据中心，每个本地服务器需要专员进行维护、管理。当各独立业务间需要进行信息共享时，需要通过互联网和本地服务器的授权进行信息公开，按独立业务应用的格式进行访问。而在云应用信息化中，资源可以共享，避免资源浪费。如图 1-2 所示。

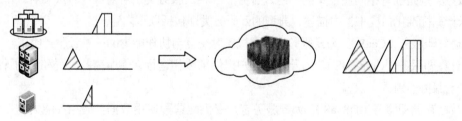

图 1-2　资源共享

大学、政府、城市所用服务器资源都有大量空闲，运用云应用信息化，可在硬件投入相对减少的情况下，让资源得到充分利用，而且只需要一个团队维护一个云服务即可。大学、政府、城市只需按自己的需求向云服务购买资源。

2006 年 8 月，Google 公司的首席执行官埃里克·施密特（Eric Schmidt）在搜索引擎大会（SES San Jose 2006）上首次提出云计算概念。云计算的目的是通过基于网络的计算方式，对共享的软件、硬件资源和信息进行组织整合，按需提供给计算机和其他系统使用。云计算可以说是互联网技术发达的今天，软硬件技术、虚拟化技术、网络通信技术，以及分布式存储、分布式计算、机器学习、神经网络等相关学科发展下的必然产物。自 2009 年开始世界各国从政策上也对云计算大力扶持，这些都推进了云计算的产生与快速发展。云计算的产生整合了资源，提升了资源利用率，降低了企业硬件建设及运营成本，同时开辟了信息化产业的新格局。

1.2　云计算的基本概念

1.2.1　云计算定义

云计算的定义有多种说法，但总体来讲已趋于统一。按中国电子技术标准化研究院 2014 年在《云计算标准化白皮书 V3.0》中引用的 ISO/IEC JTC1 和 ITU-T 组成的联合工作组制定的国际标准 ISO/IEC 17788《云计算词汇与概述》DIS 版定义的说法：云计算是一种将可伸缩、弹性、共享的物理和虚拟资源池以按需自服务的方式供应和管理，并提供网络访问的模式。

1.2.2　云能力类型

云能力类型是根据资源的使用情况，对为云服务客户提供的云服务功能进行的分类。有 3 类不同的云能力类型：应用能力类型、基础设施能力类型和平台能力类型。这 3 类云能力类型有不同的关注点，即相互之间的功能交叉很少。这些云能力类型不应与云服务类别混淆。

- 应用能力类型。云服务客户能使用云服务提供商的应用的一类云能力类型。
- 基础设施能力类型。云服务客户能配置和使用计算、存储和网络资源的一类云能力类型。
- 平台能力类型。云服务客户能使用云服务提供商支持的编程语言和执行环境，部署、管理和运行客户创建或客户获取的应用的一类云能力类型。

1.2.3　云服务类别

云服务类别是拥有相同质量集的一组云服务。一种云服务类别可对应一种或多种云能力类型。根据《云计算标准化白皮书》中描述，典型的云服务类别包括以下内容。

- 通信即服务（CaaS）。为云服务客户提供实时交互与协作能力的一种云服务类别。
- 计算即服务（CompaaS）。为云服务客户提供部署和运行软件所需的配置和使用计算资源能力的一种云服务类别。
- 数据存储即服务（DSaaS）。为云服务客户提供配置和使用数据存储相关能力的一种云服务类别。
- 基础设施即服务（IaaS）。为云服务客户提供云能力类型中的基础设施能力类型的一种云服务类别。
- 网络即服务（NaaS）。为云服务客户提供传输连接和相关网络能力的一种云服务类别。
- 平台即服务（PaaS）。为云服务客户提供云能力类型中的平台能力类型的一种云服务类别。
- 软件即服务（SaaS）。为云服务客户提供云能力类型中的应用能力类型的一种云服务类别。

其中，IaaS、PaaS 和 SaaS 应用广泛，也是公认的云计算基础模型，如图 1-3 所示。

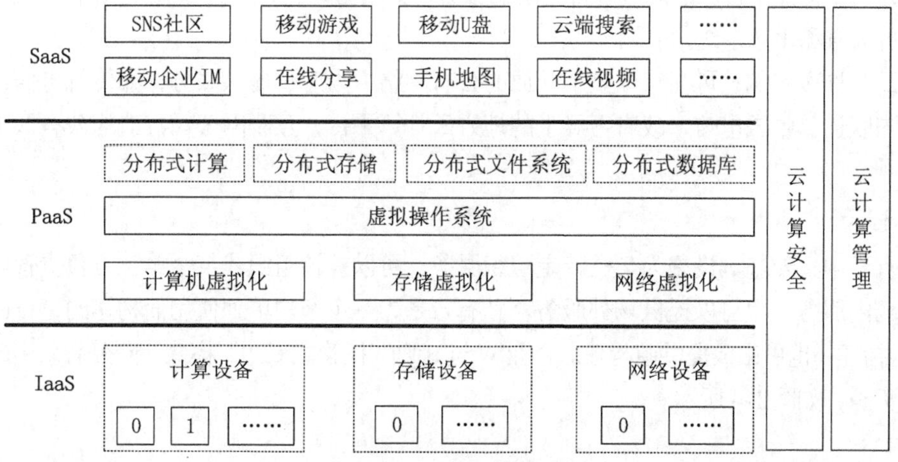

图 1-3　云计算基础模型

IaaS 主要包括计算设备、存储设备、网络设备等，能够按需向用户提供计算能力、存储能力或网络能力等 IT 基础设施类服务，也就是能在基础设施层面提供服务。IaaS 能够被成熟应用的核心在于虚拟化技术，通过虚拟化技术可以将形形色色的计算设备统一虚拟化为虚拟资源池中的计算资源，将存储设备统一虚拟化为虚拟资源池中的存储资源，将网络设备统一虚拟化为虚拟资源池中的网络资源。当用户订购这些资源时，数据中心管理者直接将订购的资源打包并提供给用户，从而实现 IaaS。

PaaS 定位于通过互联网为用户提供一整套开发、运行和运营应用软件的支撑平台。就像在个人计算机软件开发模式下，程序员可能会在一台装有 Windows 或 Linux 操作系统的计算机上使用开发工具开发并部署应用软件一样。Microsoft 公司的 Windows Azure 和 Google 公司的 GAE，可以算是 PaaS 平台中最为人熟知的两个产品了。

SaaS 模式下，用户不需要再花费大量资金和人力用于硬件、软件和开发团队的建设，只需要支付一定的租赁费用，就可以通过互联网享受相应的服务，而且整个系统的维护也由厂商负责。

当前国内外的典型云计算服务应用举例如表 1-1 所示。

表 1-1　　　　　　　　　　　　　典型云计算服务应用举例

层次	国内举例	国际举例
IaaS	虚拟机租用服务、存储服务、负载均衡服务、防火墙服务等	Amazon EC2、Amazon S3、Rackspace Cloud Server 等
PaaS	App 开发环境、App 测试环境、应用引擎等	Google App Engine、Microsoft Azure 等
SaaS	电子商务云、中小企业云、医疗云、教育云等	Google Apps、Salesforce CRM 等

1.2.4　典型云计算部署模式

云计算有 4 类典型的部署模式：公有云、私有云、混合云和社区云。具体描述如下。

1. 公有云

在公有云中，云基础设施对公众或某个很大的业界群组提供云服务，通常指第三方提供商为用户提供的能够使用的云。公有云一般可通过互联网提供免费或成本低廉的服务，公有云的核心属性是共享资源服务。公有云一般价格低廉，能够提供有吸引力的服务给最终用户，创造新的业务价值。公有云作为一个支撑平台，还能够整合上游的服务（如增值业务、广告等）提供商和下游最终用户，打造新的价值链和生态系统。

公有云有许多实例，可在当今整个开放的公有网络中为客户提供服务，如传统电信运营商中国移动、中国联通、中国电信，政府主导下的地方云计算平台，互联网公司打造的公有云平台盛大云等。

2. 私有云

在私有云中，云基础设施为某个特定组织服务，可以被该组织或某个第三方负责管理。私有云可以提供场内服务，也可以提供场外服务。私有云是为一个客户单独使用而构建的，可由公司自己的 IT 机构构建，也可由云提供商构建。企业 A 与 B 以"托管式专用"模式，向公有云中的私有云申请使用的资源，如图 1-4 所示。

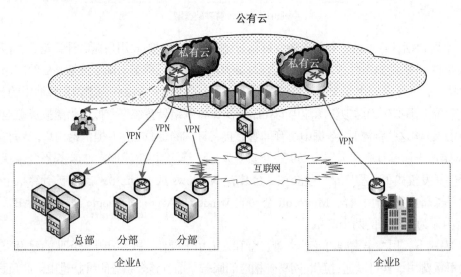

图 1-4　云计算基础模型

在"托管式专用"模式中，像 Sun、IBM 这样的云计算提供商可以安装、配置和运营基础设施，以支持一个公司企业数据中心内的私有云。此模式赋予公司对云资源使用情况的极高水平的控制能力。

3. 混合云

在混合云中，云基础设施由两个或多个云（私有云、社区云或公有云）组成，各云独立存在，但是通过标准的或私有的技术绑定在一起，这些技术可实现数据和应用的可移植性（如用于云之间负载分担的云爆发技术）。混合云既有公有云的功能，也具备私有云的特征，如图 1-5 所示。

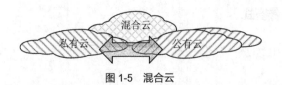

图 1-5　混合云

混合云是近年来云计算的主要部署模式和发展方向。私有云主要面向企业用户，出于安全考虑，企业更愿意将数据存放在私有云中，但是同时又希望可以获得公有云的计算资源，在这种情况下混合云被越来越多的企业采用。它将公有云和私有云进行混合和匹配，以获得最佳的效果。这种个性化的解决方案达到了既省钱又安全的目的。

公有云、私有云、混合云各有特点。公有云本身具备安全、便捷低廉、资源共享、运维可靠、弹性强的特点。公有云是放在互联网上的，注册用户、付费用户都可以用。私有云一般构筑在防火墙后，它是放在私有环境中的，例如，由企业、政府等自主建立，或由运营商整体租用给某一组织。它相对公有云更自主可控，数据私密性好。而混合云是公有云和私有云的混合，大多指私有云建设好后，由于很多资源（计算能力或存储空间）不够用，需要动态地在公网上申请公有云作为自己私有云的补充。混合云弹性好、灵活度高，但架构复杂。

4. 社区云

在社区云中，云基础设施由若干个组织分享，以支持某个特定的社区。社区是指有共同诉求和追求（如使命、安全要求、政策或合规性考虑等）的团体。和私有云类似，社区云可以由该组织或某个第三方负责管理，可以提供场内服务，也可以提供场外服务。

它可以是公有云范畴内的一个组成部分，在一定的地域范围内，由云计算服务提供商统一提供计算资源、网络资源、软件和服务能力。

社区云具有区域性和行业性、有限的特色应用、资源的高效共享和社区内成员的高度参与性等特点。基于社区内的网络互联优势和技术易于整合等特点，通过对区域内各种计算能力进行统一服务形式的整合，结合社区内的用户需求共性，实现面向区域用户需求的云计算服务模式。

1.2.5 云计算基本特征

云计算实现了基于网络将资源整合至大量的分布式计算机上，使企业、组织或个人等能够按需申请资源使用权限，达到按需访问计算机的目的。大体来讲，云计算具有如下特征。

1. 广泛的网络接入

广泛的网络接入是指可通过网络、采用标准机制访问物理和虚拟资源的特性。这里的标准机制有助于通过异构用户平台使用资源。这个关键特性强调云计算使用户更方便地访问物理和虚拟资源：用户可以从网络覆盖的任何地方，使用各种客户端设备（包括手机、平板电脑、笔记本电脑和工作站等）访问资源。

2. 可测量的服务

可测量的服务是指通过可测量的服务交付，使得服务使用情况可监控、可控制、可汇报和可计费的特性。通过该特性，可优化并验证已交付的云服务。这个关键特性强调客户只需对使用的资源付费。云计算为用户带来了价值，使用户从低效率和低资产利用率的业务模式转变到高效率模式。

3. 多租户

多租户是指通过对物理或虚拟资源的分配，保证多个租户以及他们的计算和数据彼此隔离、不可互相访问的特性。在典型的多租户环境下，组成租户的一组云服务用户同时也属于一个云服务客户组织。在某些情况下，尤其在公有云和社区云部署模式下，一组云服务用户由来自不同云服务客户组织的用户组成。一个云服务客户组织和一个云服务提供商之间也可能存在多个不同的租赁关系。

这些不同的租赁关系代表云服务客户组织内的不同小组。

4. 按需自服务

按需自服务是指云服务客户能根据需要自动或通过与云服务提供商的最少交互配置计算能力的特性。这个关键特性强调云计算为用户降低了时间成本和操作成本，因为该特性赋予了用户无须借助额外的人工交互就能够在需要的时候做需要做的事情的能力。

5. 快速的弹性和可扩展性

快速的弹性和可扩展性是指物理或虚拟资源能够快速、弹性地供应（有时是自动化地供应），以快速增减资源的特性。对云服务客户来说，可获取的物理或虚拟资源很多，可在任何时间购买任何数量的资源，购买量仅受服务协议的限制。这个关键特性强调用户无须再为资源量和容量规划担心。对客户来说，如果需要新资源，就能立刻自动地获得。

6. 资源池化

资源池化是指将云服务提供商的物理或虚拟资源进行集成，以便服务于一个或多个云服务客户的特性。这个关键特性强调云服务提供商既能支持多租户，又能通过抽象屏蔽处理复杂性。对客户来说，他们仅仅知道服务在正常工作，但是他们通常并不知道资源是如何提供或分布的。资源池化将原本属于客户的部分工作，如维护工作，移交给了提供商。需要指出的是，即使存在一定的抽象级别，用户仍然能够在某个更高的抽象级别指定资源分配。

1.3 云计算技术

1.3.1 云计算的发展现状

自 2009 年起，世界各国纷纷出台加快部署、推动云计算产业的战略规划和相关政策措施，期望在全球技术、经济竞争的格局中占据优势。各国制定战略规划，进一步明确云计算发展方向的应用重点，政府推动、资金扶持，甚至抢先开展云计算应用示范。

据中国信息通信研究院 2019 年《云计算发展白皮书》统计，全球云计算市场总体平稳增长（参照 Gartner 数据统计）。2018 年，以 IaaS、PaaS 和 SaaS 为代表的典型云服务市场规模达到 1363 亿美元，增速 23.01%。其中全球 IaaS 市场保持快速增长，规模达 325 亿美元，增速 28.46%；PaaS 市场增长稳定，但数据库管理系统需求增长较快，市场规模达 167 亿美元，增速 22.79%；SaaS 市场增长减缓，各服务类型占比趋于稳定，规模达 871 亿美元，增速 21.14%。我国公有云市场保持高速增长，2018 年，我国云计算整体市场规模达 926.8 亿元，增速 39.2%，其中公有云市场规模达到 437 亿元，私有云市场规模达 525 亿元。IaaS 依然占据公有云市场的主要份额，规模达 270 亿元，比 2017 年增长了 81.8%；PaaS 市场规模为 22 亿元，与 2017 年相比上升 87.9%；SaaS 市场规模达到 145 亿元，相对 2017 年增长了 38.9%。而私有云市场中软件和服务占比稳步提升，2018 年硬件市场规模 371 亿元，较 2017 有所下降；软件市场规模为 83 亿元，较 2017 年上升了 0.2%；服务市场规模为 71 亿元，提高了 0.3%。

国际云计算政策从推动"云优先"向关注"云效能"转变，各国不仅关注云资源的使用，而且随着云计算软件和服务的发展更加重视云的效率，以及运用云计算是否能更好地满足 IT 信息化决策的需求，是否能赋予传统 IT 更好的能力。2018 年 8 月，工业和信息化部印发了《推动企业上云实施指南（2018-2020 年）》，国内企业上云成为不可阻挡的趋势。"云+智能"开启新时代，智能云是智能化应用落地的引擎，可缩短研究和创新周期，可助力企业实现数据化转型。云端开发成为新模式，相对于传统本地软件开发模式来讲，具有降低企业成本、覆盖软件开发全生命周期、实现软件开发协同、软件开发趋于结构化的优势。

1.3.2　云计算技术发展特点

云计算的产生，引领了第三次信息技术革命，同时带来了一场技术和商业模式的革命。云计算的最终目的是让云计算服务提供商各尽所能，而用户各取所需。云计算建设中涉及的主要技术有虚拟化、数据中心的建设、云存储、并行计算、用户交互、安全与隐私等。随着信息化技术的发展，云计算技术发展也产生了一些变化。

1. 容器技术成为云计算主流技术

虚拟化主要指通过虚拟化技术将一台计算机虚拟为多台逻辑计算机，使用软件的方法重新定义、划分 IT 资源。传统的虚拟化手段满足用户按需使用的需求以及保证可用性和隔离性，已经成为一种被大家广泛认可的服务器资源共享方式，它可以在按需构建操作系统实例的过程中为系统管理员提供极大的灵活性。由于 Hypervisor 虚拟化技术仍然存在一些性能和资源使用效率等方面的问题，因此出现了一种称为容器（Container）的新型虚拟化技术来帮助解决这些问题。

容器技术可以在按需构建容器技术操作系统实例的过程中为系统管理员提供极大的灵活性，已经成为一种被大家广泛认可的容器技术服务器资源共享方式。容器技术不是在操作系统外建立虚拟环境，而是在操作系统内的核心系统层打造虚拟执行环境。以 Docker 为代表的容器技术开始快速迭代。同期，2014 年，OpenStack 社区决定开始支持容器。VMware 已经宣布将支持容器，强调采用虚拟机（Virtual Machine，VM）作为介质部署容器，可对容器安全性和管理控制进行补充。红帽（Red Hat）公司将 Docker 集成到自己的操作系统中。

2. 数据中心向整合化和绿色节能方向发展

百度百科描述"数据中心是全球协作的特定设备网络，用来在互联网基础设施上传递、加速、展示、计算、存储数据信息"。

维基百科给出定义："数据中心是一整套复杂的设施。它不仅包括计算机系统和其他与之配套的设备（如通信和存储系统），还包含冗余的数据通信连接、环境控制设备、监控设备以及各种安全装置。"

一个数据中心的主要任务是运行应用来处理商业和组织的数据。当前经济环境下，"绿色""低碳"已成为企业不可忽视的名词，随着绿色科技的概念全面进入消费者与企业环境，绿色数据中心成为趋势。绿色数据中心的"绿色"，是指数据机房中的 IT、制冷、照明和电气等系统能取得最大化的能源效率和最小化的环境影响。

与此同时，信息化高速发展的今天，传统数据中心的建设正面临异构网络、静态资源、管理复杂、能耗高等问题。云计算数据中心既要解决如何在短时间内快速、高效完成企业级数据中心的扩容部署问题，又要尽量满足高性能和高可靠性的要求，整合使数据中心高效运行所需的工具。例如，将服务器、网络和存储作为一个共用资源池进行管理，可以迅速地重新部署这一资源池，以满足不断变化的需求。Dell 的高效数据中心可整合、简化、自动化数据中心资源的管理，从而实现上述愿景。

3. 虚拟化技术向软硬协同方向发展

虚拟化，是指通过虚拟化技术将一台计算机虚拟为多台逻辑计算机。在一台计算机上同时运行多个逻辑计算机，每个逻辑计算机可运行不同的操作系统，并且应用程序可以在相互独立的空间内运行而互不影响，从而显著提高计算机的工作效率。

国际数据中心（Internet Data Center，IDC）认为，在 2000 年左右开始兴起的服务器集中化可以被看作虚拟化发展的准备阶段，从 2005 年开始持续至今的虚拟化热则可以被看作虚拟化的起步阶段。在这个阶段中，企业将计算资源的动态集中和共享作为实施虚拟化的主要任务。从 2007 年开始，一些信息化水平较高的国家，虚拟化技术已经发展到了一个新的阶段，这时虚拟化实施的重点已经转移到了灾备、迁移以及负载均衡上。虚拟化最初实现的是资源的共享与动态集中，这更多地体现在系统的集成与整合方面。随着虚拟化技术的成熟，虚拟化在运维、管理、业务层面也得到发展。当虚拟化到达成熟阶段时，有望形成以服务为导向、成本可控、基于策略且能够实现自动控制的数据中心。随着服务器等硬件技术和相关软件技术的进步，软件应用环境的逐步发展成熟以及应用要求不断提高，虚拟化技术由于具有提高资源利用率、节能环保、可进行大规模数据整合等特点而成为一项具有战略意义的新技术。随着虚拟化技术的发展，软硬协同的虚拟化将加快发展。其中软硬件协同是指对系统中的软硬件部分使用统一的描述和工具进行集成开发，可完成全系统的设计验证并跨越软硬件界面进行系统优化。2012 年，中国科学院计算机系统结构重点实验室蔡嵩松等人在《跨平台系统级虚拟机的访存优化》一文中提出了一种使用宿主系统 TLB（Translation Lookaside Buffer，转译后备缓冲器）硬件、加速跨平台系统级虚拟机访存地址转换的软硬件协同优化方法。实验结果表明该方法将虚拟机系统的整体性能提高了近 15%。2013 年 8 月，信息工程大学张思纯等人在《基于软硬件协同设计的内存虚拟化研究》一文中，借鉴协同设计虚拟机的思想，提出了一种软硬件协同设计的内存虚拟化方案，实验表明软硬件协同设计方案提升了 36.7% 的访存带宽，显著提高了系统仿真性能。

1.3.3 云计算架构

云计算架构大体分为显示层、中间层、基础设施层和管理层。

1. 显示层

大多数数据中心云计算架构的显示层主要以友好的方式向用户提供所需的内容和服务体验，并会利用到中间层提供的多种服务。显示层主要有以下 4 种技术。

HTML（HyperText Markup Language，超文本标记语言）：标准的 Web 页面技术，通过一系列标签对信息进行标记、整合、展现，告诉浏览器文字呈现格式、图片位置、表格格式、链接页面地址等。自 1993 年 HTML 1.0 发布以来，迄今已经发展到 HTML5，它在很多方面推动了 Web 页面的发展，包括视频和本地存储。

JavaScript：一种用于 Web 页面的动态语言，通过 JavaScript，能够极大地丰富 Web 页面的功能，如客户端页面信息验证、弹出窗口等，并且以 JavaScript 为基础的 AJAX 可创建更具交互性的动态页面。

CSS（Cascading Style Sheets，层叠样式表）：主要用于控制 Web 页面的外观，如 HTML 页上文字的颜色、字体大小、表格样式、页面布局等，而且能使页面的内容与其表现形式优雅地分离。

Flash：主要用于制作可交互的矢量图和 Web 动画，网页设计者可较容易地将动画创作和程序开发融为一体，制作出丰富的动画、小视频等。

2. 中间层

中间层是承上启下的，它在基础设施层所提供资源的基础上提供多种服务，如缓存服务和 REST 服务等。这些服务既可用于支撑显示层，也可以直接让用户调用。中间层主要有以下 5 种技术。

表述性状态转移（Representational State Transfer，REST）：通过 REST 技术，能够非常方便和优雅地将中间层所支撑的部分服务提供给用户。

多租户：多租户技术能让一个单独的应用实例为多个组织服务，而且保持良好的隔离性和安全性。通过这种技术，能有效地降低应用的购置和维护成本。

并行处理：为了处理海量的数据，需要利用庞大的 x86 集群进行规模巨大的并行处理，Google 公司的 MapReduce 是这方面的代表之作。

应用服务器：在原有的应用服务器的基础上做了一定程度的优化，如用于 Google App Engine 的 Jetty 应用服务器。

分布式缓存：通过分布式缓存技术，不仅能有效地降低后台服务器的压力，而且能加快相应的反应速度，如 Memcached。

3. 基础设施层

基础设施层为中间层或者用户准备所需的计算和存储等资源，其主要有以下 4 种技术。

虚拟化：也可以将其理解为基础设施层的"多租户"，因为通过虚拟化技术，能够在一个物理服务器上生成多个虚拟机，并且能在这些虚拟机之间实现全面的隔离，这样不仅能降低服务器的购置成本，而且能同时降低服务器的运维成本。成熟的 x86 虚拟化技术有 VMware 的 ESX 和开源的 Xen。

分布式存储：为了承载海量的数据，同时保证这些数据的可管理性，需要一整套分布式的存储系统。

关系数据库：在原有的关系数据库的基础上做了扩展和管理等方面的优化，使其在云中更适用。

NoSQL：为了满足一些关系数据库无法满足的目标，如支撑海量的数据等，一些公司设计了一批不是基于关系模型的数据库——NoSQL。

4. 管理层

管理层是为横向的 3 层（即显示层、中间层和基础设施层）服务的，并向这 3 层提供多种管理和维护等方面的技术，主要有以下 6 个方面。

账号管理：通过良好的账号管理技术，能够在安全的条件下方便用户登录，并方便管理员对账号的管理。

SLA 监控：对各个层次运行的虚拟机、服务和应用等进行性能方面的监控，以使它们都能在满足预先设定的服务级别协议（Service Level Agreement，SLA）的情况下运行。

计费管理：对每个用户所消耗的资源等进行统计，来准确地向用户索取费用。

安全管理：对数据、应用和账号等 IT 资源采取全面的保护，使其免受恶意程序等的侵害。

负载均衡：通过将流量分发给一个应用或者服务的多个实例来应对突发情况。

运维管理：主要是使运维操作尽可能地专业和自动化，从而降低云计算中心的运维成本。

云计算架构中有 3 层是横向的，通过这 3 层的技术能够提供非常强大的云计算能力和友好的用户界面；云计算架构还有 1 层是纵向的，即管理层，是为了更好地管理和维护横向的 3 层而存在的。

1.3.4　云计算网络与安全

云计算网络，无论是公共的、私有的或是混合的云，都必须能够在需要时增加和降低带宽，在存储网络、数据中心和局域网（Local Area Network，LAN）之间实现低延迟的吞吐能力，允许在服务器之间实现无阻断的连接，以支持虚拟机的自动迁移。此外，它还必须能够使面板上的功能延伸到企业和服务提供商网络中，能在不断变化的环境中始终提供可见性。

云计算网络可以看成 3 个相互依赖的结构：前端，负责连接用户到应用；中间层，实现物理服务器互连和它们的虚拟机迁移；存储网络。较大型的云网络可以作为一个 2 层或 3 层网络创建。

云计算网络有两个任务：将资源池变成一个虚拟资源；连接所有位置的用户到这些资源。

云计算安全或云安全指一系列用于保护云计算数据、应用和相关结构的策略、技术的集合，属于计算机安全、网络安全的子领域，或更广泛地说属于信息安全的子领域。云计算安全可以促进云计算创新发展，有利于解决投资分散、重复建设、产能过剩、资源整合不均和建设缺乏协同等问题。

1.4　云存储

1.4.1　数据中心构建与管理

数据中心是全球协作的特定设备网络，用来在互联网基础设施上传递、加速、展示、计算、存储数据信息。一个完整的数据中心由支撑系统、计算设备和业务信息系统这 3 个逻辑部分组成。支撑系统主要包括建筑、电力设备、环境调节设备、照明设备和监控设备，这些系统是保证上层计算机设备正常、安全运转的必要条件。计算设备主要包括服务器、存储设备、网络设备、通信设备等，这些设备支撑着上层的业务信息系统。业务信息系统是为企业或公众提供特定信息服务的软件系统，信息服务的质量依赖于底层支撑系统和计算设备的服务能力。从传统数据中心到云计算数据中心是一个渐进的过程，云计算数据中心除了规模化、集中程度更高，可见的基础设施与传统数据中心差异并不会很大，但是服务会不断升级。

随着信息化高度发展，数据中心规模和数量也快速增长，据中国信息通信研究院统计，截至 2017 年年底，我国在用数据中心机架总体规模达 166 万架，总体数量达到 1844 个，大型以上数据中心机架数超过 82 万。数据中心能效水平总体提升，优秀绿色数据中心案例不断涌现。例如，2015 年，百度云计算（阳泉）中心采用整机柜服务器等技术，实现年均 PUE1.23；2016 年，阿里巴巴千岛湖数据中心采用湖水自然冷却系统、太阳能电池板等技术，达到年均 PUE1.28；2017 年，腾讯青浦三联供数据中心采用天然气三联供等技术，实现年均 PUE1.31；2018 年，阿里巴巴/张北云联数据中心采用无架空地板弥散送风、全自动化 BA 系统实现自然冷源最大化等技术，实现年均 PUE1.23。我国数据中心总体布局逐步优化，数据中心技术不断变革。

① 高密度、绿色化引发数据中心基础设施变革。受高成本、高能耗驱动，数据中心供电架构逐步简化。业务量扩大和功率密度提升，促使液冷成为数据中心制冷新风尚。液冷应用逐渐由超算中

心向各行业数据中心渗透。

② 模块化数据中心成为数据中心建设新模式。以模块化为单位方便按用户需求快速、高效、节能、省成本地建设数据中心。据 ODCC（Open Data Center Committee，开放数据中心委员会）统计，截至 2017 年年底，累计完成能够容纳超过 100 万台服务器的约 7 万个标准机架部署的模块化数据中心，运行 6 年来安全稳定，平均 PUE 下降 0.2~0.4，运行成本降低 20%~40%，节能降支效果非常明显，对数据中心产业模块化、绿色化具有很强的带动和引领作用。

③ 定制化成为数据中心设施设备的发展方向。自主设计的整机柜服务器迭代创新支撑新技术、新应用；电信行业探索深度定制化服务器，致力推进电信网络重构。

④ 更高的性能和速度成为数据中心 IT 设备技术发展趋势。GPU 服务器突破 CPU 服务器的效率瓶颈，计算速度大幅提升；人工智能应用的爆发式增长，引发 GPU 服务器市场的快速扩张。固态硬盘的出现改变了机械硬盘独占鳌头的市场格局，闪存技术进一步助力固态硬盘突破容量限制，有望推动成本下调。

⑤ 大规模、高流量加速数据中心网络设备与技术演进。大数据时代的发展决定了数据中心建设规模、承载业务复杂性以及存储与计算技术要求不断演化。整个构建过程中网络规模变大了，相应的网络建设及管理成本提高，新时代的白盒交换机技术、计算与存储虚拟化技术以及无损网络技术等成为最好的选择。

1.4.2 虚拟化技术

随着信息技术的飞速发展，数据存储模式已变成海量存储模式。人们设想把这些数据的计算、存储、维护和应用服务整合成一体，使它们能像水、电一样方便地被使用，并可按量计费。这就是云计算的目标，即将各种 IT 资源以服务的方式通过互联网交付给用户。虚拟化技术实现了这些 IT 资源的逻辑抽象和统一表示，在大规模数据中心管理和解决方案交付方面发挥着巨大的作用；它是支撑云计算伟大构想的重要的技术基石，使各种规模的组织在灵活性和成本控制方面有所改善。

在计算机中，虚拟化是一种资源管理技术，它将计算机的各种实体资源（如服务器、网络、内存及存储等）予以抽象、转换后呈现出来，打破实体结构间的不可切割的障碍，使用户能以比原本的组态更好的方式来应用这些资源。这些资源的新虚拟部分不受现有资源的架设方式、地域或物理组态的限制。一般所指的虚拟化资源包括计算能力和资料存储。

在实际的生产环境中，虚拟化技术主要用来解决高性能的物理硬件产能过剩和旧的硬件产能过低问题实现重组重用，透明化底层物理硬件，从而最大化地利用物理硬件。

1. 系统虚拟化

系统虚拟化是指将一台物理计算机系统虚拟化为一台或多台虚拟计算机系统。每个虚拟计算机系统（简称虚拟机）都拥有自己的虚拟硬件（如 CPU、内存和设备等），可提供独立的虚拟机执行环境。通过虚拟化层的模拟，让虚拟机中的操作系统认为自己仍然是独占一个系统在运行。每个虚拟机中的操作系统可以完全不同，并且它们的执行环境是完全独立的。这个虚拟化层被称为虚拟机监控器（Virtual Machine Monitor，VMM）。系统虚拟化的体系结构如图 1-6 所示。

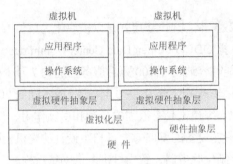

图 1-6　系统虚拟化的体系结构

虚拟机可以看作是物理机的一种高效隔离的复制。虚拟机具有 3 个典型特征：同质、高效和资源受控。同质指的是虚拟机运行环境和物理机环境在本质上需求是相同的，但是在表现上有一些差异。高效指的是虚拟机中运行的软件需要具有接近在物理机上直接运行的性能。资源受控指的是 VMM 需要对系统资源有完全控制能力和管理权限，包括资源的分配、监控和回收。

VMM 对物理资源的虚拟可以归结为 3 个主要任务：CPU 虚拟化、内存虚拟化和 I/O 虚拟化。CPU 虚拟化是 VMM 中最核心的部分，决定了内存虚拟化和 I/O 虚拟化的正确实现。CPU 虚拟化包括命令的模拟、中断和异常的模拟，以及注入和对称多处理器技术的模拟。内存虚拟化一方面解决了 VMM 和客户机操作系统对物理内存认识上的差异；另一方面在虚拟机之间、虚拟机和 VMM 之间进行隔离，防止某个虚拟机内部的活动影响其他的虚拟机甚至 VMM 本身，从而造成安全上的漏洞。I/O 虚拟化主要是为了满足多个客户机操作系统对外围设备的访问需求，通过访问截获、设备模拟和设备共享等方式复用外设。

按照 VMM 提供的虚拟平台类型，可以将 VMM 分为两类：完全虚拟化和半虚拟化。完全虚拟化下，VMM 虚拟的是现实存在的平台。在客户机操作系统看来，虚拟的平台和现实的平台是一样的，客户机操作系统觉察不到其运行在一个虚拟平台上。这样的虚拟平台无须对现有的操作系统做任何修改。半虚拟化下，VMM 虚拟的平台在现实中是不存在的。这样的虚拟平台需要对客户机操作系统进行修改使之适应虚拟环境。操作系统知道自己运行在虚拟平台上，并且会主动去适应。

2. 虚拟化资源管理

虚拟化资源是云计算中最重要的组成部分之一，虚拟化资源的管理水平直接影响云计算的可用性、可靠性和安全性水平。虚拟化资源管理主要包括对虚拟化资源的监控、分配和调度。

云资源池中应用的需求不断改变，在线服务的请求经常不可预测，这种动态的环境要求云计算的数据中心或计算中心能够对各类资源进行灵活、快速、动态的按需调度。云计算中的虚拟化资源与以往的网络资源相比，有以下特征。

- 数量更为巨大。
- 分布更为离散。
- 调度更为频繁。
- 安全性要求更高。

通过对虚拟化资源的特征以及目前网络资源管理的现状进行分析，确定虚拟化资源的管理应该满足以下准则。

- 所有虚拟化资源都是可监控和可管理的。
- 请求的参数是可监控的，监控结果可以被证实。
- 通过网络标签可以对虚拟化资源进行分配和调度。
- 资源能高效地按需提供服务。
- 资源具有更高的安全性。

在虚拟化资源管理调度接口方面，表述性状态转移有能力成为虚拟化资源管理强有力的支撑。REST 实际上就是各种规范的集合，包括 HTTP、客户端/服务器模式等。在原有规范的基础上增加新的规范，就会形成新的体系结构。而 REST 正是这样一种体系结构，它结合了一系列的规范，形成了一种新的基于 Web 的体系结构，使其更有能力来支撑云计算中虚拟化资源对管理的需求。

1.5　云计算与大数据的关系

1.5.1　云计算与大数据的联系

从概念上来讲，云计算项目中应用大数据技术不是必要条件，但目前大数据已经普及，信息量大，互联网发达，当前实际云计算应用项目基本都离不开大数据的应用。大数据主要解决分布存储、分布式计算的问题，是云计算的 PaaS 层的解决方案之一，但并不等同于 PaaS。

大数据项目中应用云计算技术也不是必要条件，只要建立的数据中心满足大数据存储与计算要求就可以了。同样，当前互联网发达，大多大数据项目也借助了云计算的知识。

1.5.2　云计算与大数据的区别

云计算更强调资源共享、按需获取资源的业务模式。为了建立这样的模式，需要分布式计算、并行计算、网格计算、多核计算、网络存储、虚拟化、负载均衡等传统计算机技术和互联网技术相融合。

大数据更强调如何按业务需求解决存储大数据和计算大数据的问题，更偏重于分布式存储、分布式计算、网络等相关技术的研究。

1.6　大数据的基本概念

1.6.1　什么是数据

从计算机角度来讲，数据指将人类生活、自然界活动用计算机能识别的方式进行记录、处理的符号，如文字、图片、表格、视频、音频等。这些数据经过加工后就成为信息，例如，"2020 届大数据 1 班张三虚拟化课程期末考试得分 90"。如果拥有足够多的信息，就能从信息中通过技术手段抽取出关联关系或因果关系，发现其规律，帮助决策者对事物做出判定，也就形成了知识。

从数据形成的信息中发现知识，并结合人类的智慧作用于人们的生产、生活，体现了数据的意义。

1.6.2 大数据的定义

根据中国信息通信研究院 2019 年 12 月发布的《大数据白皮书》，全球数据量在 2019 年有望达到 41ZB。假设一台家用计算机的磁盘容量是 1TB，存储 41ZB 的数据需要多于 $41×10^9$ 台家用计算机，如果需要协同工作，则需要加入更多台计算机，这已经属于大数据的范畴。

大数据概念在 1980 年由著名未来学家阿尔文·托夫勒（Alvin Toffler）提出，2009 年美国互联网数据中心证实大数据时代的来临。在大数据发展早期，美国著名的咨询公司麦肯锡（Mckinsey）、美国国家标准及技术研究协会（National Institute of Standards and Technology，NIST）的大数据工作组、亚马逊网络服务等不同的研究机构和公司从不同的角度进一步诠释了大数据的定义，无论哪一种说法都强调了大的数据量给数据处理带来了难度。大数据发展至今，其定义已经比较统一：大数据是无法在一定时间范围内用常规软件工具进行捕捉、管理和处理的数据集合。

1.6.3 大数据的基本特征

麦塔集团（META Group）分析员道格·莱尼（Doug Laney）在 2001 年指出，数据的挑战和机遇有三个方向，即大量（Volume）、多样（Variety）与高速（Velocity），合称"3V"，并将其作为大数据定义的参考依据。研究机构 IDC 在 3V 基础上定义了第 4 个 V：低价值密度（Value）。接下来，阿姆斯特丹大学的学生在"4V"的基础上增加了真实（Veracity）。"5V"描述的内容即大数据的 5 个特征，每一个特征的具体内容如下。

（1）大量

大量主要指业务相关的数据量巨大，如 10PB 以上甚至 EB 或 ZB 级的数据量。目前全球的数据量呈快速增长模式，规模庞大。

（2）多样

多样主要指数据来源多样，结构复杂，类型繁多。除了结构化数据外，大数据还包括各类非结构化数据，如音频、视频、点击流量、文件记录等，以及半结构化数据，如电子邮件、办公处理文档等。

（3）高速

高速主要指大数据中数据量增长的速度快和数据访问、处理、交付等的速度快。例如，某些业务要求在时间窗口内完成数据的处理操作，具有一定的时效性。企业只有把握好对数据流的掌控，才能最大化地挖掘利用大数据中潜藏的商业价值。

（4）低价值密度

低价值密度是指海量数据中有价值的信息数量较低。这一特性突出体现了大数据的本质是获取数据价值，即如何有效利用这些数据。

（5）真实

真实性包括来源和信誉、有效性和可审计性等内容。一方面要确保大量的数据的真实性、客观性；另一方面要通过对大数据的分析，真实预测事物的发展趋势。

依据中华人民共和国工业和信息化部 2018 年发布的《大数据标准化白皮书》，大数据基本特征中，被大家关注最多的是"多样"和"低价值密度"。"多样"之所以最被关注，是因为数据的多样性使其存储、应用等各个方面都发生了变化，针对多样化数据的处理需求也成为了技术重点攻关方向。而无论是数据本身的价值还是其中蕴含的价值，都是使用者关注的焦点。因此，如何将多样化的数据转化为有价值的存在，是大数据所要解决的重要问题。

1.7　大数据技术

1.7.1　大数据采集

大数据采集是指依据业务研究对象需求从真实世界中相关的众多数据源获取数据的过程。依据大数据的"4V"或"5V"特征，不同对象所对应的数据的产生方式和表现形式不同，如网络爬虫、传感器、数据库、第三方数据等，这些数据通常是分散的、凌乱的。通过现有的 ETL（Extract-Transform-Loading，抽取、转换、装载）技术，可将不同的数据源与大数据平台连接，实现数据的导入与导出。其中数据抽取过程首先要做大量业务数据调研工作，然后选用合适的工具或编写抽取程序实现数据的获取。数据转换主要指对抽取过程中获取的数据中可能存在的问题（异常值、缺失值、重复记录、错误记录等）进行清洗，然后进行变换处理，最后按业务规则进行数据的计算和聚合。数据装载过程较简单，主要是将转换后的数据直接写入指定的目标存储库。

1.7.2　大数据存储

大数据存储主要指将大数据采集的数据以适合业务读取的模式存入磁盘。在信息化早期，单机存储系统的存储引擎多采用哈希（Hash）表、B 树等数据结构在机械硬盘、固态硬盘等持久化介质上实现，应用的数据库以具备 ACID（Atomicity-Consistency-Isolation-Durability，原子性、一致性、隔离性、持久性）的关系数据库为主，如 MySQL、Oracle、SQL Server 等。随着数据量的增大，业务的数据复杂性增强，传统的关系数据库有一些固有的局限性，如峰值性能差、伸缩性差、容错性差、可扩展性差等，很难满足大数据的柔性管理需求，以 Base 原则和 CAP（Consistency-Availability-Partition tolerance，一致性、可用性、分区容错性）理论为基础的 NoSQL 数据库开始出现，如键值数据库 Redis、文档数据库 MongoDB、列式数据库 Cassandra、图数据库 Neo4j 等。在此期间，相对于单机存储系统的分布式存储系统逐渐成熟。分布式存储系统将数据分散存储在多台独立的设备上，不但提高了系统的可靠性、可用性和存取效率，还易于扩展，是大数据存储应用的主要模型形式。基于业务需要，一些数据库也基于分布式存储系统建立，如列式数据库 HBase、数据仓库 Hive 等。

1.7.3　大数据计算

大数据分析计算是大数据处理平台的核心功能，主要通过分布式计算框架来实现。针对大数据分析计算的分布式计算框架不仅要提供高效的计算模型和简单的编程接口，而且要有很好的可扩展性、容错和自动恢复能力，以及高效可靠的输入输出，以满足大数据处理的需求。可扩展性是指系统能够通过增加资源来满足不断增加的对性能和功能的需求。计算框架的可扩展性决定了其可计算规模和计算并发度等重要指标。容错和自动恢复是指系统考虑底层硬件和软件的不可靠性，支持出现错误后自动恢复的能力。高效可靠的输入输出能够缓解数据访问的瓶颈问题，以提高任务的执行效率和计算资源的利用率。

除了以上共性之外，针对不同类型的大数据，还需要一些专用的计算框架。根据数据的特性，常见的大数据有 3 种不同的类型：批量大数据、流式大数据和大规模图数据。批量大数据主要是指静态的大体量的数据。这些数据在计算前已经被获取并保存，且在计算过程中不会发生变化。流式大数据主要是指按时间顺序无限增加的数据序列。这是一种动态数据，在计算前无法预知数据的到来时刻和到来顺序，也无法预先将数据进行存储。大规模图数据是指大规模的图结构数据，如互联网的页面链接图、社交网络图等。图数据存在较强的局部依赖性，使得图计算具有局部更新和迭代计算的特性。

1.7.4 大数据分析

大数据分析是指对符合 "4V" 或 "5V" 特征的巨量数据进行分析，通常应用数学、统计学知识，以行业经验和分析工具作为支撑，发现数据中蕴含的规律，用于指导人们的生产、生活，体现大数据的价值。例如，通过给用户购物行为打标签，可以从众多用户产生的大数据中分析出用户所属群体和感兴趣的商品等，达到精准营销的目的。再如，获取大量城市交通数据（客流数据、GPS 数据、道路测量数据等）后，以大数据存储技术为支撑，以数据挖掘、处理和分析技术实时分析交通情况，可以为智能出行、智慧监管和运营提供依据。除此之外，大数据分析还应用于工业、教育、农业、林业等各行业。大数据分析技术涉及大数据项目的多个方面：可视化分析是对数据分析工具最基本的要求，将分析的结果以直观的方式展示给用户；数据挖掘是从大量的数据中通过算法搜索隐藏于其中的信息或知识的过程，应用计算机科学、信息论、微积分、矩阵论、概率论、统计和模式识别等知识，对多维数据进行切片、块、旋转等动作剖析数据，从而能多角度多侧面观察数据，常用的模型有分类、预测、关联规则和聚类分析等；语义引擎通过设计可实现从存储异构数据的文档中，通过文字解析、语义分析、词语提取等完成语言分析的功能。

1.7.5 大数据可视化

数据可视化旨在借助图形化手段，清晰有效地传达信息。这并不意味着要为了功能用途而令人感到枯燥，或者为了看上去绚丽而丧失简洁。为了有效地传达思想观念，美学设计与功能需要齐头并进，通过直观地传达关键特征，实现对稀疏而又复杂的数据集的深入洞察。

数据可视化与信息图形、信息可视化、科学可视化以及统计图形密切相关。当前，在研究、教学和开发领域，数据可视化乃是一个极为活跃而又关键的方向。数据可视化实现了成熟的科学可视化领域与较年轻的信息可视化领域的统一。

数据可视化技术包含以下几个基本概念。

- 数据空间：n 维属性和 m 个元素组成的数据集所构成的多维信息空间。
- 数据开发：利用一定的算法和工具对数据进行定量的推演和计算。
- 数据分析：对多维数据进行切片、块、旋转等动作剖析数据，从而能多角度多侧面观察数据。
- 数据可视化：将大型数据集中的数据以图形图像形式表示，并利用数据分析和开发工具发现其中未知信息的处理过程。

大数据可视化已经提出了许多方法，这些方法根据其可视化的原理不同可以划分为基于几何的技术、面向像素技术、基于图标的技术、基于层次的技术、基于图像的技术和分布式技术等。

大数据可视化技术的基本思想，是将数据库中每一个数据项作为单个图元元素表示，大量的数据集构成数据图像，同时将数据的各个属性值以多维数据的形式表示，可以从不同的维度观察数据，从而对数据进行更深入的观察和分析。

1.7.6　大数据平台监控

大数据计算机系统的监控为系统的运维提供了数据基础。大数据平台监控常常从系统的硬件展开，同时兼顾大数据系统的网络环境、配置环境、计算框架、上层服务等诸多层次，以便用户及时发现大数据平台潜在的问题，并能及时告警。可以说，大数据平台监控是故障诊断和分析的重要辅助工具，监控系统对大数据平台的重要性不言而喻。它能在发生事故之前就告警，最大限度降低系统故障率，是监控的终极目标和价值体现。

1.7.7　大数据平台运维

大数据平台运维主要从大数据系统的基础服务传输系统、计算调度以及存储系统层面考虑。运维系统中的批量作业平台要解决运维中高频的批处理任务，确保稳定性和可靠性；尽量引入原生支持的组件，减少开发的工作量。而这些工作的展开离不开大数据平台监控指标值带来的信息参考，可以说大数据平台运维与大数据平台监控是不可分割的有机整体，监控为系统运维提供数据基础，运维提升系统监控的意义。

1.8　应用场景介绍

在全球信息化快速发展的大背景下，大数据存储、计算与分析技术已经成为各国重要的基础性战略资源。互联网的发展推动了云技术的发展与应用。而云技术与大数据结合使用是当下应用的广泛形式，引领着新一轮科技技术的创新。通过数据共享或数据分析挖掘出巨大的商业和社会价值，促进科学研究模式的变革，对国家经济发展和安全具有战略性、全局性和长远性意义，是重塑国家竞争优势的新机遇。它们改变经济社会管理方式，促进行业融合发展，推动产业转型升级，助力智慧城市建设，创新商业模式和改变科学研究的方法论。

中国信息通信研究院 2019 年发布的《云计算发展白皮书》介绍了我国云计算在政务云、金融云、交通云、能源云和电信云的行业应用情况。2018 年，我国政务云市场规模达 370.8 亿元，已覆盖全国 31 个省级行政区，例如，湖北省政府近 90%的部门和业务系统已经在云上运行，广东省已向社会开放 3326 个政府数据集、超过 1.39 亿条政府数据。金融云在银行、互联网金融、证券、保险领域得到应用，其中银行的系统最复杂。大型银行倾向私有云；互联网金融公有云较多；证券交易所系统相对复杂，对低延迟要求最高；保险行业系统开发迭代快，重提开发运维一体化，私有云、公有云均有涉及。云计算技术具有的超强计算能力、动态资源管理、按需分配的特点，在服务对象众多和对安全性要求高的交通领域有着一定的优势，例如，在轨道交通中，利用云计算 IaaS、PaaS、SaaS 技术，可为用户提供全方位的网络与数据安全性，提高资源利用率，实现应用系统的功能。能源领域信息系统较复杂，云计算应用的进展相对较慢，实际应用情况并不乐观。云技术的成熟和网络的发展与升级驱动了电信云的发展，电信云大致分两个方向，一是建设云化的新型电信网络服务环境，二是运营商内部的应用系统的云化。

1.9　本章小结

本章介绍了云计算与大数据的基本概念，并指出二者之间的联系与区别，大数据是云计算 PaaS 层的解决方案之一，但并不等同于 PaaS。云计算更偏重于业务模型，而大数据更偏重于与大数据相关的存储与计算的技术。

本章通过云计算背景介绍，云计算定义、能力类型、部署模式和基本特征的描述，帮助读者理解云计算，为后文云计算相关架构、网络安全、数据中心构建、虚拟化技术的学习提供基本的理论认知；通过分析云计算与大数据的关系，引出大数据的基本知识点，包括大数据的定义、基本特征和相关技术，使读者掌握大数据的基本知识点，为后文的学习打下基础。

1.10　习题

1. 简述云计算的定义。
2. 简述云计算的能力类型。
3. 简述云计算的服务类型。
4. 简述云计算典型部署模式。
5. 简述云计算的基本特征。
6. 简述云计算的发展现状与发展特点。
7. 简述云计算的架构。
8. 简述云计算网络与安全的基本概念。
9. 举例说明云计算与大数据的关系。
10. 简述大数据的基本概念。
11. 简述大数据的主要技术及相关解释。

第2章 Linux 操作系统

Linux 操作系统是一套免费使用且开源的类 UNIX 操作系统，是一个基于 POSIX 和 UNIX 的多用户、多任务、支持多线程和多 CPU 的操作系统。Linux 操作系统的诞生、发展和成长过程始终依赖于 5 个重要支柱：UNIX 操作系统、MINIX 操作系统、GNU 计划、POSIX 标准和互联网。在信息化高度发展的今天，尤其对于大数据平台的应用，Linux 操作系统已经成为主流的服务器应用操作系统。

知识地图

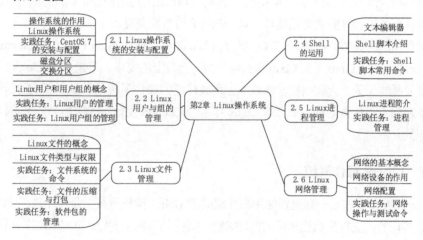

2.1 Linux 操作系统的安装与配置

2.1.1 操作系统的作用

在信息化高度发展的今天，手机、计算机等电子产品进入千家万户，老人、孩子也能熟练操作这些智能工具。工具购买中，我们最耳熟能详的话是"你这手机是安卓系统的还是苹果的""计算机是 Windows 的，还是 Linux 的"。其中安卓、苹果、Windows、Linux 都是指操作系统。这些操作系统是由特定语言编写的程序，用于管理计算机硬件与软件资源。例如，智能手机上安装微信软件后，软件程序通过安卓或苹果操作系统调用手机的硬件资源进行通信，完成聊天、转账等功能；计算机中安装的 Office、游戏等软件通过 Windows 操作系统，调用计算机的硬件资源。操作系统处于计算机硬件及应用软件之间，成为硬件与软件沟通的桥梁，如图 2-1 所示。

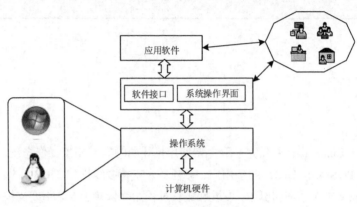

图 2-1　操作系统功能示意

图 2-1 所示为操作系统在计算机中的位置与功能。它基于计算机硬件，对命令进行解释，驱动硬件设备，满足用户要求；管理与配置内存，决定系统资源供需的优先次序，控制输入与输出设备、操作网络与管理文件系统等基本事务。同时，操作系统向用户提供软件接口、系统操作界面等，使用户通过系统操作界面或应用软件（如 Office）与系统交互。

操作系统的类型非常多，如客户机上的 Windows、macOS、Linux（如 Ubuntu）等，服务器上的 Windows Server、Linux（如 CentOS）等，移动设备上的安卓、苹果、Windows、Mobile 等。在信息化高度发展的今天，大数据技术领域中应用较广泛的操作系统是 Linux，由于其开源、稳定的特点而被广泛应用于服务器集群。本章以 Linux 体系中 CentOS 发行版的应用为蓝本进行 Linux 操作系统相关知识的介绍。

2.1.2　Linux 操作系统

Linux 操作系统是一套免费使用和开源的类 UNIX 操作系统，是一个基于 POSIX 和 UNIX 的多用户、多任务、支持多线程和多 CPU 的操作系统。它能运行主要的 UNIX 工具软件、应用程序和网络协议。它支持 32 位和 64 位硬件。Linux 操作系统继承了 UNIX 以网络为核心的设计思想，是一个性能稳定的多用户网络操作系统。

Linux 操作系统最初由芬兰大学生林纳斯·本纳第克特·托瓦兹（Linus Benedict Torvalds）发起，后来由陆续加入的众多爱好者共同开发完成。1991 年年底，Linus 公开了 Linux 0.02 内核源码，这个版本已经可以运行 GCC、Bash 和很少的一些应用程序。

Linux 操作系统的诞生和成长，依赖于 UNIX 操作系统、MINIX 操作系统、GNU 计划、POSIX 标准和互联网 5 个重要支柱。

UNIX 操作系统最早由肯·汤普森（Ken Thompson）、丹尼斯·里奇（Dennis Ritchie）和道格拉斯·麦克罗伊（Douglas McIlroy）于 1969 年在 AT&T 公司的贝尔实验室开发，于 1972 年用 C 语言进行了改写，使得 UNIX 操作系统在大专院校得到了推广。发展至今，UNIX 操作系统已经是一个强大的多用户、多任务操作系统，支持多种处理器架构。

　　MINIX 操作系统最初由荷兰的安德鲁·斯图尔特·特南鲍姆（Andrew S. Tanenbaum）于 1987 年开发，MINIX 的名称取自 Mini UNIX，是一个迷你版的类 UNIX 操作系统（约 300MB），主要用于学生学习操作系统原理。起初，MINIX 操作系统全部的程序码共约 12 000 行，Andrew 将它们纳入自己的计算机教材 *Operating Systems: Design and Implementation*（ISBN 0-13-637331-3）的附录作为范例，使学生可以在低配置的计算机中很容易地了解类 UNIX 操作系统的内部工作情况。Linux 操作系统的创始人 Linus 在学习 MINIX 时，觉得这款教学用的迷你版 UNIX 操作系统太难用了，于是决定自己开发一个操作系统，即 Linux。

　　GNU 是一个自由的操作系统，其内容软件完全以 GPL 方式发布。这个操作系统是 GNU 计划的主要目标，名称来自 "GNU is Not UNIX" 的递归缩写，因为 GNU 的设计类似于 UNIX，但它不包含具有著作权的 UNIX 代码。UNIX 是一种广泛使用的商业操作系统。由于 GNU 将要实现 UNIX 操作系统的接口标准，因此 GNU 计划可以分别开发不同的操作系统部件。理查德·斯托曼（Richard M.Stallman）于 1984 年创立自由软件体系 GNU，拟定 GNU 通用公共许可协议（General Public License，GPL），所有 GPL 下的自由软件都遵循 Richard M. Stallman 的 "Copyleft"（非版权）原则，即自由软件允许用户自由复制、修改和传播，但是对其源码的任何修改都必须向所有用户公开。各种使用 Linux 作为核心的 GNU 操作系统正在被广泛地使用。到 20 世纪 90 年代初，GNU 计划已经开发出许多高质量的免费软件，包括 Bash Shell 程序、GCC 系列编译程序、GDB 调试程序等。

　　POSIX 的名称取自 Portable Operating System Interface of UNIX，表示可移植操作系统接口。POSIX 标准定义了操作系统应该为应用程序提供的接口标准，是 IEEE 为在各种 UNIX 操作系统上运行的软件而定义的一系列应用程序接口（Application Programming Interface，API）标准的总称，其正式名称为 IEEE 1003，而国际标准名称为 ISO/IEC 9945。POSIX 标准意在获得源码级别的软件可移植性。换句话说，为一个 POSIX 兼容的操作系统编写的程序，应该可以在任何其他的 POSIX 操作系统（即使是来自另一个厂商）上编译执行。POSIX 标准为 Linux 操作系统提供了极为重要的信息，使得 Linux 操作系统能够在标准的指导下进行开发，并能够与绝大多数 UNIX 操作系统兼容。

　　互联网为 Linux 操作系统开发过程中的交流以及后期的发展提供了信息和资源的交流平台。

　　Linux 操作系统在 1999 年发行中文版，之后成为基于服务平台、个人桌面用户以及大数据平台的不可或缺的操作系统。发展至今，Linux 操作系统存在着许多不同的发行版，但它们都使用了 Linux 内核。Linux 操作系统可安装在各种计算机硬件设备中，如手机、便携式计算机、路由器、视频游戏控制台、台式计算机、大型机和超级计算机等。在这之前，我们有必要了解 Linux 操作系统的发展历程，图 2-2 展示了 Linux 操作系统的发展历程。

　　严格来讲，Linux 这个词本身只表示 Linux 内核，但人们已经习惯称基于 Linux 内核的操作系统为 Linux。Linux 操作系统之所以应用越来越广泛，与其自身的特点分不开。

　　● 开源免费：用户可以通过网络或其他途径免费获得并任意修改其源码，而且 Linux 操作系统上有着大量免费可用的软件，如 Apache、MySQL 等。

　　● 多用户多任务：Linux 操作系统可以使多个程序同时并行独立地运行，而且支持多个用户对自己的文件设备有自己特殊的权力，保证了各用户之间互不影响。

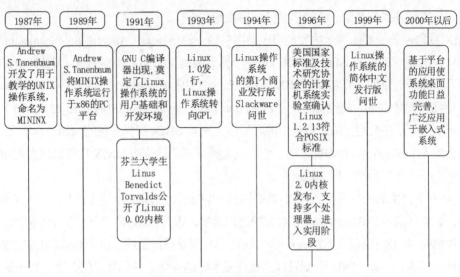

图 2-2　Linux 操作系统的发展历程

● 良好的界面：Linux 界面近年来越来越美观丰富，接近于 Windows 界面，方便用户快速学习和使用。

● 可移植性：Linux 操作系统支持几乎所有的 CPU 平台，可以将其安装至 U 盘、移动硬盘等存储介质，或运行在多种硬件平台上，如 x86 嵌入式系统。

● 支持几乎所有通用的网络协议，如 TCP/IP 等。同时，Linux 操作系统支持几乎所有的常用的开发语言，如 C++、Java、PHP 等。

Linux 操作系统的结构分为用户层、内核层和硬件层。其中系统硬件严格来讲并不属于 Linux 操作系统范畴，它负责通过硬件控制程序向 Linux 操作系统提供硬件资源。用户层，包含一些应用程序和函数库，是用户执行应用程序的地方。位于硬件层与用户层之间的内核层，诠释了 Linux 内核的运行原理。内核层主要由进程调度、内存管理、文件系统、网络接口和进程间通信 5 个子系统组成。在 Linux 操作系统执行一段程序时，初始属于用户态，调用用户态中的功能，然后切换至内核态。系统调用接口对上层用户态提供统一的 API，与计算机文件存储和文件子系统对应，使进程控制子系统对程序进程管理做出回应。进程控制子系统包含进程间通信和调试，不同进程无法看到对方的执行空间，进程执行时会在内存中保留自己的执行状态；在多进程系统中调度程序时，不同进程按一定策略分享 CPU 等资源，所有进程并行执行。设备驱动程序完成程序与硬件资源之间的通信与管理。

2.1.3　实践任务：CenOS 7 的安装与配置

在正式操作 Linux 操作系统之前，安装一个具有 Linux 的环境是必要的。与 Windows 等操作系统安装类似，可以有多种安装方式，如移动硬盘安装方式、网络安装方式、U 盘安装方式等。Linux 操作系统的安装也有需要注意的地方，如磁盘分区、交换分区等。

【例 2-1】以 Linux 系列中的 CentOS 7 为例，演示 Linux 操作系统的安装过程。

第 1 步：登录 Linux 官网、CentOS 官网或国内的镜像网站，选择合适的 Linux 产品及版本，本书选择 CentOS 7.4 安装包 CentOS-7-x86-64-DVD-1708.iso。

第 2 步：依据实际情况确定合适的安装方式。可以将安装包刻录至光盘安装，也可以从 U 盘启动安装或直接从移动硬盘安装，也可以在 Windows 操作系统下安装虚拟工具（如 Oracle VM VirtualBoxV60x 或 VMWare Workstation 等），建立虚拟机，直接使用安装包进行安装。图 2-3 所示为 CentOS 7 的开始安装界面。

图 2-3　开始安装界面

第 3 步：首先进入语言选择界面，如图 2-4 所示，选择中文安装，单击"继续"按钮。

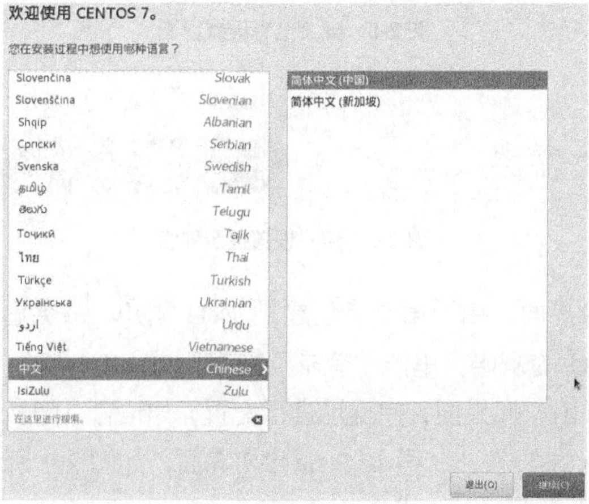

图 2-4　语言选择界面

第 4 步：进入安装信息配置界面，单击图 2-5 中的图标，按用户需求进行各种信息的配置，配置完成后，单击"开始安装"按钮。其中"软件选择"项默认选择"最小安装"，即只拥有 Linux 操作系统最基本的功能，没有界面。为了便于学习，本书选用"GNOME 桌面"，这是一个非常直观且对用户友好的桌面环境，建议在"已选环境的附加选项"下选中"GNOME 应用程序"前的复选框，这是一组经常使用的 GNOME 应用程序。

第 5 步：系统开始配置时，默认会生成 root 账户，它拥有管理员权限，系统提示"Root 密码未设置"，单击它在新窗口中设置 root 账户密码，配置完成后单击"完成"按钮。单击"创建用户"选项，创建自己的用户名和密码，本书创建了 user1 用户，如图 2-6 所示。

第 6 步：等待软件配置安装完成，然后单击界面右下角的"重启"按钮重启系统。

第 7 步：因为是第 1 次启动 CentOS 操作系统，首先进入初始配置界面，系统会提示未配置完的信息，例如，出现"LICENSING"项"未接受许可证"提示信息，单击它，进入许可信息界面选中"我同意许可协议"前的复选框，单击"完成"按钮，回到初始配置界面。配置完初始信息后，单击"完成配置"按钮。

图 2-5　安装信息配置界面

图 2-6　用户设置提示界面

第 8 步：进入用户登录界面，由于第 5 步创建了 user1 用户，故会看到 user1 用户的图标，单击它，输入先前设置好的 user1 的密码，单击"登录"按钮，进入 CentOS 工作界面。

第 9 步：首次登录会弹出欢迎界面，按提示进行配置，如语言、隐私、时区等，配置完成后，单击"开始使用 CentOS Linux(S)"按钮，进入 CentOS 7 界面，如图 2-7 所示，即可开始 Linux 操作系统的学习。

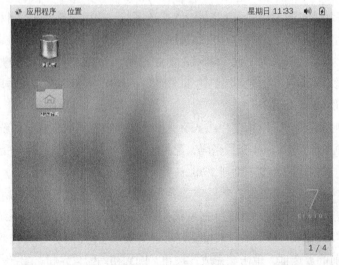

图 2-7　CentOS 7 界面

2.1.4 磁盘分区

就本质来说，Linux 只是操作系统的核心（内核），负责控制与管理硬件、文件系统、程序进程等，并且给用户提供各种工具和应用软件。Linux 操作系统与 Windows 操作系统一样，也拥有自己的分区格式，且不同分区的数据相互隔离。Linux 磁盘的分区主要分为主分区（Primary Partion）和扩展分区（Extension Partion）。其中，主分区可以即刻应用且不能再分区，而扩展分区需要再次分区方可使用，扩展分区再次分区称为逻辑分区（Logical Partion），且逻辑分区没有数量限制。主分区和扩展分区的数目之和不能大于 4。

在 Linux 操作系统中，可以说一切皆文件，硬件设备也都将映射至文件，每种设备分区使用不同的标识符进行描述，例如，IDE 设备驱动器标识符"hd"，SCSI、SATA、USB 设备驱动器标识符"sd"，Xen 虚拟机硬盘设备驱动器标识符"xvd"。每种标识符后面跟随盘号，通常为 a~d 或 a~z，盘号的后面跟随逻辑分区的编号，通常是从 1 开始的数字。

1. 通过 Shell 命令操作磁盘分区

用 fdisk 查看当前磁盘分区详情，通过"-l"参数显示所有硬盘的分区列表。

本系统应用 SCSI 设备驱动，可以看到本 Linux 操作系统的一块磁盘的标识符为"sda"，该磁盘分为 2 个逻辑分区"sda1"和"sda2"。从"sda2"对应的 System 值看出其应用了 LVM 逻辑卷管理。centos-root 对应根目录供 root 用户使用，可通过挂载命令查看。centos-swap 为交换分区，在系统内存不够用时，该分区可虚拟成内存使用。

```
[root@localhost ~]# fdisk -l

磁盘 /dev/sda: 40.8 GB, 40802189312 字节, 79691776 个扇区
Units = 扇区 of 1 * 512 = 512 字节
扇区大小(逻辑/物理)：512 字节 / 512 字节
I/O 大小(最小/最佳)：512 字节 / 512 字节
磁盘标签类型：dos
磁盘标识符：0x000c9cdd

   设备  Boot     Start       End       Blocks    Id   System
/dev/sda1   *      2048     2099199    1048576    83   Linux
/dev/sda2         2099200   79691775  38796288    8e   Linux LVM

磁盘 /dev/mapper/centos-root: 37.6 GB, 37572575232 字节, 73383936 个扇区
Units = 扇区 of 1 * 512 = 512 字节
扇区大小(逻辑/物理)：512 字节 / 512 字节
I/O 大小(最小/最佳)：512 字节 / 512 字节

磁盘 /dev/mapper/centos-swap: 2147 MB, 2147483648 字节, 4194304 个扇区
Units = 扇区 of 1 * 512 = 512 字节
扇区大小(逻辑/物理)：512 字节 / 512 字节
I/O 大小(最小/最佳)：512 字节 / 512 字节
```

2. 查看当前磁盘分区与目录挂载的关系

磁盘在 Linux 操作系统中以文件来标识，用户来访问时，用另一个目录访问，涉及 Linux 挂载的问题，逻辑分区最终挂载到 Linux 操作系统的不同目录上，通过命令"df -h"查看。

```
[root@localhost ~]# df -h
文件系统                       容量    已用    可用    已用%  挂载点
/dev/mapper/centos-root        35G    3.4G    32G    10%    /
devtmpfs                       905M    0      905M    0%    /dev
tmpfs                          920M    0      920M    0%    /dev/shm
tmpfs                          920M   8.9M    911M    1%    /run
tmpfs                          920M    0      920M    0%    /sys/fs/cgroup
/dev/sda1                      1014M  178M    837M   18%    /boot
tmpfs                          184M   4.0K    184M    1%    /run/user/42
tmpfs                          184M   20K     184M    1%    /run/user/1000
/dev/sr0                       57M    57M     0      100%   /run/media/user1/VBOXADDITIONS_5.1.24_117012
tmpfs                          184M    0      184M    0%    /run/user/0
```

根目录"/"是 root 用户使用的目录，结果显示写在根目录中的文件其实是写在 centos-root 分区中。挂载点/boot 对应文件系统/dev/sda1，说明所有写在/boot 目录下的文件都存储在/dev/sda1 分区中。

2.1.5　交换分区

Linux 操作系统中的交换分区（Swap）类似于 Windows 操作系统中的虚拟内存，当内存不足时，可以把一部分硬盘空间虚拟成内存使用。一般来说可以按照如下规则设置 Swap 的大小。物理内存小于 4GB 时，Swap 通常设置为内存的 2 倍；物理内存为 4GB~8GB 时，Swap 等于内存大小；物理内存为 8GB~64GB 时，Swap 设置为 8GB；物理内存为 64GB~256GB 时，Swap 可设置为 16GB。

1. Swap 启用

Swap 什么时候会被 Linux 操作系统使用，取决于 swappiness 参数，通过下面的命令查看当前系统的 swappiness 参数。

```
[root@localhost ~]# cat /proc/sys/vm/swappiness
30
[root@localhost ~]#
```

参数显示 30，意味着内存使用 70%（计算公式：100-30=70）的时候，开始启用 Swap。用户可依据自己系统的实际情况对这个参数进行更改。临时性更改 Swap 参数可使用 sysctl vm.swappiness 命令实现，例如，sysctl vm.swappiness=20。注意，Swap 毕竟是用磁盘空间充当内存，其速度与物理内存还是有一定差距的。

2. Swap 空闲空间查看

前面提到的 centos-swap 即是 Linux 操作系统应用的 Swap 分区，可通过命令 free 来查看空闲交换分区的大小，-m 参数指定显示结果以 MB 为单位。例如，以下代码显示 Swap 总大小为 2047MB，已经使用 0MB，剩余 2047MB。

```
[root@localhost ~]# free -m
       total    used    free    shared    buff/cache    available
```

```
Mem:   1839    632    725      9        481       1021
Swap:  2047     0    2047
```

3. Swap 关闭

通过 swapoff 关闭 Swap 服务，此时使用 free 命令查看空闲交换分区的大小，发现皆为 0。再使用 swapon 启用 Swap 服务，查看空闲交换分区的大小则不为 0。

```
[root@localhost ~]# swapoff -a
[root@localhost ~]# free -m
        total    used    free    shared   buff/cache   available
Mem:    1839     632     725       9          481         1020
Swap:    0        0       0
[root@localhost ~]# swapon -a
[root@localhost ~]# free -m
        total    used    free    shared   buff/cache   available
Mem:    1839     632     725       9          481         1021
Swap:   2047      0     2047
```

2.2　Linux 用户与组的管理

2.2.1　Linux 用户和用户组的概念

Linux 是一个多用户、多任务的操作系统，可以供多个用户同时使用。为了保证用户之间的独立性，允许用户保护自己的资源不受非法访问；为了使用户之间可以共享信息和文件，也允许用户分组工作。例如，查询 root 用户目录下的内容列表时，该目录下的所有文件及文件夹会被详细列出，如图 2-8 所示。类型中"-"表示文件，"d"表示文件夹；使用权限指文件或文件夹提供给用户的读、写和执行权限；链接数指当前文件或文件夹的硬链接数；所属用户和所属用户组记录了对应文件或文件夹的使用权限，例如，图 2-8 中显示的是 root 用户组的 root 用户，其他用户如 user1 是不能访问 root 用户组下的文件的；文件大小以字节（Byte）为单位；文件创建时间记录至秒；最后一项是文件名和文件夹名。

图 2-8　查询 root 用户目录下内容列表

Linux 是一个多用户、多任务的分时操作系统，在安装好 Linux 操作系统后，系统默认的账户为 root，该账户为系统管理员账户，对系统有完全的控制权，可对系统进行任何设置和修改。对于 user 用户来讲，任何一个要使用系统资源的用户，都必须首先向系统管理员申请一个账户，然后以这个账户的身份进入系统。用户账户一方面可以帮助系统管理员对使用系统的用户进行跟踪，并控制他们对系统资源的访问；另一方面也可以帮助用户组织文件，并为用户提供安全性保护。每个用户账户都拥有唯一的用户名和密码。用户在登录时输入正确的用户名和密码后，就能够进入系统和自己的主目录。

2.2.2　实践任务：Linux 用户的管理

用户账户的管理主要包括用户账户的添加、用户密码的管理、用户账户的修改与删除。这些操作可通过 Shell 命令完成。

1. 添加用户

【命令格式】useradd [选项] <用户名>

【常用选项】

-c：指定一段注释性描述。

-d：指定用户主目录，如果此目录不存在，则同时使用-m 选项，可以创建主目录。

-g：指定用户所属的用户组。

-G：指定用户所属的附加组。

-s：Shell 文件，指定用户的登录 Shell。

-u：指定用户的用户号，如果同时有-o 选项，则可以重复使用其他用户的标识符。

增加用户账户就是在/etc/passwd 文件中为新用户增加一条记录，同时更新其他系统文件如/etc/shadow、/etc/group 等。以增加新用户 testuser 为例，该用户属于 root 用户组，同时又属于 user1，其中 root 用户组是其主组。

```
[root@localhost ~]# useradd -s /bin/sh -g root -G user1 testuser
[root@localhost ~]# tail -1 /etc/passwd
testuser:x:1001:0::/home/testuser:/bin/sh
[root@localhost ~]# tail -1 /etc/shadow
testuser:!!:18442:0:99999:7:::
[root@localhost ~]# tail -1 /etc/group
user1:x:1000:user1,testuser
```

2. 用户密码管理

用户管理的一项重要内容是用户密码管理。用户账户刚创建时没有密码，被系统锁定且无法使用，必须为其指定密码后才可以使用，即使是指定空密码。

指定和修改用户密码时用 passwd 命令。超级用户 root 可以为自己和其他用户指定密码，普通用户（如 user1）只能用它修改自己的密码。

【命令格式】passwd [选项] <用户名>

【常用选项】

-l：锁定密码，即禁用账户。

-u：密码解锁。

-d：使账户无密码。

-f：强迫用户下次登录时修改密码。

-S：查看用户密码状态。

如果默认用户名，则修改当前用户的密码。

【例 2-2】为用户 testuser 设置一个登录密码，重复输入两次进行确认，并查看 shadow 文件中该用户的密码字串信息。

```
[root@localhost ~]# passwd testuser
更改用户 testuser 的密码 。
新的 密码:
重新输入新的 密码:
passwd: 所有的身份验证令牌已经成功更新。
[root@localhost ~]# passwd -S testuser
testuser PS 2020-06-29 0 99999 7 -1 (密码已设置，使用 SHA512 算法。)
[root@localhost ~]# grep testuser /etc/shadow
testuser:$6$QqS1cRZW$ct/eI7sACzPJ/k/V.1PVQZ.HONwBtPc8TFyYKmcx9.8jWOCW./kZArCZ8L9Ezfz
RQ39dxk98YffqAq4Gf8QnI1:18442:0:99999:7:::
```

3. 修改账户

usermod 命令用来修改用户账户属性，对系统中已经存在的用户账户，可以使用 usermod 命令重新设置各种属性。

【命令格式】usermod [选项] <用户名>

【常用选项】

-u：修改用户的 ID 号，必须为唯一的 ID 号。

-L（大写）：锁定用户账户。

-U（大写）：解锁用户账户。

-l：更改用户账户的登录名称。

以用户 testuser 为例，使用 usermod 命令锁定用户账户，确定状态后解除其锁定。

```
[root@localhost ~]# usermod -L testuser
[root@localhost ~]# passwd -S testuser
testuser LK 2019-05-19 0 99999 7 -1 (密码已被锁定。)
[root@localhost ~]# usermod -U testuser
[root@localhost ~]# passwd -S testuser
testuser PS 2019-05-19 0 99999 7 -1 (密码已设置，使用 SHA512 算法。)
```

将用户账户的登录名称 testuser 更改为 myuser，下次登录时生效，通过 passwd 命令查看到 myuser 用户对应的宿主目录为/home/testuser。

```
[root@localhost ~]# usermod -l myuser testuser
[root@localhost ~]# grep "myuser" /etc/passwd
myuser:x:1001:0:::/home/testuser:/bin/sh
```

4. 删除用户

如果一个用户账户不再使用，可以将其从系统中删除。删除用户账户就是将/etc/passwd 等系统文件中的该用户记录删除，必要时还要删除用户的主目录。删除一个已有的用户账户使用 userdel 命令。

【命令格式】userdel [选项] <用户名>

【常用选项】

-r：把用户的主目录一起删除。

在演示删除用户操作前，先查看用户宿主目录。

```
[root@localhost ~]# ll /home/
总用量 4
drwx------.  3 myuser root    78 6月  29 09:50 testuser
drwx------. 14 user1  user1 4096 6月  28 18:20 user1
```

删除系统中的用户账户 user1，保留其宿主目录。

```
[root@localhost ~]# userdel user1
userdel: user user1 is currently used by process 1733
```

删除系统中的用户账户 myuser，同时删除其宿主目录/home/testuser。

```
[root@localhost ~]# userdel -r myuser
```

查看用户所在的宿主目录，发现 user1 的目录还在，但 myuser 对应的目录已经被删除。

```
[root@localhost ~]# ll /home/
总用量 4
drwx------. 14 user1 user1 4096 6月  28 18:20 user1
[root@localhost ~]#
```

2.2.3　实践任务：Linux 用户组的管理

每个用户都属于一个用户组，系统可以对一个用户组中的所有用户进行集中管理。用户组的管理涉及用户组的添加、修改、删除和查询。用户组的添加、删除和修改实际上就是对/etc/group 文件的更新。

1. 添加用户组

【命令格式】groupadd [选项] <用户组>

【常用选项】

-g：指定新用户组的组标识（GID）号。

-o：一般与-g 选项同时使用，表示新用户组的 GID 号可以与系统已有用户组的 GID 号相同。

以建立新用户组 grouptest 为例，设置用户 GID 号为 10000，并查看/etc/group 文件中的变化。

```
[root@localhost ~]# groupadd -g 10000 grouptest
[root@localhost ~]# tail -1 /etc/group
grouptest:x:10000:
```

2. 修改用户组属性

【命令格式】groupmod [选项] <用户组>

【常用选项】

-g：为用户组指定新的 GID 号。

-o：与 -g 选项同时使用，用户组的新 GID 号可以与系统已有用户组的 GID 号相同。

-n：将用户组的名字改为新名字。

以用户组 grouptest 为例，将用户组名变更为 groupupdate。查询 /etc/group 最后一行，发现新增加的 GID 号为 10000 的 grouptest 名字已经变更为 groupupdate。

```
[root@localhost ~]# groupmod -n groupupdate grouptest
[root@localhost ~]# tail -1 /etc/group
groupupdate:x:10000:
[root@localhost ~]#
```

3. 删除用户组

【命令格式】groupdel <用户组>

以 groupupdate 用户组为例，使用 gropdel 命令删除该用户组，再次查询 /etc/group 文件，grouptest 用户组已经不存在，即删除成功。

```
[root@localhost ~]# groupdel groupupdate
[root@localhost ~]# grep "groupupdate" /etc/group
[root@localhost ~]#
```

4. 用户和组查询

查询当前用户所属的组信息。

【命令格式】groups <用户组>

使用 whoami 命令查询当前用户名，并使用 groups 命令查询当前用户所属的组。

```
[root@localhost ~]# whoami
root
[root@localhost ~]# groups root
root : root
[root@localhost ~]#
```

2.3　Linux 文件管理

2.3.1　Linux 文件的概念

在 Linux 操作系统中，一切都以文件的方式存放在系统中，如目录、分区。目录也可以说是文件的单元，可以以层次结构文件存放在磁盘等存储设备上的组织方法进行存储。目录提供了管理文件的一个方便而有效的途径。Linux 的文件结构是树状结构，可通过 tree 命令查询，如果系统没有安装 tree 工具，可通过 yun install tree 安装。下面通过"tree -L 1"命令查询 Linux 操作系统根目录（/）下第 1 层文件结构。

```
[root@localhost /]# tree -L 1
.
```

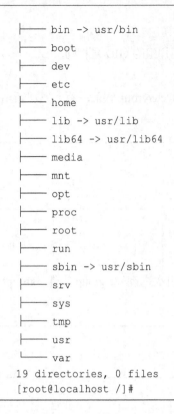

```
├──── bin -> usr/bin
├──── boot
├──── dev
├──── etc
├──── home
├──── lib -> usr/lib
├──── lib64 -> usr/lib64
├──── media
├──── mnt
├──── opt
├──── proc
├──── root
├──── run
├──── sbin -> usr/sbin
├──── srv
├──── sys
├──── tmp
├──── usr
└──── var
19 directories, 0 files
[root@localhost /]#
```

当前 Linux 操作系统的根目录（/）下共存在 19 个目录，下面介绍每个目录的作用。

/：根目录，是 Linux 文件系统的组织者和最上级的领导者，所有的目录、文件、设备都在此目录下。

/bin：bin 是二进制（Binary）的英文缩写，可以在此目录下找到 Linux 常用命令，如 groups、ls、yum 等。

/boot：Linux 操作系统的内核和引导系统程序所需要的文件目录。

/dev：dev 是设备（Device)的英文缩写，此目录包含 Linux 操作系统中使用的所有外部设备，但是这里并不存储外部设备的驱动程序。与 Windows 操作系统、DOS 操作系统的情况不一样，它实际上是一个访问外部设备的端口，用于访问外部设备，与访问一个文件、一个目录没有任何区别。

/etc：Linux 操作系统中最重要的目录之一。目录下存放了系统管理时要用到的各种配置文件和子目录，如网络配置文件、文件系统、系统配置文件、设备配置信息、用户设置信息等。

/home：用来存放用户的主目录，如果新建一个用户，用户名是"xx"，那么/home 目录下就有一个对应的/home/xx 路径。

/lib -> usr/lib：用来动态连接共享库和基本的内核模块，如开机时会用到的函数库，以及/bin 或/sbin 的二进制文件的共享库。

/lib64 -> usr/lib64：主要针对 64 位共享库或内核模块，与/lib 功能类似，只是/lib 针对的是 32 位。

/media：放置一些系统会自动识别的可移除装置，如光盘、U 盘等。

/mnt：与/media 功能有些相似，一般用于存放临时挂载存储设备的挂载目录，如临时插入的 U 盘。

/opt：可存放第三方应用程序安装目录，例如，安装的 PyCharm 可以放在这个目录下。

/proc：此目录是一个虚拟文件系统，获取系统的信息放在内存中，如系统核心、进程等。

/root：Linux 超级权限 root 用户的宿主目录。

/run：临时存储系统启动后产生的信息。

/sbin -> usr/sbin：与 usr/sbin 建立连结，用来存放系统管理员的系统管理程序，大多涉及系统管理命令的存放，如 fdisk、ifcfg 等。此目录是超级权限 root 用户的可执行命令存放地，普通用户（如 user1）无权限执行此目录下的命令。

/srv：该目录存放一些网络服务启动之后需要提取的数据。

/sys：与/proc 类似，也是虚拟的文件系统，主要记录系统核心硬件的相关信息。

/tmp：此目录用来存放用户或者正在执行的程序产生的临时文件。

/usr：Linux 操作系统中占用硬盘空间较大的目录。用户的很多应用程序和文件都存放在此目录下。

/var：此目录主要放置动态性的文件。例如，/var 目录下的 log 目录用来存放系统日志的信息，lib 目录用来存放一些库文件（如 MySQL 数据库的存放）。

Linux 文件系统是操作系统最为重要的部分之一，它定义了磁盘存储文件的方法和数据结构。每种操作系统都有自己的文件系统，例如，Windows 操作系统的文件系统有 FAT16、FAT32 和 NTFS，而 Linux 操作系统的文件系统有 Ext2、Ext3、Ext4、ReiserFS 等。其中 Ext2 是第二代文件扩展系统，Ext3 和 Ext4 分别是第三代和第四代文件扩展系统，它们都是 Ext2 的升级版，为了快速恢复文件系统，缩短一致性检查的时间，增加了日志功能，所以 Ext2 被称为索引式文件系统，而 Ext3 和 Ext4 被称为日志式文件系统。Ext4 是 Ext3 的改进版，修改了 Ext3 中部分重要的数据结构。Ext3 相对于 Ext2 只是增加了一个日志功能。Ext4 可以提供更好的性能和可靠性，还有更为丰富的功能。可以说，Ext 家族是 Linux 操作系统支持度最高、最完整的文件系统，但它也有自己的不足，例如，磁盘容量越大格式化越慢。

2.3.2　Linux 文件类型与权限

针对 Linux 的多用户系统，Linux 文件可按不同用户、用户组分配权限进行存储，这些权限主要表现为文件或目录的读（read）、写（write）和执行（run），如图 2-9 所示。

图 2-9　Linux 文件类型与权限

Linux 操作系统中的文件权限一共有 10 位：第 1 位代表文件类型；第 2～4 位代表所有人对文件的权限；第 5～7 位代表用户组对文件的权限；第 8～10 位代表其他人对文件的权限。

在文件类型选项中，"-"表示普通文件，"d"表示目录文件，此外还有一些文件类型，如"l""s""b""c"和"p"。其中"l"表示符号链接，指向另一个文件，类似快捷方式；"s"表示套接字文件；"b"表示块设备文件、二进制文件；"c"表示字符设备文件；"p"表示命名管道文件。

在文件权限选项中，"r"表示可读操作权限，"w"表示可写操作权限，"x"表示可执行操作权限，"-"表示没有操作权限。使用 ll 命令查询/bin 目录下内容时，看到 cd 的权限如下所示。

```
-rwxr-xr-x. 1 root root          26 8月   3 2017 cd
```

cd 是文件类型，当前用户对该文件拥有读、写、执行的权限，所属用户组和其他人拥有读和执行的权限，不具备写的权限。使用 ll 命令查询/目录下内容时，看到 tmp 的权限如下所示。

```
drwxrwxrwt. 15 root root 4096 6月 29 17:48 tmp
```

tmp 是目录类型，所有用户对其都拥有读、写、执行的权限。

文件权限可通过命令 chmod、chown 和 chgrp 进行管理。为了便于读者理解，先通过 echo 命令将字符 a 写入一个新文件 test.txt，再通过 ll 命令查看 test.txt 文件情况。

```
[root@localhost ~]# echo 'a' -> test.txt
[root@localhost ~]# ll test.txt
-rw-r--r--. 1 root root 4 6月 29 18:15 test.txt
[root@localhost ~]#
```

chmod、chown 和 chgrp 命令进行 test.txt 文件管理的范围如图 2-10 所示。

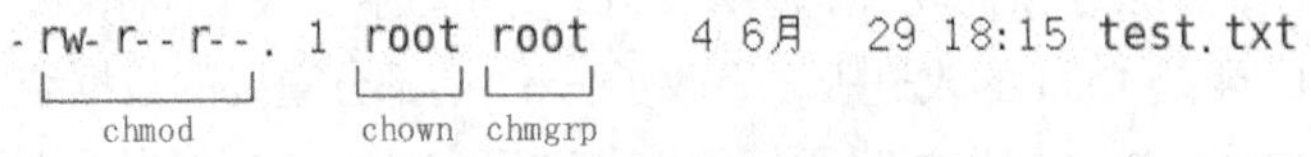

图 2-10　Linux 文件权限管理命令

chmod 命令改变文件的权限，chown 命令改变文件所属用户或用户组，chgrp 命令改变文件所属用户组。

① 使用 chmod 命令和数字改变文件或目录的访问权限。

可用 r、w、x、-这 4 个字符来代表所有者、用户组和其他用户的权限，也可通过 chmod 命令直接操作这些字符来改变文件的权限。例如，通过如下命令赋予 test.txt 所有者可执行权限。

```
[root@localhost ~]# chmod +x test.txt
[root@localhost ~]# ll test.txt
-rwxr-xr-x. 1 user1 user1 4 6月  29 18:15 test.txt
```

② 将文件 test.txt 拥有者 root 更改为 user1。

```
[root@localhost ~]# chown user1 test.txt
[root@localhost ~]# ll test.txt
-rw-r--r--. 1 user1 user1 4 6月 29 18:15 test.txt
[root@localhost ~]#
```

如果要改变文件夹属性可用"chown -R 用户名:组成 文件夹名"的命令格式。

③ 将文件 test.txt 所在用户组 root 更改为 user1。

```
[root@localhost ~]# chgrp user1 test.txt
[root@localhost ~]# ll test.txt
-rw-r--r--. 1 root user1 4 6月  29 18:15 test.txt
```

除了操作字符更改权限外，还可使用数字来表示权限，具体使用方法就是有权限的位置表示为 1，不赋予权限的位置表示为 0，如图 2-11 所示。

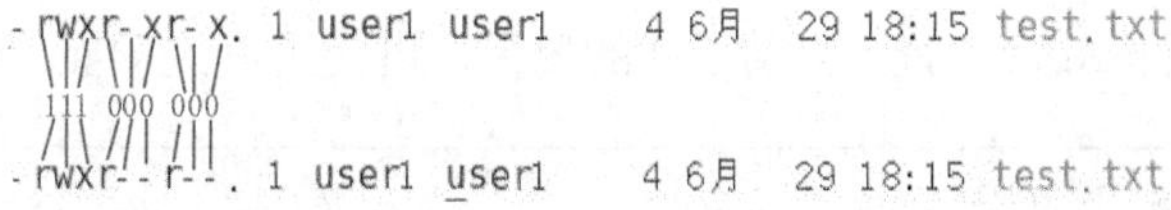

```
- rwxr-xr-x. 1 user1 user1    4 6月  29 18:15 test.txt
  111 000 000
- rwxr--r--. 1 user1 user1    4 6月  29 18:15 test.txt
```

图 2-11　Linux 文件权限数字管理方法

其中"111 100 100"是二进制的表示方式，111 对应十进制数 7，100 对应十进制数 4，所以更改 test.txt 文件权限的命令如下。

```
[root@localhost ~]# chmod 744 test.txt
[root@localhost ~]# ll test.txt
-rwxr--r--. 1 user1 user1 4 6月  29 18:15 test.txt
[root@localhost ~]#
```

2.3.3　实践任务：文件系统的命令

使用 Linux 操作系统时，学习基本的操作命令是很必要的。本节主要介绍文件系统的一些常用操作命令。

1. cd

cd 是 Linux 中使用最频繁的命令，可实现目录的切换。

【命令格式】cd [选项]

【常用选项】

.：当前目录。

.. ：进入上一层目录。

~：进入当前用户根目录。

~account：进入 account 这个用户的根目录。

以进入 user1 用户根目录为例，使用 cd 命令进入已存在的用户 user1 的根目录，以此演示 cd 命令的使用过程。

```
[root@localhost ~]# cd ~user1
[root@localhost user1]#
```

此外，cd 命令后跟随的选项也可以是绝对路径或相对路径。

2. pwd

pwd 命令用于显示当前用户所在的目录。

【命令格式】　pwd [-P]

【常用选项】

-P：显示出确实的路径，而非使用链接路径。P 必须大写。

首先选择一个带链接路径的目录，演示 pwd 命令的用法。通过 ll /bin 命令，看到该目录与 usr/bin 有链接。

```
[root@localhost ~]# ll /bin
lrwxrwxrwx. 1 root root 7 6月  28 10:30 /bin -> usr/bin
```

进入/bin 目录，使用 pwd 命令查看当前所在的目录，再使用-P 选项显示链接后目录。

```
[root@localhost ~]# cd /bin
[root@localhost bin]# pwd
/bin
[root@localhost bin]# pwd -P
/usr/bin
[root@localhost bin]#
```

3. mkdir

mkdir 命令用于建立新目录。

【命令格式】 mkdir [-mp] 目录名称

【常用选项】

-m：配置文件目录的权限，可以自己设定文件所需的权限，而不需要使用 umask 定义的默认权限。

-p：递归建立目录。

使用 mkdir 命令，在当前用户目录下建立一个名为 ddd 的空目录。

```
[root@localhost ~]# mkdir ddd
[root@localhost ~]# ll
总用量 12
-rw-------. 1 root root 1764 6月  28 10:40 anaconda-ks.cfg
drwxr-xr-x. 2 root root    6 6月  29 21:45 ddd
-rw-r--r--. 1 root root 1812 6月  28 10:50 initial-setup-ks.cfg
[root@localhost ~]#
```

使用-m 选项，在当前用户目录下建立具有所有权限的目录 d1。

```
[root@localhost ~]# mkdir -m 777 d1
[root@localhost ~]# ll
总用量 12
-rw-------. 1 root  root  1764 6月  28 10:40 anaconda-ks.cfg
drwxrwxrwx. 2 root  root     6 6月  29 21:44 d1
drwxr-xr-x. 2 root  root     6 6月  29 21:45 ddd
-rw-r--r--. 1 root  root  1812 6月  28 10:50 initial-setup-ks.cfg
-rwxr--r--. 1 user1 user1    4 6月  29 18:15 test.txt
```

使用-p 选项建立级联目录 dd1/dd2，使用-m 选项赋予 dd2 目录所有权限。

```
[root@localhost ~]# mkdir -m 777 -p dd1/dd2
[root@localhost ~]# ll dd1
总用量 0
drwxrwxrwx. 2 root root 6 6月  29 21:44 dd2
```

4. rm

rm 命令用于删除文件或目录。

【命令格式】 rm [-rfv] 删除的文件名称或目录路径

【常用选项】

-r：递归删除目录中所有内容。

-f：强制执行删除操作，而不提示确认。

-v：显示指令的详细执行过程。

使用-r 选项删除 root 用户当前路径下的 d1 目录及目录中内容，删除过程中会询问用户是否删除，回答"是"，按回车键，然后使用 ll 命令查询 d1 目录，显示当前路径下已不存在。

```
[root@localhost ~]# rm -r d1
rm: 是否删除目录 "d1"？是
[root@localhost ~]# ll d1
ls: 无法访问 d1: 没有那个文件或目录
```

使用-rf 参数删除 root 用户当前路径下的 ddd 目录及目录中内容，删除过程中不会询问用户，然后使用 ll 命令查询 ddd 目录，显示当前路径下已不存在。

```
[root@localhost ~]# rm -rf ddd
[root@localhost ~]# ll ddd
ls: 无法访问 ddd: 没有那个文件或目录
```

使用-rf 参数删除 root 用户当前路径下的 dd1 目录及目录中内容，会显示删除的过程。

```
[root@localhost ~]# rm -rfv dd1
已删除目录: "dd1/dd2"
已删除目录: "dd1"
[root@localhost ~]#
```

5. ls

ls 用于查看文件和目录。

【命令格式】 ls [选项] 删除的文件名称或目录路径

【常用选项】

-a：显示全部文件，连同隐藏文件或目录（开头为"."的文件)。

-l：长数据串列出，包含文件的属性与权限等数据。

使用-al 选项，显示当前用户目录下所有内容信息。

```
[root@localhost ~]# ls -al
总用量 44
dr-xr-x---.  5 root  root   260 6月  29 21:57 .
dr-xr-xr-x. 17 root  root   224 6月  29 21:44 ..
-rw-------.  1 root  root  1764 6月  28 10:40 anaconda-ks.cfg
-rw-------.  1 root  root  2773 6月  29 17:30 .bash_history
```

```
-rw-r--r--. 1 root   root    18 12月 29 2013 .bash_logout
-rw-r--r--. 1 root   root   176 12月 29 2013 .bash_profile
-rw-r--r--. 1 root   root   176 12月 29 2013 .bashrc
drwx------. 4 root   root    31 6月  28 11:49 .cache
drwxr-xr-x. 3 root   root    18 6月  28 11:49 .config
-rw-r--r--. 1 root   root   100 12月 29 2013 .cshrc
drwx------. 3 root   root    25 6月  28 10:50 .dbus
-rw-r--r--. 1 root   root  1812 6月  28 10:50 initial-setup-ks.cfg
-rw-r--r--. 1 root   root   129 12月 29 2013 .tcshrc
-rw-------. 1 root   root   132 6月  29 18:16 .xauthiMBiAk
-rw-------. 1 root   root   134 6月  29 15:54 .Xauthority
[root@localhost ~]#
```

2.3.4 实践任务：文件的压缩与打包

简单地讲，压缩指通过某些算法在不损失文件内容的情况下，将文件尺寸进行精简。打包指将多个文件（或者目录）合并成一个文件，方便传递。在 Linux 操作系统中，压缩文件（或打包文件）的扩展名大多是.tar、.tar.gz、.gz、.Z、.bz2 等，这些常用文件扩展名含义如下。

.tar：tar 命令打包的数据，并没有经过压缩。

.tar.gz：tar 命令打包的文件，并且经过 gzip 命令的压缩。

.gz：gzip 命令压缩的文件。

.Z：compress 命令压缩的文件。

.bz2：bzip2 命令压缩的文件。

一般来说 Linux 文件的扩展名用处不是很大，但是压缩文件或者打包文件必须有扩展名。这是因为 Linux 支持的压缩命令非常多，且不同的命令所用的压缩技术并不相同，彼此之间可能无法互通压缩/解压缩。当得到某个压缩文件时，首先需要通过文件扩展名判断压缩指令，然后进行解压缩操作。

Linux 操作系统常见的压缩/打包命令有 gzip、zip、tar 等。

1. gzip

gzip 命令只能将文件压缩为.gz 文件，不能压缩目录，对应的解压命令为 gunzip。

【压缩命令格式】 gzip 文件名称.zip

【解压缩命令格式】 gunzip 文件名称.zip

以 root 根目录下的 anaconda-ks.cfg 文件为例，演示 gzip 和 gunzip 命令使用过程，压缩后文件变小。

```
[root@localhost ~]# ll anaconda-ks*
-rw-------. 1 root root 1764 6月  28 10:40 anaconda-ks.cfg
[root@localhost ~]# gzip anaconda-ks.cfg
[root@localhost ~]# ll anaconda-ks*
-rw-------. 1 root root 1008 6月  28 10:40 anaconda-ks.cfg.gz
[root@localhost ~]# gunzip anaconda-ks.cfg.gz
[root@localhost ~]# ll anaconda-ks*
-rw-------. 1 root root 1764 6月  28 10:40 anaconda-ks.cfg
[root@localhost ~]#
```

2. zip

zip 命令能压缩文件和目录的命令。

【压缩命令格式】 zip [选项] 压缩文件或目录名.zip 要压缩的文件或目录

【常用选项】

-r：压缩目录。

【解压缩命令格式】 unzip [选项] 解压路径 源文件

【常用选项】

-d：指定解压后文件的存放目录。

为了演示 zip 压缩与解压缩目录的功能，先准备些演示用的数据。首先建立一个文件夹，如 d1，然后将 root 用户根目录下的两个文件复制一份到 d1 文件夹。

```
[root@localhost ~]# ll
-rw-------. 1 root  root  1764 6 月  28 10:40 anaconda-ks.cfg
-rw-r--r--. 1 root  root  1812 6 月  28 10:50 initial-setup-ks.cfg
[root@localhost ~]# mkdir d1
[root@localhost ~]# cp anaconda-ks.cfg d1/anaconda-ks.cfg
[root@localhost ~]# cp initial-setup-ks.cfg d1/initial-setup-ks.cfg
[root@localhost ~]# ll d1
-rw-------. 1 root root 1764 6 月  29 23:23 anaconda-ks.cfg
-rw-r--r--. 1 root root 1812 6 月  29 23:24 initial-setup-ks.cfg
```

使用 zip 命令-r 选项压缩 d1 目录，压缩后的文件名为 d1.zip，并查看压缩后的结果。

```
[root@localhost ~]# zip -r d1.zip d1
  adding: d1/ (stored 0%)
  adding: d1/anaconda-ks.cfg (deflated 45%)
  adding: d1/initial-setup-ks.cfg (deflated 45%)
[root@localhost ~]# ll d1.zip
-rw-r--r--. 1 root root 2462 6 月  29 23:31 d1.zip
```

使用 unzip 命令-d 选项，将压缩文件 d1.zip 解压至/opt 目录下，并查看解压后的结果。

```
[root@localhost ~]# unzip -d /opt d1.zip
Archive:  d1.zip
   creating: /opt/d1/
  inflating: /opt/d1/anaconda-ks.cfg
  inflating: /opt/d1/initial-setup-ks.cfg
[root@localhost ~]# ll /opt/d1
总用量 8
-rw-------. 1 root root 1764 6 月  29 23:23 anaconda-ks.cfg
-rw-r--r--. 1 root root 1812 6 月  29 23:24 initial-setup-ks.cfg
[root@localhost ~]#
```

3. tar

tar 命令可以将很多文件打包成为一个文件，压缩后的文件为.tar.gz 文件。

【命令格式】 tar [选项] 文件名.tar.gz 要打包的内容

【常用选项】

-c：产生.tar 打包文件。

-v：显示详细信息。

-f：指定压缩后的文件名。

-z：打包同时压缩。

-x：解压.tar.gz 文件，可通过-C 参数指定文件解压缩的目录。

使用-zcvf 选项将指定的多个文件打包成文件 files.tar.gz。

```
[root@localhost ~]# tar -zcvf files.tar.gz anaconda-ks.cfg initial-setup-ks.cfg
anaconda-ks.cfg
initial-setup-ks.cfg
[root@localhost ~]# ll files.tar.gz
-rw-r--r--. 1 root root 1206 6月  30 00:09 files.tar.gz
```

使用-zcvf 选项将指定的目录打包成文件 d1.tar.gz。

```
[root@localhost ~]# tar -zcvf d1.tar.gz d1
d1/
d1/anaconda-ks.cfg
d1/initial-setup-ks.cfg
[root@localhost ~]# ll d1.tar.gz
-rw-r--r--. 1 root root 1244 6月  30 00:20 d1.tar.gz
[root@localhost ~]#
```

使用-zxvf 选项将 d1.tar.gz 文件解压缩至指定目录/opt。

```
[root@localhost ~]# tar -zxvf d1.tar.gz -C /opt
d1/
d1/anaconda-ks.cfg
d1/initial-setup-ks.cfg
[root@localhost ~]# ll /opt/d1/
-rw-------. 1 root root 1764 6月  29 23:23 anaconda-ks.cfg
-rw-r--r--. 1 root root 1812 6月  29 23:24 initial-setup-ks.cfg
```

2.3.5 实践任务：软件包的管理

RPM（Red-Hat Package Manager）和 YUM（Yellow dog Updater Modified）是 Linux 操作系统常用的软件包管理工具。

1. RPM

RPM 是 Red Hat 公司开发的软件包管理器，使用它可以很容易地对 RPM 形式的软件包进行安装、升级、卸载、校验和查询等操作。RPM 虽然打上了 Red Hat 的标志，但是其原始设计理念是开放式的。RPM 允许用户在符合 GPL 的条件下自由使用和传播 RPM。RPM 内含已经编译过的程序，可以让用户免除重新编译的困扰。RPM 在被安装之前，会先检查系统的硬盘容量、操作系统版本等，避免文件被错误安装。此外，RPM 文件本身提供软件版本、相依属性软件名称、软件用途说明、软件所含文件等信息，便于对其进行了解。下面对 RPM 常用命令进行介绍。

① RPM 查询命令。

查询所安装的所有 RPM 软件包，常与 grep 命令结合使用，查询符合过滤条件的软件包。

【命令格式】 rpm -qa

查询名称中有 "tree" 字符串的软件包，查询过程如下。

```
[root@localhost ~]# rpm -qa | grep tree
tree-1.6.0-10.el7.x86_64
[root@localhost ~]#
```

② RPM 删除命令。

【命令格式】 rpm [选项] 软件包全名

【常用选项】

-e：卸载软件包。

--nodeps：卸载软件时不检查依赖。

使用-e 和--nodeps 选项删除 tree 工具，使用命令如下。

```
[root@localhost ~]# rpm -e --nodeps tree-1.6.0-10.el7.x86_64
[root@localhost ~]# rpm -qa | grep tree
[root@localhost ~]#
```

③ RPM 安装命令。

【命令格式】 rpm [-ivh] <安装包全名>

【常用选项】

-i：安装。

-v：显示安装详细信息。

-h：以安装信息列显示安装进度。

--nodeps：不检测依赖进度。

假设存在 a1.rpm、a2.rpm 和 a3.rpm3 个工具，对它们进行安装。

安装单个 RPM 软件包：rpm -ivh a1.rpm。

安装多个 RPM 软件包：rpm -ivh a1.rpm a2.rpm。

使用通配符安装所有 rpm 软件包：rpm -ivh *.rpm。

2. YUM

虽然 rpm 是一个功能强大的软件包管理命令，但是该命令有一个缺点，就是当检测到软件包的依赖关系时，只能手工配置，而 yum 命令可以自动解决软件包间的依赖关系，并且可以通过网络安装和升级软件包。

YUM 是一个在 Fedora 和 Red Hat 以及 CentOS 中的 Shell 前端软件包管理器。基于 RPM 软件包管理，能够从指定的服务器自动下载 RPM 软件包并且安装，可以自动处理依赖关系，并且一次性安装所有依赖的软件包，无须烦琐地一次次下载、安装。

【命令格式】yum [选项] [参数] <安装包名>

【常用选项】

-y：对所有提问都回答 yes。

【常用参数】

install：安装 RPM 软件包。

update：更新 RPM 软件包。

check-update：检查是否有可用的更新 RPM 软件包。

remove：删除指定的 RPM 软件包。

list：显示软件包信息。

clean：清理 YUM 过期的缓存。

deplist：显示 YUM 软件包的所有依赖关系。

以安装 tree 工具为例，使用-y 选项和 install 参数，演示 yum 命令的使用过程。

```
[root@localhost ~]# yum -y install tree
已加载插件: fastestmirror, langpacks
Loading mirror speeds from cached hostfile
 * base: mirrors.aliyun.com
 * extras: mirrors.aliyun.com
 * updates: mirrors.aliyun.com
正在解决依赖关系
--> 正在检查事务
---> 软件包 tree.x86_64.0.1.6.0-10.el7 将被 安装
--> 解决依赖关系完成

依赖关系解决

================================================================================
 Package        架构          版本             源            大小
================================================================================
正在安装:
 tree           x86_64        1.6.0-10.el7     base          46 k

事务概要
================================================================================
安装  1 软件包

总下载量: 46 k
安装大小: 87 k
Downloading packages:
tree-1.6.0-10.el7.x86_64.rpm                          | 46 kB   00:00
Running transaction check
Running transaction test
Transaction test succeeded
Running transaction
  正在安装    : tree-1.6.0-10.el7.x86_64                        1/1
  验证中      : tree-1.6.0-10.el7.x86_64                        1/1

已安装:
```

```
tree.x86_64 0:1.6.0-10.el7
```

```
完毕!
[root@localhost ~]#
```

2.4 Shell 的运用

Shell 是一个用 C 语言编写的程序，它是用户使用 Linux 操作系统的桥梁，是用户与 Linux 内核沟通时的媒介。Shell 既是一种命令语言，又是一种程序设计语言。

Shell 层处在内核层与应用层之间，作为操作系统的外壳，它为用户提供使用操作系统的接口，是命令语言、命令解释程序及程序设计语言的统称。Shell 是用户和 Linux 内核之间的接口程序，Shell 接收到用户通过应用层输入的命令后，会把命令解释为类似 0101 的计算机语言，然后提交到系统内核进行处理，处理完毕，再将结果通过 Shell 返回给用户，如图 2-12 所示。

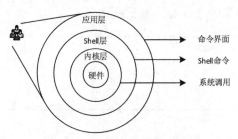

图 2-12   Linux 操作系统层次结构

Shell 是一种应用程序，这个应用程序提供了一个界面，用户通过这个界面访问操作系统内核的服务。最直接的方式是在 CentOS 桌面上单击鼠标右键，在弹出的上下文菜单中选择"打开终端（E）"选项，打开可以执行 Shell 命令的窗口，如图 2-13 所示。

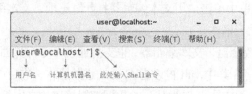

图 2-13   Linux 自带命令窗口

例如，输入 su root 命令，按回车键后根据提示输入 root 用户密码，切换至 root 用户命令窗口，再通过 cd ~ 命令进入 root 根目录。

```
[user1@localhost ~]$ su root
密码:
[root@localhost user1]# cd ~
[root@localhost ~]#
```

Linux Shell 有很多种，可以使用 cat 命令查看/etc/shells 文件，确定系统支持哪些 Shell 解析器。

```
[root@localhost ~]# cat /etc/shells
/bin/sh
/bin/bash
/sbin/nologin
/usr/bin/sh
/usr/bin/bash
/usr/sbin/nologin
/bin/tcsh
/bin/csh
```

使用 echo 命令读取 SHELL 变量值，查看到当前系统默认的 Shell 解析器，本书中是/bin/bash。

```
[root@localhost ~]# echo $SHELL
/bin/bash
[root@localhost ~]#
```

在 Linux 命令窗口输入 suu user 命令，按回车键，会看到默认的 Shell 解析器 bash 返回信息，提示没有 suu 命令，但有一个类似的命令 su，如下所示。

```
[root@localhost ~]# suu user
bash: suu: 未找到命令...
相似命令是: 'su'
[root@localhost ~]#
```

2.4.1 文本编辑器

用户在履行读、写、执行的权限时，应用文本编辑器对文件内容进行编辑是一个很好的途径。Linux 操作系统中绝大部分文件以 ASCII 码的纯文本形式存在，可以应用简单的文本编辑软件修改内容，例如，CentOS 7 中文简体版安装时自带文本文件的图形化工具，选择 Linux 操作系统中一个文件，单击右键，在上下文菜单中单击"用文本编辑器打开"选项，文本编辑器就会打开指定的文件，类似于 Windows 操作系统的记事本。

Linux 操作系统本身一般会自带文本编辑器，也支持通过命令行界面下的文本编辑器对文本文件进行修改操作，如 vim、vi 等。其中 vim 可以看作 vi 的进阶版本，它可以用颜色等显示特殊的信息。绝大多数 Linux 操作系统都会内置 vi 作为默认的数据编辑接口的文本编辑器，而其他的文本编辑器则不一定存在。所以从 vi 入门学习 Linux 文本编辑器是一个很好的想法。下面介绍 vi 编辑器的一些常用的操作命令。

1. 打开文件

使用 vi 命令打开指定的文件，为文件内容编辑做好准备。

【命令格式】vi [选项] <文件名>

【常用选项】

+n：将光标定位于打开文件的第 n 行行首。

+：将光标定位于打开文件的最后一行的行首。

+/<查找内容>：将光标定位于打开文件中第一个与<查找内容>匹配的字符串位置。

-r：上次正用 vi 编辑时发生系统崩溃，恢复该文件内容。

以 root 用户当前根目录下的 test.txt 文件为例，演示打开文件的操作。

打开文件 test.txt，光标定位于该文件的文首，命令如下。

```
[root@localhost ~]# vi test.txt
```

打开文件 test.txt，光标定位于该文件的最后一行的行首，命令如下。

```
[root@localhost ~]# vi + test.txt
```

打开文件 test.txt，光标定位于该文件第 2 行的行首，命令如下。

```
[root@localhost ~]# vi +2 test.txt
```

打开文件 test.txt，光标定位于该文件中第一个与"cc"匹配的字符串的位置，命令如下。

```
[root@localhost ~]# vi +/cc test.txt
```

如果 test.txt 文件在编辑过程中崩溃，使用-r 选项恢复该文件，命令如下。

```
[root@localhost ~]# vi -r test.txt
```

2. 进入文件编辑状态

打开文件后，文件处于一般模式，如果需要对文件内容进行操作，需要在已打开的处于一般模式的文件中用键盘输入命令，使文件处于可编辑状态。下面介绍几个常用的使打开的文件进入可编辑状态的命令。

i：文件进入可编辑状态，可插入位置定位于当前光标之前。

I：文件进入可编辑状态，可插入位置定位于当前光标所在行之首。

a：文件进入可编辑状态，可插入位置定位于当前光标之后。

A：文件进入可编辑状态，可插入位置定位于当前光标所在行之尾。

o：文件进入可编辑状态，在当前光标所在行插入空的下一行，且光标位于空出行之首。

O：文件进入可编辑状态，在当前光标所在行插入空的上一行，且光标位于空出行之首。

文件处于可编辑状态后，打开文件的下方会出现"INSERT"或"插入"字样。如果想从可编辑状态退回一般模式，按 Esc 键即可。如果想保存编辑后的文件，可在退出可编辑状态后，输入命令:wq 或:wq!进行保存。

3. 文件一般模式下常用命令

除了编辑文件外，有时打开一个文件是为了查看文件的内容，由于文件的内容有时很多，vi 文本编辑器提供了一些命令方便查询操作，如翻页、查询指定文件内容等。下面介绍一般模式下的几个常用命令。

① 文件的保存与退出。

:w：保存文件内容。

:q：退出当前打开的文件。

:!：强制执行。

:wq：保存文件内容，并退出当前打开的文件。

:q!：不保存文件内容，并强行退出当前打开的文件。

② 光标移动。

h：从文件当前位置向左移动光标。

l：从文件当前位置向右移动光标。

k：从文件当前位置向上移动光标。

j：从文件当前位置向下移动光标。

③ 翻页移动。

Ctril+F：从文件当前位置向前翻整页。

Ctril+B：从文件当前位置向后翻整页。

Ctril+U：从文件当前位置向前翻半页。

Ctril+D：从文件当前位置向后翻半页。

④ 行内快速跳转。

^：将光标快速跳转到当前行的行首字符处。

$：将光标快速跳转到当前行的行尾字符处。

nw：将光标快速跳转到当前光标所在位置后的第 n 个单词的首字符处。

nb：将光标快速跳转到当前光标所在位置前的第 n 个单词的首字符处。

nc：将光标快速跳转到当前光标所在位置后的第 n 个单词的尾字符处。

⑤ 删除。

x：删除光标处的单个字符。

dd：删除光标所在的行。

dw：删除当前字符到单词尾的所有字符。

d$：删除当前字符到行尾的所有字符。

d^：删除当前字符到行首的所有字符。

J：合并当前行和下一行的内容。

⑥ 撤销。

u：撤销最近一次的操作。

U：撤销对当前行进行的所有操作。

Ctrl+R：对使用 u 命令撤销的操作进行恢复。

⑦ 复制。

yy：复制当前行内容到 vi 缓冲区。

yw：复制光标到单词尾的内容到 vi 缓冲区。

y$：复制光标到行尾的内容到 vi 缓冲区。

y^：复制光标到行首的内容到 vi 缓冲区。

:m,ny：复制第 m 行到第 n 行的文本到 vi 缓冲区。

⑧ 粘贴。

p：读取 vi 缓冲区内文本并粘贴到当前光标所在位置。

⑨ 文件内行间快速跳转。

:set nu：显示行号。

:set nonu：取消显示行号。

⑩ 自上而下的查找。

:/word：查找与 word 匹配的字符串。

n：查找下一个匹配的字符串。

N：反向查找下一个匹配的字符串。

⑪ 自下而上的查找。

?word：查找与 word 匹配的字符串。

n：查找下一个匹配的字符串。

N：反向查找下一个匹配的字符串。

⑫ 替换。

:s/old/new：当前行的第 1 个字符 old 替换为字符 new。

:s/old/new/g：当前行的所有字符 old 替换为字符 new。

:*m*,*n*s/old/new/g：当前行号 *m* 到行号 *n* 的所有字符 old 替换为字符 new。

:%s/old/new/g：整个文本中的所有字符 old 替换为字符 new。

⑬ 使用替换的确认功能。

:s/old/new/c：当前行的第 1 个字符 old 替换为字符 new 并提示用户确认操作。

:s/old/new/gc：当前行的所有字符 old 替换为字符 new 并提示用户确认操作。

:*m*,*n*s/old/new/gc：当前行号 *m* 到行号 *n* 的所有字符 old 替换为字符 new 并提示用户确认操作。

:%s/old/new/gc：整个文本中的所有字符 old 替换为字符 new 并提示用户确认操作。

2.4.2　Shell 脚本介绍

Shell 是一个命令语言解释器，除了拥有自己内建的命令集，可在命令行直接输入命令外，也可以脚本的形式运行。下面通过一个简单的查看/etc/shells 文件内容的例子，演示 Shell 脚本的编写与运行过程。

首先，通过输入下面的命令，实现将查看到的/etc/shells 文件内容写入新文件 test.sh。

```
[root@localhost ~]# echo "cat /etc/shells" >> test.sh
```

然后，执行 Shell 脚本文件 test.sh。这里介绍常用的两种方法。

① 通过 Shell 解析器 bash 执行 test.sh。

```
[root@localhost ~]# bash test.sh
/bin/sh
/bin/bash
/sbin/nologin
/usr/bin/sh
/usr/bin/bash
/usr/sbin/nologin
/bin/tcsh
```

```
/bin/csh
[root@localhost ~]#
```

② 赋予 test.sh 文件可执行权限，让它作为可执行程序直接运行。

```
[root@localhost ~]# chmod +x test.sh
[root@localhost ~]# ll test.sh
-rwxr-xr-x. 1 root root 16 7月   1 06:38 test.sh
[root@localhost ~]# ./test.sh
/bin/sh
/bin/bash
/sbin/nologin
/usr/bin/sh
/usr/bin/bash
/usr/sbin/nologin
/bin/tcsh
/bin/csh
[root@localhost ~]#
```

其中 test.sh 前的./是为了通知系统在当前目录下找该文件。

2.4.3　实践任务：Shell 脚本常用命令

本节主要介绍 Shell 编程中常用的变量、运算符、条件判断语句和流程控制语句的基本语法和应用举例，这些是 Shell 编程的基本知识。

1. 变量

定义 Shell 变量时，变量名前不加符号$；但读取变量值时，变量名前加$。

```
[root@localhost ~]# A=1
[root@localhost ~]# echo $A
[root@localhost ~]# B=2
[root@localhost ~]# echo $B
2
```

需要注意的是，变量名和等号之间不能有空格，同时，变量名由英文字母、数字和下画线组成，首个字符不能是数字，不能使用 bash 里的关键字。

2. 运算符

变量间的运算可以通过 $((运算式))、$[运算式]和 expr 与+（加）、-（减）、*（乘）、/（除）和%（取余）等运算符连用的形式来完成。下面简单举例。

① $((运算式))计算 A+B 的值。

```
[root@localhost ~]# echo $((A+B))
3
```

② $[运算式]计算 A+B 的值。

```
[root@localhost ~]# echo $[A+B]
3
```

③ expr 与+运算符连用，计算 A+B 的值。注意，空格不可省略。

```
[root@localhost ~]# expr $A + $B
3
```

3. 条件判断语句

在 Shell 脚本编写过程中，条件判断语句是经常使用的。下面介绍变量大小判断、文件权限和文件类型判断的实现过程。条件判断语句写在[]中，注意，空格不可省略。

① 两个整数的比较。

比较两个整数时常用的符号与释义如下。

=：字符串比较。

-lt：小于。

-le：小于等于。

-eq：等于。

-gt：大于。

-ge：大于等于。

-ne：不等于。

下面通过这些比较符号来判断 2 是否大于等于 3。

```
[user1@localhost ~]$ [ 2 -ge 3 ]
[user1@localhost ~]$ echo $?
1
[user1@localhost ~]$ [ 3 -ge 2 ]
[user1@localhost ~]$ echo $?
0
```

其中$? 表示最后一次执行的命令的返回状态。如果这个变量的值为 0，则上一个命令已正确执行；如果这个变量的值非 0（具体是哪个数，由命令自己来决定），则上一个命令没有正确执行。

② 文件权限的判断。

文件权限的判断主要是判断一个文件的读、写、执行权限，常用的符号及释义如下。

-r：有读的权限。

-w：有写的权限。

-x：有可执行权限。

判断文件 test.sh 和 d1.tar.gz 是否具有可执行权限。

```
[root@localhost ~]# ll test.sh
-rwxr-xr-x. 1 root root 16 7月   1 06:38 test.sh
[root@localhost ~]# ll d1.tar.gz
-rw-r--r--. 1 root root 1244 6月  30 00:20 d1.tar.gz
[root@localhost ~]# [ -x test.sh ]
[root@localhost ~]# echo $?
0
[root@localhost ~]# [ -x d1.tar.gz ]
[root@localhost ~]# echo $?
1
```

③ 文件类型的判断。

文件类型的判断主要是判断一个文件是否存在、是否常规文件等，常用的符号及释义如下。

-f：文件存在并且是一个常规的文件。

-e：文件存在。

-d：文件存在并且是一个目录。

以已经存在的文件 test.sh 和不存在的文件 testttt .sh 为例，判断它们是否存在，运行结果 0 表示存在，1 表示不存在。

```
[user1@localhost ~]$ [ -e test.sh ]
[user1@localhost ~]$ echo $?
0
[user1@localhost ~]$ [ -e testttt.sh ]
[user1@localhost ~]$ echo $?
1
```

4. 流程控制语句

流程控制语句主要用来控制程序中各语句的执行顺序。下面通过 if 判断语句和 for 循环来演示流程控制的实现过程。

① if 判断语句。

大数据项目中常常会有定时执行某些命令行的设定，下面通过 if 判断语句实现"如果有输入日期则打印输入日期，如果没有输入日期则打印当前日期的前一天"。

第 1 步：建立 if.sh 文件，并在文件中输入如下代码，保存该文件。

```
#!/bin/bash

if [ -n "$1" ] ;then
    echo $1
else
    echo `date -d "-1 day" +%F`
fi
```

第 2 步：赋予 if.sh 文件可执行权限。

```
[root@localhost ~]# chmod +x if.sh
```

第 3 步：执行 if.sh 文件，观察结果，其中$1 表示获取传入的第 1 个参数（日期）。

执行 if.sh 文件时，传入参数，获取当前日期，打印出当前日期 2020-07-01。

```
[root@localhost ~]# ./if.sh `date "+%Y-%m-%d"`
2020-07-01
```

执行 if.sh 文件时，传入参数，即日期"2020-06-01"，打印出该日期。

```
[root@localhost ~]# ./if.sh 2020-06-01
2020-06-01
```

执行 if.sh 文件时不传入参数。

```
[root@localhost ~]# ./if.sh
2020-06-30
```

② for 循环。

实现从 1 加到 100。

第 1 步：建立 for.sh 文件，并在文件中输入如下代码，保存该文件。

```
#!/bin/bash
s=0
for((i=1;i<=100;i++))
do
        s=$[$s+$i]
done
echo $s
```

第 2 步：赋予 for.sh 文件可执行权限。

```
[root@localhost ~]# chmod +x for.sh
```

第 3 步：执行 for.sh 文件，观察结果。

```
[root@localhost ~]# ./for.sh
5050
```

2.5　Linux 进程管理

2.5.1　Linux 进程简介

通俗地讲，进程是一个已开始执行且还没有结束的程序的实例。当程序被加载至系统时，系统需要给程序的调用分配一定的资源（如内存、磁盘等），然后进行一系列的复杂操作，使程序变成进程，以供系统调用。

系统中众多进程的计算相互隔离，互不影响。大体上进程分为系统进程和用户进程两种。

系统进程主要负责执行内存资源分配和进程切换等管理工作，使系统运行不受任何用户的干扰，包括系统管理员 root。

用户进程是指通过执行用户程序、应用程序或内核之外的系统程序而产生的进程，此类进程可以在用户的控制下运行或关闭。

用户进程可以分为如下 3 类。

- 交互进程：在执行过程中需要与用户进行交互，可以运行于前台，也可以运行于后台。
- 批处理进程：一个进程集合，负责按顺序启动其他的进程。
- 守护进程：一直运行的一种进程，在系统关闭时终止，如 httpd 进程、crond 进程等。

相对于一般操作系统下进程的新建、运行、阻塞、就绪和完成这 5 种状态，Linux 操作系统下的进程存在以下 5 种状态。

- 运行：正在运行或在运行队列中等待。
- 中断：休眠中、受阻中或在等待某个条件的形成或接收到信号。
- 不可中断：收到信号不唤醒且不可运行，必须等到有中断发生。
- 僵死：已终止，但进程描述符存在，直到父进程处理后释放。
- 停止：收到指定信号后停止运行。

2.5.2 实践任务：进程管理

进程是已启动的可执行程序的运行实例，主要由已分配内存的地址空间、安全属性包括所有权凭据和特权、程序代码的一个或多个执行线程以及进程状态构成。Linux 平台管理者必须学会进程查看、分析等操作。

① 使用 ps 命令查看进程状态。

【命令格式】ps [选项]

【常用选项】

-e：显示所有进程。

-f：全格式。

-h：不显示标题。

-l：长格式。

-w：宽输出。

-a：显示终端上的所有进程，包括其他用户的进程。

-r：只显示正在运行的进程。

-x：显示没有控制终端的进程。

-u：进程的用户信息。

下面通过显示终端上所有进程包括没有控制终端的进程和进程的用户信息进行举例。由于内容过多，这里只展示部分结果。

```
[root@localhost ~]# ps -aux
USER       PID %CPU %MEM    VSZ   RSS TTY      STAT START   TIME COMMAND
root         1  0.0  0.3 136364  5676 ?        Ss   6月28   0:52 /usr/lib/syste
root         2  0.0  0.0      0     0 ?        S    6月28   0:00 [kthreadd]
root         3  0.0  0.0      0     0 ?        S    6月28   0:09 [ksoftirqd/0]
……
avahi      649  0.0  0.0  30196  1444 ?        Ss   6月28   0:00 avahi-daemon:
root       650  0.0  0.1 392216  3228 ?        Ssl  6月28   0:00 /usr/libexec/a
root       653  0.0  0.1 216984  2984 ?        Ss   6月28   0:00 /usr/bin/abrt-
root       655  0.0  0.0   6472   604 ?        Ss   6月28   0:07 /sbin/rngd -f
rtkit      660  0.0  0.0 164656  1068 ?        SNsl 6月28   0:01 /usr/libexec/r
polkitd    661  0.0  0.8 541456 16332 ?        Ssl  6月28   0:28 /usr/lib/polki
avahi      662  0.0  0.0  30072   244 ?        S    6月28   0:00 avahi-daemon:
root       664  0.0  0.0  16840  1024 ?        SNs  6月28   0:00 /usr/sbin/alsa
```

```
libstor+   668  0.0  0.0    8532   744 ?      Ss   6月28    0:01 /usr/bin/lsmd
dbus       669  0.0  0.1   36516  3296 ?      Ssl  6月28    0:06 /bin/dbus-daem
root       670  0.0  0.0  201256  1092 ?      Ssl  6月28    0:00 /usr/sbin/gssp
chrony     683  0.0  0.0  115640  1680 ?      S    6月28    0:03 /usr/sbin/chro
......
postfix   1361  0.0  0.1   91800  3188 ?      S    6月28    0:00 qmgr -l -t uni
nobody    1492  0.0  0.0   15604   760 ?      S    6月28    0:00 /usr/sbin/dnsm
root      1494  0.0  0.0   15576   192 ?      S    6月28    0:00 /usr/sbin/dnsm
root      1575  0.0  0.1  426168  3244 ?      Ssl  6月28    0:06 /usr/libexec/u
root      1624  0.0  0.5  494180 10996 ?      Ssl  6月28    0:05 /usr/libexec/p
root      1627  0.0  0.1   54456  2276 ?      Ss   6月28    0:00 /usr/sbin/wpa_
colord    1653  0.0  0.3  411208  6288 ?      Ssl  6月28    0:00 /usr/libexec/c
root      1721  0.0  0.2  529376  5184 ?      Sl   6月28    0:01 gdm-session-wo
user1     1733  0.0  0.1  315268  2832 ?      Sl   6月28    0:00 /usr/bin/gnome
gdm       1749  0.0  0.1  450104  2780 ?      Sl   6月28    0:00 ibus-daemon --
user1     1751  0.0  0.3  827248  7280 ?      Ssl  6月28    0:00 /usr/libexec/g
gdm       1754  0.0  0.1  373772  2148 ?      Sl   6月28    0:00 /usr/libexec/i
gdm       1757  0.0  0.1  438432  3724 ?      Sl   6月28    0:00 /usr/libexec/i
......
root     20284  0.0  0.0  107904   612 ?      S    08:38    0:00 sleep 60
root     20292  0.0  0.0  153148  1848 pts/0  R+   08:38    0:00 ps -aux
user1    27059  0.0  0.3  467004  6676 ?      Sl   6月29    0:00 /usr/libexec/g
user1    27080  0.0  0.2  471008  4292 ?      Sl   6月29    0:00 /usr/libexec/g
[root@localhost ~]#
```

其中每列的意义如下。

USER：进程所有者的用户名。

PID：进程的 ID 号。

%CPU：该进程自最近一次刷新以来所占用的 CPU 时间占总时间的百分比。

%MEM：该进程占用的物理内存占总内存的百分比。

VSZ：该进程占用的虚拟内存。

RSS：该进程占用的物理内存的总数量，单位是 KB。

TTY：虚拟终端。

STAT：进程状态。

START：开始时间。

TIME：运行时间。

COMMAND：命令。

② 使用 pstree 命令查看进程树，较直观地了解各进程之间的调用关系。

【常用选项】

-a：显示每个程序的完整指令，包含路径、参数或常驻服务的标示。

-c：不使用精简标示法。

-G：使用 VT100 终端机的列绘图字符。

-h：列出树状图时，特别标明现在执行的程序。

-H<程序识别码>：此参数的效果和-h 参数类似，但特别标明指定的程序。

-l：采用长列格式显示树状图。

-n：用程序识别码排序。预设以程序名称来排序。

-p：显示程序识别码。

-u：显示用户名称。

-U：使用 UTF-8 列绘图字符。

-V：显示版本信息。

下面通过查看网络管理 846 的进程树进行举例，要求进程树中显示 PID，且按 PID 进行排序。

```
[root@localhost ~]# pstree -p -n 846
NetworkManager(846)─┬─{NetworkManager}(858)
                    └─{NetworkManager}(860)
```

③ top 命令查看系统资源占用情况。

```
[root@localhost ~]# top
top - 08:57:00 up 2 days, 14:37,  2 users,  load average: 0.00, 0.01, 0.05
Tasks: 169 total,   2 running, 167 sleeping,   0 stopped,   0 zombie
%Cpu(s):  0.3 us,  0.3 sy,  0.0 ni, 99.3 id,  0.0 wa,  0.0 hi,  0.0 si,  0.0 st
KiB Mem : 1883560 total,   168696 free,   762608 used,   952256 buff/cache
KiB Swap: 2097148 total,  2092592 free,     4556 used.   894888 avail Mem

  PID USER      PR  NI    VIRT    RES    SHR S %CPU %MEM     TIME+ COMMAND
 1972 user1     20   0 1969508 224952  31560 S  0.3 11.9   2:22.98 gnome-shell
11985 root      20   0  148116   5656   4152 S  0.3  0.3   0:01.38  sshd
20614 root      20   0       0      0      0 S  0.3  0.0   0:01.55 kworker/0:2
    1 root      20   0  136364   5676   3004 S  0.0  0.3   0:53.21 systemd
    2 root      20   0       0      0      0 S  0.0  0.0   0:00.11 kthreadd
    3 root      20   0       0      0      0 S  0.0  0.0   0:09.06 ksoftirqd/0
    5 root       0 -20       0      0      0 S  0.0  0.0   0:00.00 kworker/0:0H
    7 root      rt   0       0      0      0 S  0.0  0.0   0:00.00 migration/0
    8 root      20   0       0      0      0 S  0.0  0.0   0:00.00 rcu_bh
    9 root      20   0       0      0      0 R  0.0  0.0   0:08.90 rcu_sched
   10 root      rt   0       0      0      0 S  0.0  0.0   0:05.58 watchdog/0
   12 root      20   0       0      0      0 S  0.0  0.0   0:00.00 kdevtmpfs
   13 root       0 -20       0      0      0 S  0.0  0.0   0:00.00 netns
   14 root      20   0       0      0      0 S  0.0  0.0   0:00.18 khungtaskd
   15 root       0 -20       0      0      0 S  0.0  0.0   0:00.00 writeback
   16 root       0 -20       0      0      0 S  0.0  0.0   0:00.00 kintegrityd
   17 root       0 -20       0      0      0 S  0.0  0.0   0:00.00 bioset
   18 root       0 -20       0      0      0 S  0.0  0.0   0:00.00 kblockd
   19 root       0 -20       0      0      0 S  0.0  0.0   0:00.00 md
   25 root      20   0       0      0      0 S  0.0  0.0   0:00.85 kswapd0
   26 root      25   5       0      0      0 S  0.0  0.0   0:00.00 ksmd
   27 root      39  19       0      0      0 S  0.0  0.0   0:01.52 khugepaged
   28 root       0 -20       0      0      0 S  0.0  0.0   0:00.00 crypto
   36 root       0 -20       0      0      0 S  0.0  0.0   0:00.00 kthrotld
   38 root       0 -20       0      0      0 S  0.0  0.0   0:00.00 kmpath_rdacd
   39 root       0 -20       0      0      0 S  0.0  0.0   0:00.00 kpsmoused
```

40 root	0	-20	0	0	0 S	0.0	0.0	0:00.00 ipv6_addrconf
60 root	0	-20	0	0	0 S	0.0	0.0	0:00.00 deferwq
92 root	20	0	0	0	0 S	0.0	0.0	0:00.03 kauditd
275 root	0	-20	0	0	0 S	0.0	0.0	0:00.00 ata_sff
280 root	20	0	0	0	0 S	0.0	0.0	0:00.00 scsi_eh_0
282 root	0	-20	0	0	0 S	0.0	0.0	0:00.00 scsi_tmf_0
283 root	20	0	0	0	0 S	0.0	0.0	0:00.00 scsi_eh_1
284 root	0	-20	0	0	0 S	0.0	0.0	0:00.00 scsi_tmf_1

各列的意义如下。

PID：进程 ID 号。

USER：进程所有者的用户名。

PR：进程优先级。

NI：nice 值。负值表示高优先级，正值表示低优先级。

VIRT：进程使用的虚拟内存总量，单位是 KB。VIRT=SWAP+RES。

RES：进程使用的、未被换出的物理内存大小，单位是 KB。RES=CODE+DATA。

SHR：共享内存大小，单位是 KB。

S：进程状态。D 表示不可中断的睡眠状态，R 表示运行，S 表示睡眠，T 表示停止，Z 表示僵死。

%CPU：上次更新到现在的 CPU 时间占用百分比。

%MEM：进程使用的物理内存百分比。

TIME+：进程使用的 CPU 时间总计，单位是 1/100s。

COMMAND：进程名称（命令名/命令行）。

2.6　Linux 网络管理

2.6.1　网络的基本概念

就计算机而言，网络是指用通信线路和通信设备将分布在不同地点的多台自治计算机互相连接起来，按照共同的网络协议，共享硬件、软件，最终实现资源共享的系统。

说到网络协议，基本会提到开放式系统互联（Open System Interconnection，OSI）参考模型，它定义了不同计算机互联的标准，是设计和描述计算机网络通信的基本框架。OSI 参考模型把网络通信的工作分为 7 层，分别是物理层、数据链路层、网络层、传输层、会话层、表示层和应用层。这是一种事实上被 TCP/IP 的 4 层模型淘汰的协议，在当今世界上没有得到大规模使用。

OSI 参考模型和 TCP/IP 参考模型都采用了层次结构。不同的是，OSI 参考模型有 7 层结构，其应用环境是开放系统环境；而 TCP/IP 参考模型只有应用层、传输层、网络层和链路层 4 层结构，其中应用层协议是标准化的。

从应用角度考虑，OSI 参考模型是人为制定的适用于全世界计算机网络的统一标准，是一种理想模型，但它结构复杂，实现周期长，运行效率低；而 TCP/IP 参考模型独立于特定的计算机硬件和操作系统，可移植性好，独立于特定的网络硬件，可以提供多种拥有大量用户的网络服务，并促进互联网的发展，因此成为了广泛应用的网络模型。

2.6.2 网络设备的作用

说起网络设备，先来感受一下典型的网络，如图 2-14 所示。

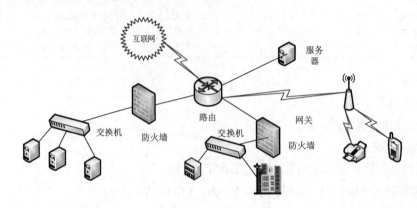

图 2-14 典型的网络

服务器与互联网之间可通过路由、防火墙，经过交换机与各种能够访问互联网的设备进行访问。下面就网络中几个重要的概念进行描述。

交换机（Switch），意为"开关"，是一种用于电（光）信号转发的网络设备。它可以为接入交换机的任意两个网络节点提供独享的电信号通路。最常见的交换机是以太网交换机。其他常见的还有电话语音交换机、光纤交换机等。交换机工作于 OSI 参考模型的第 2 层，即数据链路层。交换机内部的 CPU 会在每个端口成功连接时，通过将 MAC 地址和端口对应，形成一张 MAC 表。在以后的通信中，发往该 MAC 地址的数据包将仅送往其对应的端口而不是所有的端口。因此，交换机可用于划分数据链路层广播即冲突域；但它不能划分网络层广播即广播域。

路由器（Router），又称网关（Gateway），用于连接多个逻辑上分开的网络，是连接互联网中各局域网、广域网的设备，它会根据信道的情况自动选择和设定路由，以最佳路径按先后顺序发送信号。

网桥（Bridge），是早期的两端口二层网络设备，用来连接不同网段，它将两个相似的网络连接起来，并对网络数据的流通进行管理。网桥工作于数据链路层，它不但能扩展网络的距离或范围，而且能提高网络的性能、可靠性和安全性。

网关（Gateway）又称网间连接器、协议转换器。网关在网络层以上实现网络互联，是最复杂的网络互联设备，仅用于两个高层协议不同的网络互联。

网卡（Network Interface Card），又称网卡网络接口控制器（Network Interface Controller，NIC）、网络适配器（Network Adapter）或局域网接收器（LAN Adapter），是一个被设计用来允许计算机在计算机网络上进行通信的计算机硬件。由于其拥有 MAC 地址，因此属于 OSI 模型的第 1 层。

防火墙（Firewall），也称防护墙，由软件和硬件设备组合而成，在内部网和外部网之间、专用网与公共网之间的边界上构造保护屏障，保护内部网免受非法用户的入侵。

2.6.3 网络配置

网络配置的目的是实现通过网络访问计算机。目前，网络配置多指对 IP（Internet Protocol，互联网协议）地址的配置。在因特网中，它是能使连接到网上的所有计算机网络实现相互通信的一套规则。同一网络中，每一台计算机都可以配置唯一的 IP 编码，即 IP 地址，也称为网络协议地址，网络间通信时通过该 IP 地址判断要访问的指定计算机。

同一网络中实现计算机间通信有两个前提：一是防火墙同意对指定计算机的访问；二是网络中的每台计算机拥有自己的 IP 地址，借以证明身份。

1. 配置防火墙

防火墙是位于内部网和外部网之间的屏障，它按照系统管理员预先定义好的规则来控制数据包的进出。在进行网络间计算机的配置时，如果防火墙关闭，对网络间计算机进行访问时就不会被这层屏障阻止。但这样做不太安全，所以 Linux 操作系统提供了允许访问计算机的功能。常用的防火墙的操作命令如下。

① 查看防火墙状态：firewall-cmd --state。

② 开启防火墙：systemctl start firewalld.service。

③ 设置开机自启：systemctl enable firewalld.service。

④ 重启防火墙：systemctl restart firewalld.service。

⑤ 检查防火墙状态是否打开：firewall-cmd --state。

⑥ 查看防火墙设置开机自启是否成功：systemctl is-enabled firewalld.service;echo $?。

⑦ 开启指定端口，如 80，参考命令如下。其中：--zone 指作用域 public，即允许增加网络区域可供外部连接进入；--add-port 指定添加的端口为符合 tcp 协议端口 80；--permanent 指定新增加的端口永久生效，没有此参数重启后失效。

```
[root@localhost ~]$ firewall-cmd --zone=public --add-port=80/tcp --permanent
success
```

⑧ 列出当前开启的端口。

```
[root@localhost ~]$ firewall-cmd -permanent --list-port
80/tcp 20-23/udp
```

⑨ 删除开启的端口 80。

```
[root@localhost ~]$ firewall-cmd --zone=public --remove-port=80/tcp --permanent
success
```

2. 配置 IP 地址

IP 地址可以采用动态 IP 地址配置（系统自动生成）和静态 IP 地址配置的方法，配置的常用方法有两种：一是通过 Linux 操作系统提供的网络配置界面进行可视化配置；一是通过 Shell 命令直接配置网络相关的文件及启动命令。

（1）可视化界面配置

单击 Linux 操作系统桌面左上角"应用程序→系统工具→设置"选项，在弹出的窗口中单击"网络"图标进入网络配置界面，如图 2-15 所示。通过该界面的引导，可进行有线连接或网络代理的配置。选择"有线连接"，然后单击右下角的"添加配置"按钮，

图 2-15　网络配置界面

在弹出的新配置窗口的左侧选中"IPv4"选项，然后在右面进行 DNS 和路由（IP 地址、子网掩码、网关）的配置，最后点击"添加"按钮完成网络的配置。

（2）Shell 命令配置网络

Shell 命令主要通过配置网络相关的文件中的参数实现 IP 地址的设定，然后通过命令或重启 Linux 操作系统使配置的参数生效即可。

2.6.4 实践任务：网络操作与测试命令

在当前 CentOS 7.4 的 GNOME 桌面环境下，通过 Shell 命令配置静态 IP 地址，已知当前网络的可用 IP 地址为 192.168.124.101，子网掩码 255.255.255.0，网关为 192.168.124.1，如果想连接互联网，可用 DNS 为 114.114.114.114 和 8.8.8.8。具体的 IP 地址的配置过程可分为如下 6 步。

第 1 步：使用 ifconfig 命令显示所有网络接口的配置信息。

查询结果显示当前 Linux 操作系统有 3 个网络接口：enp0s3、lo 和 virbr0。其中 enp0s3 是以太网网络接口；lo 是一个实现系统内部发送和接收数据虚拟的环回接口，IP 地址是 127.0.0.1；virbr0 是虚拟网络接口，由于 Linux 操作系统安装在 VirtualBox 工具生成的虚拟机中，虚拟化服务在虚拟化过程中生成。本次实验的研究对象是 enp0s3，查询显示当前 Linux 操作系统静态 IP 地址还未配置。

```
[root@localhost ~]# ifconfig
enp0s3: flags=4163<UP,BROADCAST,RUNNING,MULTICAST>  mtu 1500
        ether 08:00:27:d1:3f:08  txqueuelen 1000  (Ethernet)
        RX packets 0  bytes 0 (0.0 B)
        RX errors 0  dropped 0  overruns 0  frame 0
        TX packets 0  bytes 0 (0.0 B)
        TX errors 0  dropped 0 overruns 0  carrier 0  collisions 0

lo: flags=73<UP,LOOPBACK,RUNNING>  mtu 65536
        inet 127.0.0.1  netmask 255.0.0.0
        inet6 ::1  prefixlen 128  scopeid 0x10<host>
        loop  txqueuelen 1  (Local Loopback)
        RX packets 904  bytes 78344 (76.5 KiB)
        RX errors 0  dropped 0 overruns 0  frame 0
        TX packets 904  bytes 78344 (76.5 KiB)
        TX errors 0  dropped 0 overruns 0  carrier 0  collisions 0

virbr0: flags=4099<UP,BROADCAST,MULTICAST>  mtu 1500
        inet 192.168.122.1  netmask 255.255.255.0  broadcast 192.168.122.255
        ether 52:54:00:02:84:fd  txqueuelen 1000  (Ethernet)
        RX packets 0  bytes 0 (0.0 B)
        RX errors 0  dropped 0 overruns 0  frame 0
        TX packets 0  bytes 0 (0.0 B)
        TX errors 0  dropped 0 overruns 0  carrier 0  collisions 0
```

第 2 步：配置网络。

配置 ens0s3 网卡 IP 地址的核心文件位于/etc/sysconfig/network-scripts 目录下，文件名为 ifcfg-ens0s3。具体配置如下。

```
[root@localhost ~]# vi /etc/sysconfig/network-scripts/ifcfg-ens0s3
TYPE=Ethernet # 网络类型：以态网【默认值】
```

```
PROXY_METHOD=none # 代理方式：关闭状态【默认值】
BROWSER_ONLY=no # 只是浏览器：否【默认值】
BOOTPROTO=static # 配置网卡获得 ip 地址的方式为静态
DEFROUTE=yes # 默认路由：是【默认值】
IPV4_FAILURE_FATAL=no #开启 IPV4 致命错误检测：否【默认值】
IPV6INIT=yes # IPV6 是否有效：是【默认值】
IPV6_AUTOCONF=yes # IPV6 是否自动配置：是【默认值】
IPV6_DEFROUTE=yes # IPV6 是否默认路由：是【默认值】
IPV6_FAILURE_FATAL=no # 开启 IPV6 致命错误检测：否【默认值】
IPV6_ADDR_GEN_MODE=stable-privacy # IPV6 地址生成模型：stable-privacy【默认值】
NAME=ens0s3 # 网卡物理设备名称
UUID=8fa7ac5b-ce0c-4a11-8d51-a216aada44d6 # 唯一识别码
DEVICE=ens0s3 # 网卡设备名称，与'NAME'值一致
ONBOOT=yes # 系统启动的时候网络接口是否有效：是
IPADDR=192.168.124.101 # 配置 IP 地址
NETMASK=255.255.255.0 # 配置子网掩码
GATEWAY=192.168.124.1 # 配置网关
DNS1=114.114.114.114 # 配置域名解析服务 1
DNS2=8.8.8.8 # 配置域名解析服务 1
```

第 3 步：重启网络配置服务，使配置的参数生效。

```
[root@localhost ~]# systemctl restart network.service
[root@localhost ~]#
```

第 4 步：查看当前网络，显示静态 IP 地址已经配置成功。

```
[root@localhost ~]# ifconfig
enp0s3: flags=4163<UP,BROADCAST,RUNNING,MULTICAST>  mtu 1500
        inet 192.168.124.101  netmask 255.255.255.0  broadcast 192.168.124.255
        inet6 fe80::9356:773a:ae04:873a  prefixlen 64  scopeid 0x20<link>
        ether 08:00:27:d1:3f:08  txqueuelen 1000  (Ethernet)
        RX packets 4681  bytes 375087 (366.2 KiB)
        RX errors 0  dropped 0  overruns 0  frame 0
        TX packets 1799  bytes 206146 (201.3 KiB)
        TX errors 0  dropped 0 overruns 0  carrier 0  collisions 0

lo: flags=73<UP,LOOPBACK,RUNNING>  mtu 65536
        inet 127.0.0.1  netmask 255.0.0.0
        inet6 ::1  prefixlen 128  scopeid 0x10<host>
        loop  txqueuelen 1  (Local Loopback)
        RX packets 356  bytes 30944 (30.2 KiB)
        RX errors 0  dropped 0  overruns 0  frame 0
        TX packets 356  bytes 30944 (30.2 KiB)
        TX errors 0  dropped 0 overruns 0  carrier 0  collisions 0

virbr0: flags=4099<UP,BROADCAST,MULTICAST>  mtu 1500
        inet 192.168.122.1  netmask 255.255.255.0  broadcast 192.168.122.255
        ether 52:54:00:02:84:fd  txqueuelen 1000  (Ethernet)
        RX packets 0  bytes 0 (0.0 B)
```

```
        RX errors 0  dropped 0  overruns 0  frame 0
        TX packets 0  bytes 0 (0.0 B)
        TX errors 0  dropped 0 overruns 0  carrier 0  collisions 0
```

第 5 步：ping 新配置的 IP 地址，发现 ping 通了，说明 IP 地址局域网络已经配置成功。

```
[root@localhost ~]# ping 192.168.124.101
PING 192.168.124.101 (192.168.124.101) 56(84) bytes of data.
64 bytes from 192.168.124.101: icmp_seq=1 ttl=64 time=0.045 ms
64 bytes from 192.168.124.101: icmp_seq=2 ttl=64 time=0.067 ms
64 bytes from 192.168.124.101: icmp_seq=3 ttl=64 time=0.063 ms
64 bytes from 192.168.124.101: icmp_seq=4 ttl=64 time=0.071 ms
^C # 此处按 Ctrl+C 组合键，停止 ping 百度的过程
--- 192.168.124.101 ping statistics ---
4 packets transmitted, 4 received, 0% packet loss, time 3011ms
rtt min/avg/max/mdev = 0.045/0.061/0.071/0.012 ms
[root@localhost ~]#
```

第 6 步：ping 百度的网址，发现 ping 通了，说明网络能够连接互联网了。

```
[root@localhost ~]# ping www.baidu.com
PING www.a.shifen.com (14.215.177.38) 56(84) bytes of data.
64 bytes from 14.215.177.38 (14.215.177.38): icmp_seq=1 ttl=54 time=26.6 ms
64 bytes from 14.215.177.38 (14.215.177.38): icmp_seq=2 ttl=54 time=26.6 ms
64 bytes from 14.215.177.38 (14.215.177.38): icmp_seq=3 ttl=54 time=21.9 ms
^C # 此处按 Ctrl+C 组合键，停止 ping 百度的过程
--- www.a.shifen.com ping statistics ---
3 packets transmitted, 3 received, 0% packet loss, time 2023ms
rtt min/avg/max/mdev = 21.961/25.095/26.696/2.220 ms
[root@localhost ~]#
```

2.7   本章小结

本章介绍了 Linux 操作系统的基本知识，主要包括 Linux 操作系统的基本概念、作用和使用情况。其中应用部分采用了实践任务与理论结合的方式，帮助读者理解 Linux 应用。

实践部分从 Linux 安装开始，逐步引导读者边学边做，主要讲解了 Linux 应用较频繁的用户与用户组的管理、文件管理、Shell 运用、进程管理和 Linux 网络管理等知识。使读者掌握 Linux 基本应用，为后面大数据的学习打下基础。

2.8   习题

1. 简述操作系统的作用。
2. 试述你对 Linux 操作系统的理解。
3. 尝试独立在自己的计算机上安装 CentOS 7，并进行简单的分区。
4. 尝试建立一个文件夹，并在文件夹下建立文件，然后对该文件夹进行更改用户组的操作。

5. 尝试将新建立的文件夹及文件压缩和打包。

6. 尝试编写一个 Shell 脚本文件并运行该脚本文件。

7. 尝试使用文本编辑器，体会其功能和用法。

8. 尝试查看系统目前运行的进程，并对指定进程进行停止与重启的操作。

9. 网络设备有哪些？试述其作用。

10. 尝试给两台计算机配置同一网段 IP 地址，并实现两台计算机间网络通信。

第二部分　虚拟化技术

第 3 章　OpenStack 部署与运维

　　云计算作为一种 IT 基础设施交付和使用的模式，具有按需服务的自助服务、广泛的网络接入、资源池化、计算资源的弹性伸缩，以及可计量的服务五大特点。云计算为客户提供的服务模式有 3 种：IaaS（Infrastructure as a Service，基础设施即服务）、PaaS（Platform as a Service，平台即服务），以及 SaaS（Software as a Service，软件即服务）。

　　OpenStack 是构建云计算系统的框架。OpenStack 平台不仅可以看作获取信息的一个空间，从使用的角度来讲，也可以作为一个开源工具，其运行的最终目的在于数据处理和备份，实现更加灵活的云信息分享可能性。OpenStack 由不同功能的模块组成，模块之间分工明确，计算处理、备份处理和镜像服务这 3 个模块既能够独立存在，又可以整合工作。在所有的云计算框架中，OpenStack 以其开源和兼容的优点占据了主要的市场。

　　OpenStack 具有资源接入与抽象、资源分配与调度、资源生命周期管理、系统管理维护和人机交互支持等功能。资源接入与抽象是指将各类服务器、存储设备、网络设备等硬件资源，通过虚拟化的或者可软件定义的方式，接入云计算系统，并将其抽象为云计算系统可以识别的计算、存储、网络等资源池，以此作为云计算系统对各类硬件资源实施管理的集成。资源分配与调度是指利用云计算系统的资源管理能力，将计算、存储和网络等资源，按照客户的不同需求进行有效合理的分配。资源生命周期管理是指协助客户实现各类资源在云计算系统上的分配、回收等管理操作。系统管理维护是指协助系统管理员实现对云计算系统的各类管理与运维操作。人机交互支持是指提供友好的人机交互界面，支持系统管理员和普通用户对系统进行各类操作。

知识地图

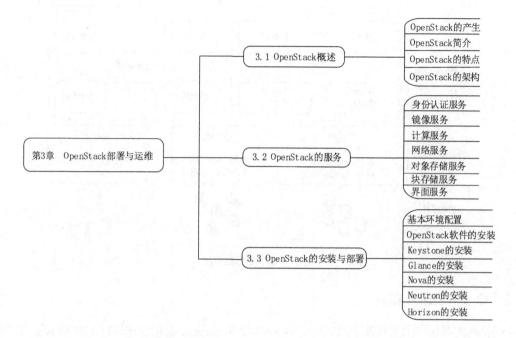

3.1　OpenStack 概述

3.1.1　OpenStack 的产生

任何技术的产生都离不开人类生产的实际需求。在企业发展的第 1 阶段，IT 信息化实现了将分散的各类 IT 资源进行物理集中，形成具有一定规模的 IT 基础设施；紧接着第 2 阶段，随着企业的 IT 基础设施的扩充，需要经历硬件设备的升级、安装以及应用软件的部署等过程，此过程建设周期长，而且经济成本高，资源重复利用率低；当到达第 3 阶段时，企业的 IT 系统历经几年的时间后，基础设施的硬件面临老化，软件面临升级困难等问题。

目前企业的需求是，IT 资源可以进行弹性的扩展，按需分配，按需收费，以降低企业的 IT 成本。在此需求背景下，云计算架构应运而生，云计算的服务可分为基础设施、平台和软件 3 类服务。云计算是一种计算能力，OpenStack 是 IaaS（基础设施即服务）的组件，作为云计算非常重要、市场占有率较高的开源技术，它能够为企业建立高效、弹性、可扩展的云平台。云计算框架平台如图 3-1 所示。

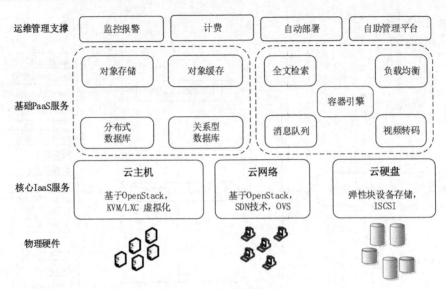

图 3-1　云计算框架平台

3.1.2　OpenStack 简介

　　OpenStack 是由美国国家航空航天局（NASA）和 Rackspace 公司合作研发，由 Apache 许可授权的开放源码项目。OpenStack 支持多种类型的云环境，是一个云操作系统，它可以搭建公有云、私有云。可以认为，它是一种云操作系统平台，是云计算的一个框架，可以移植和管理各种架构。

　　OpenStack 是构建云计算系统的框架，利用其建立的分布式存储系统在企业、高校以及科研领域等得到了广泛使用。它的分布式存储具有良好的扩展性，能够提高数据的可用性和完整性。云管理平台框架结构如图 3-2 所示。

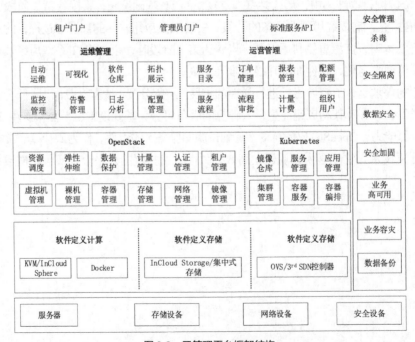

图 3-2　云管理平台框架结构

从 OpenStack 能够实现的管理功能可以明确，OpenStack 是实现云计算系统的核心框架。为了实现其数据计算和处理功能，OpenStack 平台的控制和管理包括虚拟模型的构建和网络访问权限设置。

3.1.3 OpenStack 的特点

OpenStack 是由 Apache 授权完全开源的云计算平台，它提供一系列的组件来管理计算资源，组件之间通过公共 API 相互调用来完成具体的工作。OpenStack 具有松耦合的优点，每个组件完成各自的功能。OpenStack 主要有以下几个特点。

① 自由性：OpenStack 是一个完全开源的项目，不会受到某个特定的厂商限制，其模块化的设计可以轻松地实现与第三方技术的集成，可以构建属于自己的云计算服务，大大增加了云服务的自由性和弹性。

② 兼容性：OpenStack 实现了公有云之间以及与私有云之间的兼容，可以将企业自身的数据很轻松地迁移到特定安全策略的云中。

③ 灵活性：OpenStack 是在 Apache 许可下发布的，所以任何第三方都可以在其基础上自由地开发软件产品。

3.1.4 OpenStack 的架构

OpenStack 是一个面向服务的架构（Service-Oriented Architecture，SOA）。服务之间通过简单、精确定义的接口进行通信，可以根据需求通过网络对松散耦合的粗细粒度应用组件进行分布式部署、组合和使用。整个平台的构成具有一定的逻辑性，从用户的使用而言，功能性的信息交换和指令发送都通过智能核心来进行。各个指令之间会以时间的先后产生相应的队列顺序，所有操作严格按照顺序执行。

整个 OpenStack 架构按功能的不同进行划分，主要由控制节点、计算节点、网络节点、存储节点四大部分组成，其主要功能如表 3-1 所示。

表 3-1   OpenStack 的节点名称及主要功能

节点名称	主要功能
控制节点	是核心，负责对其余节点进行管理，包含虚拟机的创建、网络资源分配、数据存储迁移等
计算节点	负责对虚拟机进行管理，包括启动、停止等操作
网络节点	管理外部和内部网络之间的 IP 设置，保证网络正常通信
存储节点	负责对虚拟机的额外存储管理等

对于 OpenStack 云计算平台来说，每部分节点的功能都需要相关的组件来支持。OpenStack 由一系列相互关联、协同工作的组件构成，常用的组件包括 Horizon、Nova、Neutron、Swift、Cinder、Keystone、Glance 等。各个组件之间的服务架构如图 3-3 所示。

虚拟机在整个 OpenStack 中是比较重要的，处于整个架构的中心位置，它是 OpenStack 进行管理调度的基本单位，又被称为云主机或者实例。OpenStack 的基础服务管理包括以下几个组件：Nova、Neutron、Glance、Keystone、Horizon。各个组件之间的控制流程如图 3-4 所示。

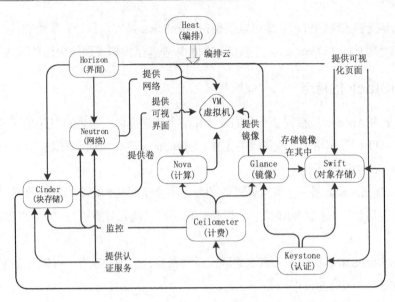

图 3-3　各个组件之间的服务架构

Nova：提供计算管理服务，也是 OpenStack 的核心服务，它的作用是管理云主机的生命周期，进行按需生产、调度、中断云主机等操作。

Neutron：提供网络服务，提供了节点之间的网络管理功能，为 OpenStack 的其他服务提供服务，同时也为用户提供 API 来接入网络和它的附件。

Glance：提供镜像服务，主要是存储和检索镜像文件，这些镜像文件提供给虚拟机使用，可以实现多个数据中心的镜像管理。Nova 实例化云主机时将使用 Glance 提供的镜像。

Keystone：提供认证服务，Keystone 通过提供令牌服务的方式，对其他服务进行权限管理，其他所有的服务都需要通过 Keystone 进行认证后才能工作。

Horizon：提供界面服务，保证底层 OpenStack 服务的交互。它的作用是启动实例，分配云主机的 IP 地址等。

OpenStack 的扩展服务管理包含以下几个组件：Cinder、Swift、Ceilometer、Quantum。

Cinder：提供存储管理服务，主要指虚拟机的存储管理。为正在运行的云主机提供的服务是永久的块存储，对云主机来说，每一个卷就是一块虚拟硬盘。

Swift：提供对象存储服务，它的数据复制和架构的扩展都具备很高的容错能力。这是对象存储的组件。对于大部分用户来说，Swift 不是必需的，只有存储数量达到一定级别且存储数据是非结构化数据才有此需求。

Ceilometer：提供监控和计量服务，对物理和虚拟资源进行监控并记录这些数据。

Quantum：网络管理的组件，OpenStack 的未来基本都要靠 Quantum。

在以上所述服务中，并不是每个服务都是必须搭建的。OpenStack 服务分为核心服务和可选服务。如果 Open Stack 缺少某一个核心服务，那么 OpenStack 将无法正常运行，而可选服务是可选择的，不会影响 OpenStack 基本的运行。

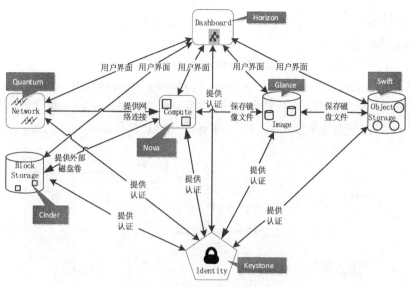

图 3-4　各个组件之间的控制流程

3.2　OpenStack 的服务

为实现云计算的各项功能，OpenStack 将计算、存储、监控、网络服务等划分为若干项目。每个项目对应 OpenStack 中的一个或多个服务。各个服务之间为松耦合关系，服务允许安装在不同的节点上。

3.2.1　身份认证服务

1. 认证服务简介

认证服务（Keystone）：身份认证与授权服务；将 OpenStack 所提供的服务与认证相关的内容放到数据库中，负责对用户进行身份认证，并向被认定为合法的用户发放令牌；包括以下 6 类主要的认证角色。

- 用户（User）：一个用户代表一个使用云的个体，以及访问它们的调用端点（Endpoints）。
- 租户：租户是属于某个用户的，它可以是一个项目、一个组织。任何 OpenStack 请求都需要有租户的信息。
- 角色：角色是属于某个租户的，它可以是一个个体或者一个项目内的一个分支。
- 服务：OpenStack 某个组件的服务，如计算服务、网络服务、存储服务等。
- 服务端点：某个服务对外提供 API 访问的网址（URL）信息，所有访问服务的操作都需要使用 URL 去调用相关的 API。
- 令牌（Token）：用户通过 Keystone 的认证后，Keystone 会返回一个令牌给用户，令牌中包含着可信的用户信息，如用户 ID 号、租户 ID 号、角色 ID 号等。此后该用户所有的服务请求都需要带上 Token 去访问，代表这个用户是可信的，是有权限的。

Keystone 的管理对象包括 Domain、Project、Group、User、Role 等。

- Domain：包含多个 Project，每个 Project 关联不同的服务和资源；在不同的 Domain 中不同

User 可使用相同名称。

- Group：User 的集合。
- Role：用于分配操作权限，可赋予 Group 或 User。

Keystone 通过建立 rules、mapping、protocol 和 Identity_Provider 对象，建立 User 与 IdP 认证信息的关联，使 Keystone 可根据认证信息确定访问者身份。其中 Identity_Provider 对应特定的 IdP；rules 包含了 User 与认证信息相关属性的对应关系。Keystone 认证流程如图 3-5 所示。

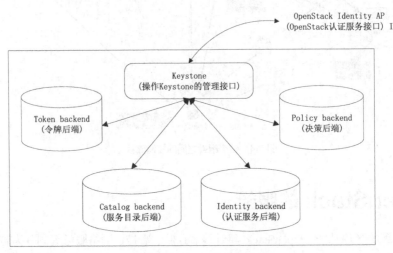

图 3-5　Keystone 认证流程

2. 实践任务：身份认证服务的安装与配置

Keystone 组件负责授权各组件的服务，在 OpenStack 中大部分的服务都需要 Keystone 对其进行统一的身份授权管理。在安装配置过程中，首先登录 MySQL 数据库添加 Keystone 服务，通过 yum install opentack-keystone httpd mod_wsgi 命令安装 OpenStack-keystone 组件。

3.2.2　镜像服务

1. 镜像服务简介

镜像服务（Glance）负责存储、管理虚拟机镜像文件以及向其他服务提供访问接口，对系统中提供的各类镜像的元数据进行管理，并提供镜像的创建、删除、查询、上传、下载等功能。

2. 实践任务：镜像服务的安装与配置

Glance 组件对 OpenStack 中的镜像文件进行统一的管理，OpenStack 镜像服务是基础设施即服务的关键服务，安装此服务前必须先添加数据库服务。在配置 Glance 参数时要注意的是，keystone_authtoken 参数的 user&password 必须和之前配置的环境变量的用户密码保持一致，否则会导致上传镜像失败。Nova 组件会调用其提供的接口来使用不同镜像文件创建不同功能的虚拟机。

3.2.3　计算服务

1. 计算服务简介

计算服务（Nova）组件是云计算环境的核心控制器，如同 CPU，它将大量部署的计算虚拟化软件的物理服务器统一进行管理，形成一个完整的逻辑资源池视图。在此基础上，Nova 通过接收不同用户发起的请求，对资源池中的资源进行生命周期管理操作。其中最为核心的就是虚拟机的创建、删除、启动、停止等操作。

Nova 组件包含一组服务，通过这组服务来管理虚拟机实例和生命周期。这组服务包括以下几项。

- API 服务器（Nova-api）：Nova 组件的核心模块，Nova-api 提供了 Web 服务器网关接口（Web Server Gateway Interface，WSGI）服务，向外界暴露 HTTP REST API 接口。Nova-api 起到云控制器的作用，将用户发送的请求路由到指定的服务方法中，并通过消息队列与其他组件进行交互。
- 计算服务器（Nova-compute）：主要的守护进程，主要接收并执行消息队列中的相关指令，如创建、启动、删除、销毁虚拟机等。
- 卷控制器（Nova-volume）：主要职责是接收并执行消息队列中的各种指令，包括创建硬盘、弹性计算硬盘空间、删除硬盘等。
- 网络控制器（Nova-network）：进行网络资源池的管理，包括 IP 地址池、网桥接口，以及虚拟局域网和防火墙的管理，进行计算节点网络的配置。
- 调度器（Nova-sheduler）：通过分析计算节点的剩余资源情况，找出最优计算节点，并调度虚拟机的最优计算节点。
- 消息队列（Queue）：数据交换中心，主要负责在各个守护进程之间传递消息。

2. 实践任务：计算服务的安装与配置

Nova 是 OpenStack 云中的计算组织控制器。支持 OpenStack 云中实例生命周期的所有活动都由 Nova 处理。需在控制节点上为 Nova 创建数据库，并创建管理账号；对数据库进行正确的授权，在 Keystone 中为 Nova 创建用户、角色、服务和 API。在控制节点上安装 Nova，参考命令如下。

```
# yum install openstack-nova-api openstack-nova-conductor \openstack-nova-console
openstack-nova-novncproxy \openstack-nova-scheduler openstack-nova-placement-api
```

3.2.4　网络服务

1. 网络服务简介

网络服务（Neutron）提供了一套可自定义的嵌入式框架，其主要负责云计算环境下虚拟网络的功能实现。用户可以独立创建网络，控制网络中的流量等。通过它，可以人为控制服务器和设备连接到一个网络或连接到多个网络。云服务提供商可以基于此框架将自己所需的功能作为模块嵌入 Neutron，然后提供给用户使用。

Neutron 及其自身孵化出来的一系列子项目，一起为用户提供从网络第 2 层 layer2 到网络第 7 层 layer7 上不同层次的多种网络服务功能，包括 layer2 组网、layer3 组网、内网 DHCP 管理、互联网浮动 IP 地址管理、内外防火墙、负载均衡、VPN 等。

2. 实践任务：网络服务的安装与配置

Neutron 为 OpenStack 中创建的虚拟机实例提供网络服务，Neutron 在 OpenStack 中创建一个逻辑上的网络通信服务。通过 yum install OpenStack-neutron 命令来安装 Neutron 组件。

3.2.5 对象存储服务

1. 对象存储服务简介

对象存储（Swift）组件提供更安全可靠的存储服务，是云计算领域中一种常见的数据存储服务。Swift 组件通常用于存储单文件数据量较大、访问不甚频繁、对数据访问延迟要求不高、对数据存储成本较为敏感的场景。

Swift 是 OpenStack 的存储管理组件。存储结构主要由账户（Account）、容器（Container）、对象（Object）3 部分组成。一个账户可拥有多个容器，一个容器可包含多个对象。用户可通过 Swift 提供的 REST 风格 HTTP 接口，如 Get、Post、Put、Delete、Head 等方法，对 Account、Container 和 Object 进行上传、下载、浏览、删除等操作。

每个 Account 和 Container 都有对应的访问控制列表（Access Control List，ACL），在 ACL 中设置允许对 Account 或 Container 读写操作的用户就是 OpenStack 中的对象存储模块。OpenStack 的存储服务一共有两种：一种是 Swift 提供的对象存储服务，另一种是 Cinder 提供的块存储服务。Swift 是发展很久的一个对象存储开源项目，它是一个可扩展的存储系统，它将对象和文件分别存储在某一集群的多台服务器节点上，各台服务器之间有着一定的联系，它必须完成副本的复制、更新，以保证数据的高可靠性、高安全性。而且在集群中可以添加服务器节点完成横向的扩容，它的每个区域都是可复制的，其具有完全对称性。

2. 实践任务：对象存储服务的安装与配置

- 创建服务同名的用户（除了 Keystone），添加到 Services 这个 Project 和 admin 角色。
- 创建 Services 和 Endpoint。
- 修改配置文件：需要指定 Keystone 和 RabbitMQ 的地址。
- 更新数据库。

3.2.6 块存储服务

1. 块存储服务简介

块存储（Cinder）服务负责将不同后端存储设备或软件定义存储集群提供的存储能力统一抽象为块存储资源池，然后根据不同需求划分为大小各异的卷，分配给用户使用。它的功能是在云环境下实现块设备的创建、添加和卸载。可以简单地将块设备理解为一个磁盘，实际就是一个存储卷。块设备非常适用于性能要求很高的场景，如数据库等。而且块设备具有一个很强大的功能即快照功能，其可以实现存储卷的备份，可以利用快照功能进行数据恢复。简单的理解就是，块存储是给云主机提供的附加的云盘。

2. 实践任务：块存储服务的安装与配置

Cinder 提供块存储服务，用来给虚拟机挂载扩展硬盘，就是将 Cinder 创建出来的卷挂到虚拟机里。OpenStack-cinder 服务为 OpenStack 中 VM 实例提供独立的存储方案，同时 Cinder 也可以被当作创建的虚拟机实例的启动盘使用，一个 Cinder 只能对应一个虚拟机实例。首先使用 root 用户创建

Cinder 数据库服务；然后为 Cinder 创建用户，完成之后将 admin 添加到 Cinder 授权用户中，接着安装 OpenStack-cinder 组件。

3.2.7　界面服务

1. 界面服务简介

界面（Horizon），又名 Dashboard，就是为管理员和用户提供的一个图形化接口，是基于 HTTP，使用浏览器访问的。用户可以访问和管理的资源包括计算资源、存储资源、网络资源等。Dashboard 具有很高的扩展性，可以定制开发，支持添加第三方的定制模块。在 Dashboard 中不仅添加了计费、监控模块，还添加了安全管理模块。简要地说，Dashboard 就是用户直接操作的 Web 界面，是用户和底层交互的桥梁，它可以根据用户的需求做定制化开发，为用户提供需要的功能模块。界面服务模块结构如图 3-6 所示。

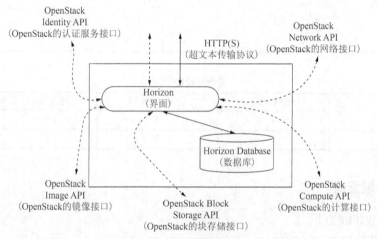

图 3-6　界面服务模块结构

Horizon 提供界面服务。Horizon 项目是 OpenStack 社区提供的图形化人机界面。经过长期的开发完善，界面简洁美观，功能丰富易用，可以满足云计算系统管理员和普通用户的基本需求，适于作为基于 OpenStack 的云计算系统的基本管理界面。

2. 实践任务：界面服务的安装与配置

安装 OpenStack-dashboard 服务可以通过 yuminstall OpenStack-dashboard -y 命令来执行。安装完成之后进入 OpenStack-dashboard。

3.3　OpenStack 的安装与部署

OpenStack 是一个虚拟机管理软件，负责启动和管理虚拟机实例。它的硬件配置的最低需求是要有两个节点：一台作为控制节点，一台作为计算节点。

控制节点上安装 OpenStack，运行身份认证服务、镜像服务、计算服务的管理部分、网络服务的管理部分、多种网络代理及界面；同时也需要安装一些支持服务，如 SQL 数据库、消息队列等。每个控制节点至少需要两块网卡。

计算节点上安装操作系统虚拟机，启动虚拟机实例，然后在虚拟机里部署应用系统。计算节点上运行计算服务中管理实例的管理程序部分。默认情况下，计算服务使用基于内核的虚拟机（Kernel-based Virtual Machine，KVM）。每个计算节点至少需要两块网卡。

控制节点和计算节点的主要配置如表 3-2 所示，服务器硬件配置如表 3-3 所示。

表 3-2　　　　　　　　　　　　控制节点和计算节点的主要配置

控制节点	计算节点
SQL 数据库 RabbitMQ NTP Memcached HTTP Keystone Glance Neutron Clinder Nova Horizon	Nova Compute Network Linux Bridge Agent iScsi Targent Block　Storage　volume

表 3-3　　　　　　　　　　　　　　服务器硬件配置

节点名称	CPU/颗	网卡/块	硬盘/GB	内存/GB
控制节点	4	2	100	4
计算节点	2	2	100	2

3.3.1　基本环境配置

基本环境配置步骤如下。

① 配置控制节点和计算节点的 hostname。

控制节点的 hostname：controller。

计算节点的 hostname：compute。

② 配置控制节点和计算节点的 IP 地址。

控制节点。IP 地址：192.250.250.30。mask：24。gateway：192.250.250.1。

计算节点。IP 地址：192.250.250.31。mask：24。gateway：192.250.250.1。

③ 硬件配置。

控制节点：CPU 4 Core，内存 32GB，硬盘 300GB。

计算节点：CPU 4 Core，内存 32GB，硬盘 300GB。

④ 关闭 SELinux、firewalld 并重启服务器。

⑤ 配置 hosts，添加所有服务器的 hostname。

3.3.2　OpenStack 软件的安装

1. 安装 NTP

网络时间协议（Network Time Protocol，NTP）是用来使计算机时间同步化的一种协议，它可以使计算机对其服务器或时钟源（如石英钟、GPS 等）同步化，可以提供高精准度的时间校正（局域网上与标准时间差小于 1 毫秒，广域网上差几十毫秒）。

① 控制节点的安装。

```
#yum install chrony -y
```

```
Running transaction
  Updating   : chrony-3.2-2.el7.x86_64                                          1/2
  Cleanup    : chrony-3.1-2.el7.centos.x86_64                                   2/2
  Verifying  : chrony-3.2-2.el7.x86_64                                          1/2
  Verifying  : chrony-3.1-2.el7.centos.x86_64                                   2/2

Updated:
  chrony.x86_64 0:3.2-2.el7

Complete!
```

编辑。

```
#vim /etc/chrony.conf
```

添加。

```
server 192.250.250.30 iburst
allow 192.250.250.0/24
```

```
# Use public servers from the pool.ntp.org project.
# Please consider joining the pool (http://www.pool.ntp.org/join.html).
server 0.centos.pool.ntp.org iburst
server 1.centos.pool.ntp.org iburst
server 2.centos.pool.ntp.org iburst
server 3.centos.pool.ntp.org iburst


server 192.250.250.30 iburst
allow 192.250.250.0/24
# Record the rate at which the system clock gains/losses time
```

重启 NTP 服务。

```
#systemctl enable chronyd.service
#systemctl start chronyd.service
```
```
[root@controller ~]# systemctl enable chronyd.service
Created symlink from /etc/systemd/system/multi-user.target.wants/chronyd.service to /usr/lib/systemd/system/chronyd.service.
[root@controller ~]# systemctl start chronyd.service
```

② 计算节点的安装。

```
#yum install chrony -y
```

```
Running transaction
  Updating   : chrony-3.2-2.el7.x86_64                                          1/2
  Cleanup    : chrony-3.1-2.el7.centos.x86_64                                   2/2
  Verifying  : chrony-3.2-2.el7.x86_64                                          1/2
  Verifying  : chrony-3.1-2.el7.centos.x86_64                                   2/2

Updated:
  chrony.x86_64 0:3.2-2.el7

Complete!
```

配置 chrony.conf 文件并注释掉或删除一个 server 键之外的所有键。将其更改为引用控制节点。
编辑。

```
vim /etc/chrony.conf
```

添加。

```
server controller iburst
```

```
#Please consider joining the pool (http://www.pool.ntp.org/join.html).
#server 0.centos.pool.ntp.org iburst
#server 1.centos.pool.ntp.org iburst
#server 2.centos.pool.ntp.org iburst
#server 3.centos.pool.ntp.org iburst
Server controller iburst
```

重启 NTP 服务。

```
#systemctl enable chronyd.service
#systemctl start chronyd.service
```

```
[root@compute ~]# systemctl enable chronyd.service
Created symlink from /etc/systemd/system/multi-user.target.wants/chronyd.service to /usr/lib/systemd/system/chronyd.service.
[root@compute ~]# systemctl start chronyd.service
```

③ 控制节点 controller 的验证操作。

```
#chronyc sources
```

```
[root@controller ~]# chronyc sources
210 Number of sources = 5
MS Name/IP address         Stratum Poll Reach LastRx Last sample
^~ controller                   3   6   377     23  -8820ns[-8820ns] +/-   64ms
^* xk-6-95-a8.bta.net.cn        2   6   377     27   +15ms[  +14ms] +/-   66ms
^? ntp6.flashdance.cx           2   7   120    347   +73ms[  +73ms] +/-  223ms
^+ electabuzz.felixc.at         3   6   377     25  -5317us[-5317us] +/-  129ms
^+ static.186.49.130.94.cli>    3   6   377     26   +742us[ +742us] +/-   99ms
```

④ 计算节点 cumpute 的验证操作。

```
chronyc sources
```

```
[root@compute ~]# chronyc sources
210 Number of sources = 1
MS Name/IP address         Stratum Poll Reach LastRx Last sample
^* controller                   3   6   177     39  -573us[-1708us] +/-   64ms
```

2. 安装 OpenStack 软件包

启用 OpenStack 存储库，安装 Rocky 版本时，执行以下命令。

```
#yum install centos-release-openstack-rocky -y
```

```
Installed:
  centos-release-openstack-rocky.noarch 0:1-1.el7.centos

Dependency Installed:
  centos-release-ceph-luminous.noarch 0:1.1-2.el7.centos       centos-release-qemu-ev.noarch 0:1.0-4.el7.centos
  centos-release-storage-common.noarch 0:2-2.el7.centos        centos-release-virt-common.noarch 0:1-1.el7.centos

Dependency Updated:
  centos-release.x86_64 0:7-6.1810.2.el7.centos

Complete!
```

升级所有节点上的包。

```
#yum upgrade
```

如果升级过程包含新内核，请重新启动主机以将其激活。

```
Replaced:
  grub2.x86_64 1:2.02-0.64.el7.centos        grub2-tools.x86_64 1:2.02-0.64.el7.centos        python-chardet.noarch 0:2.2.1-1.el7_1
  python-six.noarch 0:1.9.0-2.el7

Complete!
```

安装 OpenStack 客户端。

```
#yum install python-OpenStackclient -y
```

```
python2-oslo-utils.noarch 0:3.36.4-1.el7          python2-pbr.noarch 0:4.1.0-2.el7
python2-pyOpenSSL.noarch 0:17.3.0-3.el7           python2-pyparsing.noarch 0:2.2.0-3.el7
python2-pyperclip.noarch 0:1.6.4-1.el7            python2-pysocks.noarch 0:1.5.6-3.el7
python2-requests.noarch 0:2.19.1-4.el7            python2-requestsexceptions.noarch 0:1.4.0-1.el7
python2-rfc3986.noarch 0:0.3.1-1.el7              python2-setuptools.noarch 0:38.4.0-3.el7
python2-simplejson.x86_64 0:3.10.0-7.el7          python2-stevedore.noarch 0:1.29.0-1.el7
python2-subprocess32.x86_64 0:3.2.6-13.el7        python2-traceback2.noarch 0:1.4.0-14.el7
python2-unittest2.noarch 0:1.1.0-15.el7           python2-urllib3.noarch 0:1.21.1-1.el7
python2-wcwidth.noarch 0:0.1.7-8.el7              pytz.noarch 0:2016.10-2.el7

Complete!
[root@controller ~]#
```

安装 openstack-selinux 软件包。

```
#yum install openstack-selinux -y
```

```
Installed:
  openstack-selinux.noarch 0:0.8.14-1.el7

Dependency Installed:
  audit-libs-python.x86_64 0:2.8.4-4.el7      checkpolicy.x86_64 0:2.5-8.el7          container-selinux.noarch 2:2.74-1.el7
  libcgroup.x86_64 0:0.41-20.el7              libsemanage-python.x86_64 0:2.5-14.el7   policycoreutils-python.x86_64 0:2.5-29.el7_6.1
  python-IPy.noarch 0:0.75-6.el7             setools-libs.x86_64 0:3.3.8-4.el7

Complete!
```

3. 安装 SQL 数据库

控制节点的安装。

```
#yum install mariadb mariadb-server python2-PyMySQL -y
```

```
Installed:
  mariadb.x86_64 3:10.1.20-2.el7             mariadb-server.x86_64 3:10.1.20-2.el7        python2-PyMySQL.noarch 0:0.9.2-2.el7

Dependency Installed:
  mariadb-errmsg.x86_64 3:10.1.20-2.el7       perl-Compress-Raw-Bzip2.x86_64 0:2.061-3.el7   perl-Compress-Raw-Zlib.x86_64 1:2.061-4.el7
  perl-DBD-MySQL.x86_64 0:4.023-6.el7         perl-DBI.x86_64 0:1.627-4.el7                 perl-Data-Dumper.x86_64 0:2.145-3.el7
  perl-IO-Compress.noarch 0:2.061-2.el7       perl-Net-Daemon.noarch 0:0.48-5.el7           perl-PlRPC.noarch 0:0.2020-14.el7
  socat.x86_64 0:1.7.3.2-2.el7

Complete!
[root@controller ~]#
```

添加和编辑。

```
#vim /etc/my.cnf.d/OpenStack.cnf
```

添加[mysqld]部分，并将 bind-address 密钥设置为控制节点的管理 IP 地址，以允许其他节点通过网络管理进行访问。设置其他键以启用有用选项和 UTF-8 字符集。

```
[mysqld]
bind-address = 192.250.250.30
default-storage-engine = innodb
innodb_file_per_table = on
max_connections = 4096
```

```
collation-server = utf8_general_ci
character-set-server = utf8
```

```
[mysqld]
bind-address = 192.250.250.30

default-storage-engine = innodb
innodb_file_per_table = on
max_connections = 4096
collation-server = utf8_general_ci
character-set-server = utf8
```

启动数据库服务并将其配置为在系统引导时启动。

```
#systemctl enable mariadb.service
#systemctl start mariadb.service
```

```
[root@controller ~]# systemctl enable mariadb.service
systemctl start mariadb.serviceCreated symlink from /etc/systemd/system/multi-user.target.wants/mariadb.service to /usr/lib/syste
md/system/mariadb.service.
[root@controller ~]# systemctl start mariadb.service
```

执行 mysql_secure_installation 脚本来保护数据库服务，创建 123456 为密码。

```
#echo -e "\nY\n123456\n123456\nY\nn\nY\nY\n" | mysql_secure_installation
```

```
Reloading the privilege tables will ensure that all changes made so far
will take effect immediately.

Reload privilege tables now? [Y/n]  ... Success!

Cleaning up...

All done!  If you've completed all of the above steps, your MariaDB
installation should now be secure.

Thanks for using MariaDB!
[root@controller ~]#
```

4. 安装消息队列

消息队列 RabbitMQ：RabbitMQ 是实现了高级消息队列协议（AMQP）的开源消息代理软件（也称面向消息的中间件）。RabbitMQ 服务器是用 Erlang 编写的，而集群和故障转移是构建在开放电信平台框架上的。所有主要的编程语言均有与代理接口通信的客户端库。

控制节点的安装。

```
yum install rabbitmq-server -y
```

```
Installed:
  rabbitmq-server.noarch 0:3.6.16-1.el7

Dependency Installed:
  erlang-asn1.x86_64 0:19.3.6.4-1.el7          erlang-compiler.x86_64 0:19.3.6.4-1.el7 erlang-crypto.x86_64 0:19.3.6.4-1.el7
  erlang-eldap.x86_64 0:19.3.6.4-1.el7         erlang-erts.x86_64 0:19.3.6.4-1.el7     erlang-hipe.x86_64 0:19.3.6.4-1.el7
  erlang-inets.x86_64 0:19.3.6.4-1.el7         erlang-kernel.x86_64 0:19.3.6.4-1.el7   erlang-mnesia.x86_64 0:19.3.6.4-1.el7
  erlang-os_mon.x86_64 0:19.3.6.4-1.el7        erlang-otp_mibs.x86_64 0:19.3.6.4-1.el7 erlang-public_key.x86_64 0:19.3.6.4-1.el7
  erlang-runtime_tools.x86_64 0:19.3.6.4-1.el7 erlang-sasl.x86_64 0:19.3.6.4-1.el7     erlang-sd_notify.x86_64 0:1.0-2.el7
  erlang-snmp.x86_64 0:19.3.6.4-1.el7          erlang-ssl.x86_64 0:19.3.6.4-1.el7      erlang-stdlib.x86_64 0:19.3.6.4-1.el7
  erlang-syntax_tools.x86_64 0:19.3.6.4-1.el7  erlang-tools.x86_64 0:19.3.6.4-1.el7    erlang-xmerl.x86_64 0:19.3.6.4-1.el7
  lksctp-tools.x86_64 0:1.0.17-2.el7

Complete!
[root@controller ~]#
```

启动消息队列服务并将其配置为在系统引导时启动。

```
#systemctl enable rabbitmq-server.service
```

```
#systemctl start rabbitmq-server.service
```

```
[root@controller ~]# systemctl enable rabbitmq-server.service
systemctl start rabbitmq-server.serviceCreated symlink from /etc/systemd/system/multi-user.target.wants/rabbitmq-server.service t
o /usr/lib/systemd/system/rabbitmq-server.service.
[root@controller ~]# systemctl start rabbitmq-server.service
```

添加 openstack 用户。

```
rabbitmqctl add_user openstack openstack
```

设置 openstack 为密码。

```
[root@controller ~]# rabbitmqctl add_user openstack openstack
Creating user "openstack"
```

允许用户进行配置，写入和访问 openstack。

```
rabbitmqctl set_permissions openstack ".*" ".*" ".*"
```

```
[root@controller ~]# rabbitmqctl set_permissions openstack ".*" ".*" ".*"
Setting permissions for user "openstack" in vhost "/"
```

5. 安装 Memcached

Memcached 是一套分布式的高速缓存系统，目前被许多网站使用。这是一套开放源码软件，以 BSD 开源协议授权发布。

控制节点的安装。

```
#yum install memcached python-memcached -y
```

```
Installed:
  memcached.x86_64 0:1.5.6-1.el7                    python-memcached.noarch 0:1.58-1.el7

Dependency Installed:
  libevent.x86_64 0:2.0.21-4.el7

Complete!
```

编辑。

```
vim /etc/sysconfig/memcached
```

更改现有行。

```
OPTIONS="-l 127.0.0.1,::1"
```

更改结果如下。

```
OPTIONS="-l 127.0.0.1,::1,controller"
```

```
PORT="11211"
USER="memcached"
MAXCONN="1024"
CACHESIZE="64"
OPTIONS="-l 127.0.0.1,::1,controller"
```

启动 Memcached 服务并将其配置为在系统引导时启动。

```
systemctl enable memcached.service
systemctl start memcached.service
```

```
[root@controller ~]# systemctl enable memcached.service
[root@controller ~]# systemctl start memcached.service
```

6. 安装 Etcd

Etcd 是一个高可用的分布式键值数据库，可用于服务发现。Etcd 采用 Raft 一致性算法，基于 Go 语言实现。

控制节点的安装。

```
#yum install etcd -y
```

```
Installed:
  etcd.x86_64 0:3.3.11-2.el7.centos

Complete!
```

编辑。

```
vim /etc/etcd/etcd.conf
```

设置 ETCD_INITIAL_CLUSTER、ETCD_INITIAL_ADVERTISE_PEER_URLS、ETCD_ADVERTISE_CLIENT_URLS、ETCD_LISTEN_CLIENT_URLS 控制节点，以使其他节点访问管理 IP 地址。

```
#[Member]
ETCD_DATA_DIR="/var/lib/etcd/default.etcd"
ETCD_LISTEN_PEER_URLS="http://192.250.250.30:2380"
ETCD_LISTEN_CLIENT_URLS="http://192.250.250.30:2379"
ETCD_NAME="controller"
```

```
#[Member]
#ETCD_CORS=""
ETCD_DATA_DIR="/var/lib/etcd/default.etcd"
#ETCD_WAL_DIR=""
ETCD_LISTEN_PEER_URLS="http://192.250.250.30:2380"
ETCD_LISTEN_CLIENT_URLS="http://192.250.250.30:2379"
#ETCD_MAX_SNAPSHOTS="5"
#ETCD_MAX_WALS="5"
ETCD_NAME="controller"
#ETCD_SNAPSHOT_COUNT="100000"
```

```
#[Clustering]
ETCD_INITIAL_ADVERTISE_PEER_URLS="http://192.250.250.30:2380"
ETCD_ADVERTISE_CLIENT_URLS="http://192.250.250.30:2379"
ETCD_INITIAL_CLUSTER="controller=http://192.250.250.30:2380"
ETCD_INITIAL_CLUSTER_TOKEN="etcd-cluster-01"
ETCD_INITIAL_CLUSTER_STATE="new"
```

```
#[Clustering]
ETCD_INITIAL_ADVERTISE_PEER_URLS="http://192.250.250.30:2380"
ETCD_ADVERTISE_CLIENT_URLS="http://192.250.250.30:2379"
#ETCD_DISCOVERY=""
#ETCD_DISCOVERY_FALLBACK="proxy"
#ETCD_DISCOVERY_PROXY=""
#ETCD_DISCOVERY_SRV=""
ETCD_INITIAL_CLUSTER="controller=http://192.250.250.30:2380"
ETCD_INITIAL_CLUSTER_TOKEN="etcd-cluster-01"
ETCD_INITIAL_CLUSTER_STATE="new"
#ETCD_STRICT_RECONFIG_CHECK="true"
#ETCD_ENABLE_V2="true"
```

启用并启动 Etcd 服务。

```
systemctl enable etcd
systemctl start etcd
```

```
[root@controller ~]# systemctl enable etcd
Created symlink from /etc/systemd/system/multi-user.target.wants/etcd.service to /usr/lib/systemd/system/etcd.service.
[root@controller ~]# systemctl start etcd
```

3.3.3　Keystone 的安装

1. 控制节点 controller 先决条件

使用数据库访问客户端，以 root 用户的身份连接到数据库服务器（123456 是为该数据库设置的密码）。

```
mysql -u root -p123456
```

```
[root@controller ~]# mysql -u root -p123456
Welcome to the MariaDB monitor.  Commands end with ; or \g.
Your MariaDB connection id is 9
Server version: 10.1.20-MariaDB MariaDB Server

Copyright (c) 2000, 2016, Oracle, MariaDB Corporation Ab and others.

Type 'help;' or '\h' for help. Type '\c' to clear the current input statement.

MariaDB [(none)]>
```

创建 keystone 数据库。

```
MariaDB [(none)]> CREATE DATABASE keystone;
```

```
MariaDB [(none)]> CREATE DATABASE keystone;
Query OK, 1 row affected (0.00 sec)
```

授予对 keystone 数据库的适当访问权限，设置验证密码为 keystone。

```
MariaDB [(none)]> GRANT ALL PRIVILEGES ON keystone.* TO 'keystone'@'localhost' \
IDENTIFIED BY 'keystone';
MariaDB [(none)]> GRANT ALL PRIVILEGES ON keystone.* TO 'keystone'@'%' \
IDENTIFIED BY 'keystone';
```

```
MariaDB [(none)]> GRANT ALL PRIVILEGES ON keystone.* TO 'keystone'@'localhost' \
    -> IDENTIFIED BY 'keystone';
Query OK, 0 rows affected (0.00 sec)

MariaDB [(none)]> GRANT ALL PRIVILEGES ON keystone.* TO 'keystone'@'%' \
    -> IDENTIFIED BY 'keystone';
Query OK, 0 rows affected (0.00 sec)

MariaDB [(none)]>
```

退出数据库访问客户端。

```
MariaDB [(none)]> exit
```

```
MariaDB [(none)]> exit
Bye
```

执行以下命令安装软件。

```
yum install OpenStack-keystone httpd mod_wsgi -y
```

```
python2-ldappool.noarch 0:2.3.1-1.el7          python2-markupsafe.x86_64 0:0.23-16.el7
python2-oauthlib.noarch 0:2.0.1-8.el7          python2-oslo-cache.noarch 0:1.30.3-1.el7
python2-oslo-concurrency.noarch 0:3.27.0-1.el7 python2-oslo-db.noarch 0:4.40.1-1.el7
python2-oslo-messaging.noarch 0:8.1.2-1.el7    python2-oslo-middleware.noarch 0:3.36.0-1.el7
python2-oslo-policy.noarch 0:1.38.1-1.el7      python2-oslo-service.noarch 0:1.31.8-1.el7
python2-osprofiler.noarch 0:2.3.0-1.el7        python2-passlib.noarch 0:1.7.0-4.el7
python2-pycadf.noarch 0:2.8.0-1.el7            python2-pysaml2.noarch 0:4.5.0-4.el7
python2-qpid-proton.x86_64 0:0.22.0-1.el7      python2-scrypt.x86_64 0:0.8.0-2.el7
python2-sqlalchemy.x86_64 0:1.2.7-1.el7        python2-statsd.noarch 0:3.2.1-5.el7
python2-tenacity.noarch 0:4.12.0-1.el7         python2-vine.noarch 0:1.1.3-2.el7
python2-webob.noarch 0:1.8.2-1.el7             python2-werkzeug.noarch 0:0.14.1-3.el7
qpid-proton-c.x86_64 0:0.22.0-1.el7

Complete!
[root@controller ~]#
```

编辑。

```
vim /etc/keystone/keystone.conf
```

在[database]部分中配置数据库访问。

```
[database]
connection = mysql+pymysql://keystone:keystone@controller/keystone
```

设置 keystone 为数据库的新密码。注释掉或删除[database]部分中的任何其他选项。

```
[database]
#
# From oslo.db
#
connection = mysql+pymysql://keystone:keystone@controller/keystone
```

在[token]部分中配置 fernet 令牌提供程序。

```
[token]
provider = fernet
```

```
[token]
#
# From keystone
#
provider = fernet
```

填充服务数据库。

```
su -s /bin/sh -c "keystone-manage db_sync" keystone
```

```
[root@controller ~]# su -s /bin/sh -c "keystone-manage db_sync" keystone
[root@controller ~]#
```

初始化 fernet 密钥存储库。

```
keystone-manage fernet_setup --keystone-user keystone --keystone-group keystone
keystone-manage credential_setup --keystone-user keystone --keystone-group keystone
```

```
[root@controller ~]# keystone-manage fernet_setup --keystone-user keystone --keystone-group keystone
[root@controller ~]# keystone-manage credential_setup --keystone-user keystone --keystone-group keystone
```

引导身份服务，设置 admin 为管理用户的密码。

```
keystone-manage bootstrap --bootstrap-password admin \
  --bootstrap-admin-url http://controller:5000/v3/ \
  --bootstrap-internal-url http://controller:5000/v3/ \
  --bootstrap-public-url http://controller:5000/v3/ \
  --bootstrap-region-id RegionOne
```

```
[root@controller ~]# keystone-manage bootstrap --bootstrap-password admin \
>    --bootstrap-admin-url http://controller:5000/v3/ \
>    --bootstrap-internal-url http://controller:5000/v3/ \
>    --bootstrap-public-url http://controller:5000/v3/ \
>    --bootstrap-region-id RegionOne
```

2. 配置 Apache HTTP 服务器

编辑。

```
vim /etc/httpd/conf/httpd.conf
```

配置 ServerName 引用控制节点。

```
ServerName controller
```

```
ServerAdmin root@localhost

#
# ServerName gives the name and port that the server uses to identify itself.
# This can often be determined automatically, but we recommend you specify
# it explicitly to prevent problems during startup.
#
# If your host doesn't have a registered DNS name, enter its IP address here.
#
ServerName controller
```

创建 wsgi-keystone.conf 的软链接。

```
ln -s /usr/share/keystone/wsgi-keystone.conf /etc/httpd/conf.d/
```

```
[root@controller ~]# ln -s /usr/share/keystone/wsgi-keystone.conf /etc/httpd/conf.d/
[root@controller ~]#
```

启动 Apache HTTP 服务并将其配置为在系统引导时启动。

```
systemctl enable httpd.service
systemctl start httpd.service
```

```
[root@controller ~]# systemctl enable httpd.service
Created symlink from /etc/systemd/system/multi-user.target.wants/httpd.service to /usr/lib/systemd/system/httpd.service.
[root@controller ~]# systemctl start httpd.service
```

配置管理账户，设置 admin 管理用户使用的密码。

```
export OS_USERNAME=admin
export OS_PASSWORD=admin
export OS_PROJECT_NAME=admin
export OS_USER_DOMAIN_NAME=Default
export OS_PROJECT_DOMAIN_NAME=Default
```

```
export OS_AUTH_URL=http://controller:5000/v3
export OS_IDENTITY_API_VERSION=3
```

```
[root@controller ~]# export OS_USERNAME=admin
[root@controller ~]# export OS_PASSWORD=admin
[root@controller ~]# export OS_PROJECT_NAME=admin
[root@controller ~]# export OS_USER_DOMAIN_NAME=Default
[root@controller ~]# export OS_PROJECT_DOMAIN_NAME=Default
[root@controller ~]# export OS_AUTH_URL=http://controller:5000/v3
[root@controller ~]# export OS_IDENTITY_API_VERSION=3
[root@controller ~]#
```

3. 创建域、项目、用户和角色

在控制节点 controller 中创建。

创建域。

```
openstack domain create --description "An Example Domain" example
```

```
[root@controller ~]# openstack domain create --description "An Example Domain" example
+-------------+----------------------------------+
| Field       | Value                            |
+-------------+----------------------------------+
| description | An Example Domain                |
| enabled     | True                             |
| id          | 32193f45b490410e8de3f19f9921f20b |
| name        | example                          |
| tags        | []                               |
+-------------+----------------------------------+
```

创建 service 项目。

```
openstack project create --domain default \
  --description "Service Project" service
```

```
[root@controller ~]# openstack project create --domain default \
> --description "Service Project" service
+-------------+----------------------------------+
| Field       | Value                            |
+-------------+----------------------------------+
| description | Service Project                  |
| domain_id   | default                          |
| enabled     | True                             |
| id          | 1bb12bfe94514887a12ad58569fa8aaf |
| is_domain   | False                            |
| name        | service                          |
| parent_id   | default                          |
| tags        | []                               |
+-------------+----------------------------------+
```

常规任务应该使用非特权项目和用户，例如，创建 myproject 项目和 myuser 用户。

创建 myproject 项目。

```
openstack project create --domain default \
  --description "Demo Project" myproject
```

在为此项目创建其他用户时，请勿重复此步骤。

```
[root@controller ~]# openstack project create --domain default \
> --description "Demo Project" myproject
+-------------+----------------------------------+
| Field       | Value                            |
+-------------+----------------------------------+
| description | Demo Project                     |
| domain_id   | default                          |
| enabled     | True                             |
| id          | 31927c3042554c9aa15f24602004bed7 |
| is_domain   | False                            |
| name        | myproject                        |
| parent_id   | default                          |
| tags        | []                               |
+-------------+----------------------------------+
```

创建 myuser 用户。

```
openstack user create --domain default \
  --password-prompt myuser
```

创建 myuser 为用户的密码。

```
User Password: myuser
Repeat User Password: myuser
```

```
[root@controller ~]# openstack user create --domain default \
>   --password-prompt myuser
User Password:
Repeat User Password:
+---------------------+----------------------------------+
| Field               | Value                            |
+---------------------+----------------------------------+
| domain_id           | default                          |
| enabled             | True                             |
| id                  | a7307f892fa049ba93d0d92ff84927af |
| name                | myuser                           |
| options             | {}                               |
| password_expires_at | None                             |
+---------------------+----------------------------------+
```

创建 myrole 角色。

```
openstack role create myrole
```

```
[root@controller ~]# openstack role create myrole
+-----------+----------------------------------+
| Field     | Value                            |
+-----------+----------------------------------+
| domain_id | None                             |
| id        | a3ea9d5b36924b5580b974b53c4ece1e |
| name      | myrole                           |
+-----------+----------------------------------+
```

将 myrole 角色添加到 myproject 项目和 myuser 用户。

```
openstack role add --project myproject --user myuser myrole
```

```
[root@controller ~]# openstack role add --project myproject --user myuser myrole
[root@controller ~]#
```

可以重复此过程以创建其他项目和用户。

4. 验证操作

在控制节点 controller 进行验证操作。

取消设置临时变量 OS_AUTH_URL 和 OS_PASSWORD。

```
unset OS_AUTH_URL OS_PASSWORD
```

```
[root@controller ~]# unset OS_AUTH_URL OS_PASSWORD
[root@controller ~]#
```

作为 admin 用户，请求身份验证令牌。

```
openstack --os-auth-url http://controller:5000/v3 \
  --os-project-domain-name Default --os-user-domain-name Default \
```

```
    --os-project-name admin --os-username admin token issue
Password:admin
```

使用 admin 用户的密码。

```
[root@controller ~]# openstack --os-auth-url http://controller:5000/v3 \
>   --os-project-domain-name Default --os-user-domain-name Default \
>   --os-project-name admin --os-username admin token issue
Password:
+------------+-----------------------------------------------------------------+
| Field      | Value                                                           |
+------------+-----------------------------------------------------------------+
| expires    | 2019-04-12T07:34:18+0000                                        |
| id         | gAAAAABcsDFqpV--kSZjd_Bkcd6D-EQ5OisCt6r1QAUOpBj9f19JlnI-1hyYmhKZC3ZX8_2UbJPgYRpjlLZlLGLgGbAboQsnYiUTvHVxi6-m6Urr-n |
|            | __UMU1P8SADSw9J2XEdyWlecYwENBT1WkNqfhzpSao3OMFPJkvDmFi3D868D0QjyeCjvo |
| project_id | 887347c4a69c49b0bcc9dfdf70f376fd                                |
| user_id    | e32ad58812004428ad3a815278dd0ee5                                |
+------------+-----------------------------------------------------------------+
```

作为 myuser 用户，请求身份验证令牌。

```
OpenStack --os-auth-url http://controller:5000/v3 \
  --os-project-domain-name Default --os-user-domain-name Default \
  --os-project-name myproject --os-username myuser token issue
Password:myuser
```

使用 myuser 用户的密码。

```
[root@controller ~]# openstack --os-auth-url http://controller:5000/v3 \
>   --os-project-domain-name Default --os-user-domain-name Default \
>   --os-project-name myproject --os-username myuser token issue
Password:
+------------+-----------------------------------------------------------------+
| Field      | Value                                                           |
+------------+-----------------------------------------------------------------+
| expires    | 2019-04-12T07:34:57+0000                                        |
| id         | gAAAAABcsDGRgDnpZ-OCq3GFIgqynNna5Svcc_D5hdS68N54VRhfGA0LG6-qN8jx7P7AkTBWWioPYVgNKIKpMbRLP6nAvyPFzk7ByQT5-B7O4FlDoL |
|            | JxCwYJtx3avdJkklaq7zQiixDGoyAc3GoWaBHa4dRfWAvf84IWkUj8upB_4hbDT8HnbcI |
| project_id | 31927c3042554c9aa15f24602004bed7                                |
| user_id    | a7307f892fa049ba93d0d92ff84927af                                |
+------------+-----------------------------------------------------------------+
```

5. 创建 OpenStack 客户端环境脚本

在控制节点 controller 中创建。

创建脚本：创建客户端环境的脚本 admin 和 demo 项目，后续部分引用这些脚本来加载客户端。客户端环境脚本的路径不受限制。为方便起见，可以将脚本放在任何位置，但确保它们可以访问并位于适合部署的安全位置，因为它们包含敏感凭据。

创建和编辑 admin-openrc 文件并添加以下内容。

```
vim admin-openrc
```

```
[root@controller ~]# vim admin-openrc
```

添加以下内容。

```
export OS_PROJECT_DOMAIN_NAME=Default
export OS_USER_DOMAIN_NAME=Default
```

```
export OS_PROJECT_NAME=admin
export OS_USERNAME=admin
export OS_PASSWORD=admin
export OS_AUTH_URL=http://controller:5000/v3
export OS_IDENTITY_API_VERSION=3
export OS_IMAGE_API_VERSION=2
```

```
export OS_PROJECT_DOMAIN_NAME=Default
export OS_USER_DOMAIN_NAME=Default
export OS_PROJECT_NAME=admin
export OS_USERNAME=admin
export OS_PASSWORD=admin
export OS_AUTH_URL=http://controller:5000/v3
export OS_IDENTITY_API_VERSION=3
export OS_IMAGE_API_VERSION=2
~
~
```

创建和编辑 demo-openrc 文件并添加以下内容。

```
vim demo-openrc
```

```
[root@controller ~]# vim demo-openrc
```

```
export OS_PROJECT_DOMAIN_NAME=Default
export OS_USER_DOMAIN_NAME=Default
export OS_PROJECT_NAME=myproject
export OS_USERNAME=myuser
export OS_PASSWORD=myuser
export OS_AUTH_URL=http://controller:5000/v3
export OS_IDENTITY_API_VERSION=3
export OS_IMAGE_API_VERSION=2
```

```
export OS_PROJECT_DOMAIN_NAME=Default
export OS_USER_DOMAIN_NAME=Default
export OS_PROJECT_NAME=myproject
export OS_USERNAME=myuser
export OS_PASSWORD=myuser
export OS_AUTH_URL=http://controller:5000/v3
export OS_IDENTITY_API_VERSION=3
export OS_IMAGE_API_VERSION=2
```

要将客户端作为特定项目和用户运行，只需在运行它们之前加载关联的客户端环境脚本即可。例如，加载 admin-openrc 文件，以使用服务的位置以及 admin 项目和用户凭据填充环境变量。

```
. admin-openrc
```

```
[root@controller ~]# . admin-openrc
[root@controller ~]#
```

请求身份验证令牌。

```
openstack token issue
```

```
[root@controller ~]# openstack token issue
+------------+-------------------------------------------------------------------+
| Field      | Value                                                             |
+------------+-------------------------------------------------------------------+
| expires    | 2019-04-12T07:36:58+0000                                          |
| id         | gAAAAABcsDIKky5w2qJYxrlVG4gllVh9pSmlId3qJmeVJPNusSlK8pLLoht32vonNT-lDDWl4pkH038Td0KmL-R7vwQPcJiE7wJJzn0esl7EbcXZzrOlYmZvRauizaJ9m_ACwIygKASGY6upYu4sGI15Ft0XlnrfW1nMCL9A6awG8kJxamN6QnU |
| project_id | 887347c4a69c49b0bcc9dfdf70f376fd                                  |
| user_id    | e32ad58812004428ad3a815278dd0ee5                                  |
+------------+-------------------------------------------------------------------+
```

3.3.4　Glance 的安装

在控制节点安装 Glance 的先决条件是使用数据库访问客户端，以 root 用户的身份连接到数据库服务器。

```
mysql -u root -p123456
```

```
[root@controller ~]# mysql -u root -p123456
Welcome to the MariaDB monitor.  Commands end with ; or \g.
Your MariaDB connection id is 17
Server version: 10.1.20-MariaDB MariaDB Server

Copyright (c) 2000, 2016, Oracle, MariaDB Corporation Ab and others.

Type 'help;' or '\h' for help. Type '\c' to clear the current input statement.
```

创建 glance 数据库。

```
MariaDB [(none)]> CREATE DATABASE glance;
```

```
MariaDB [(none)]> CREATE DATABASE glance;
Query OK, 1 row affected (0.00 sec)
```

授予对 glance 数据库的适当访问权限。

```
MariaDB [(none)]> GRANT ALL PRIVILEGES ON glance.* TO 'glance'@'localhost' \
  IDENTIFIED BY 'glance';
MariaDB [(none)]> GRANT ALL PRIVILEGES ON glance.* TO 'glance'@'%' \
  IDENTIFIED BY 'glance';
```

设置 glance 为密码。

```
MariaDB [(none)]> GRANT ALL PRIVILEGES ON glance.* TO 'glance'@'localhost' \
    ->    IDENTIFIED BY 'glance';
Query OK, 0 rows affected (0.00 sec)

MariaDB [(none)]> GRANT ALL PRIVILEGES ON glance.* TO 'glance'@'%' \
    ->    IDENTIFIED BY 'glance';
Query OK, 0 rows affected (0.00 sec)
```

退出数据库客户端。

```
MariaDB [(none)]> exit
```

```
MariaDB [(none)]> exit
Bye
```

使用 admin 凭据来访问。

```
. admin-openrc
```

```
[root@controller ~]# . admin-openrc
[root@controller ~]#
```

创建 glance 用户并设置该用户的密码。

```
openstack user create --domain default --password-prompt glance
User Password:glance
Repeat User Password:glance
```

```
[root@controller ~]# openstack user create --domain default --password-prompt glance
User Password:
Repeat User Password:
+---------------------+----------------------------------+
| Field               | Value                            |
+---------------------+----------------------------------+
| domain_id           | default                          |
| enabled             | True                             |
| id                  | c5642ccd460f4667960e16d9365e2615 |
| name                | glance                           |
| options             | {}                               |
| password_expires_at | None                             |
+---------------------+----------------------------------+
```

将 admin 角色添加到 glance 用户和 service 项目。

```
openstack role add --project service --user glance admin
```

```
[root@controller ~]# openstack role add --project service --user glance admin
[root@controller ~]#
```

创建 glance 服务实体。

```
openstack service create --name glance \
  --description "OpenStack Image" image
```

```
[root@controller ~]# openstack service create --name glance \
>   --description "OpenStack Image" image
+-------------+----------------------------------+
| Field       | Value                            |
+-------------+----------------------------------+
| description | OpenStack Image                  |
| enabled     | True                             |
| id          | 3af492ea98484397bf7f8d4e168dfed5 |
| name        | glance                           |
| type        | image                            |
+-------------+----------------------------------+
```

创建 Image 服务 API 端点。

```
openstack endpoint create --region RegionOne \
  image public http://controller:9292
```

```
[root@controller ~]# openstack endpoint create --region RegionOne \
>   image public http://controller:9292
+--------------+----------------------------------+
| Field        | Value                            |
+--------------+----------------------------------+
| enabled      | True                             |
| id           | f9d3bae0f5b140c1940dacc9163b0f2d |
| interface    | public                           |
| region       | RegionOne                        |
| region_id    | RegionOne                        |
| service_id   | 3af492ea98484397bf7f8d4e168dfed5 |
| service_name | glance                           |
| service_type | image                            |
| url          | http://controller:9292           |
+--------------+----------------------------------+
```

```
openstack endpoint create --region RegionOne \
  image internal http://controller:9292
```

```
[root@controller ~]# openstack endpoint create --region RegionOne \
>   image internal http://controller:9292
+--------------+----------------------------------+
| Field        | Value                            |
+--------------+----------------------------------+
| enabled      | True                             |
| id           | 4c62d6f64c3b49259c866b8f2e2cb736 |
| interface    | internal                         |
| region       | RegionOne                        |
| region_id    | RegionOne                        |
| service_id   | 3af492ea98484397bf7f8d4e168dfed5 |
| service_name | glance                           |
| service_type | image                            |
| url          | http://controller:9292           |
+--------------+----------------------------------+
```

```
openstack endpoint create --region RegionOne \
  image admin http://controller:9292
```

```
[root@controller ~]# openstack endpoint create --region RegionOne \
>   image admin http://controller:9292
+--------------+----------------------------------+
| Field        | Value                            |
+--------------+----------------------------------+
| enabled      | True                             |
| id           | c9bd110c86cd43ea8075dd86164b68e8 |
| interface    | admin                            |
| region       | RegionOne                        |
| region_id    | RegionOne                        |
| service_id   | 3af492ea98484397bf7f8d4e168dfed5 |
| service_name | glance                           |
| service_type | image                            |
| url          | http://controller:9292           |
+--------------+----------------------------------+
```

安装包。

```
yum install openstack-glance -y
```

```
Installed:
  openstack-glance.noarch 1:17.0.0-2.el7

Dependency Installed:
  atlas.x86_64 0:3.10.1-12.el7                         device-mapper-multipath.x86_64 0:0.4.9-123.el7
  device-mapper-multipath-libs.x86_64 0:0.4.9-123.el7  libgfortran.x86_64 0:4.8.5-36.el7_6.1
  libquadmath.x86_64 0:4.8.5-36.el7_6.1                pysendfile.x86_64 0:2.0.0-5.el7
  python-boto.noarch 0:2.34.0-4.el7                    python-glance.noarch 1:17.0.0-2.el7
  python-httplib2.noarch 0:0.9.2-1.el7                 python-lxml.x86_64 0:3.2.1-4.el7
  python-networkx.noarch 0:1.10-1.el7                  python-networkx-core.noarch 0:1.10-1.el7
  python-nose.noarch 0:1.3.7-7.el7                     python-oslo-privsep-lang.noarch 0:1.29.2-1.el7
  python-oslo-vmware-lang.noarch 0:2.31.0-1.el7        python-retrying.noarch 0:1.2.3-4.el7
  python-simplegeneric.noarch 0:0.8-7.el7              python2-automaton.noarch 0:1.15.0-1.el7
  python2-castellan.noarch 0:0.19.0-1.el7              python2-cursive.noarch 0:0.2.2-1.el7
  python2-glance-store.noarch 0:0.26.1-1.el7           python2-numpy.x86_64 1:1.14.5-1.el7
  python2-os-brick.noarch 0:2.5.6-1.el7                python2-os-win.noarch 0:4.0.1-1.el7
  python2-oslo-privsep.noarch 0:1.29.2-1.el7           python2-oslo-rootwrap.noarch 0:5.14.1-1.el7
  python2-oslo-vmware.noarch 0:2.31.0-1.el7            python2-pyasn1.noarch 0:0.1.9-7.el7
  python2-rsa.noarch 0:3.3-2.el7                       python2-scipy.x86_64 0:0.18.0-3.el7
  python2-suds.noarch 0:0.7-0.4.94664ddd46a6.el7       python2-swiftclient.noarch 0:3.6.0-1.el7
  python2-taskflow.noarch 0:3.2.0-1.el7                python2-wsme.noarch 0:0.9.3-1.el7
  sg3_utils.x86_64 0:1.37-17.el7                       sysfsutils.x86_64 0:2.1.0-16.el7

Complete!
```

编辑。

```
vim /etc/glance/glance-api.conf
```

在[database]部分中，配置数据库访问。

```
[database]
connection = mysql+pymysql://glance:glance@controller/glance
```

```
[database]
#
# From oslo.db
#
connection = mysql+pymysql://glance:glance@controller/glance
```

在[keystone_authtoken]部分配置身份服务访问。

```
[keystone_authtoken]
www_authenticate_uri = http://controller:5000
auth_url = http://controller:5000
memcached_servers = controller:11211
auth_type = password
```

```
project_domain_name = Default
user_domain_name = Default
project_name = service
username = glance
password = glance
```

设置 glance 为用户的密码。注释掉或删除[keystone_authtoken]部分中的任何其他选项。

```
[keystone_authtoken]
#
# From keystonemiddleware.auth_token
#
www_authenticate_uri = http://controller:5000
auth_url = http://controller:5000
memcached_servers = controller:11211
auth_type = password
project_domain_name = Default
user_domain_name = Default
project_name = service
username = glance
password = glance
```

在[paste_deploy]部分中配置身份服务访问。

```
[paste_deploy]
flavor = keystone
```

```
[paste_deploy]
#
# From glance.api
#
flavor = keystone
```

在[glance_store]部分中配置本地文件系统存储和映像文件的位置。

```
[glance_store]
stores = file,http
default_store = file
filesystem_store_datadir = /var/lib/glance/images/
```

```
[glance_store]
#
# From glance.store
#
stores = file,http
default_store = file
filesystem_store_datadir = /var/lib/glance/images/
```

编辑。

```
vim /etc/glance/glance-registry.conf
```

在[database]部分中配置数据库访问。

```
[database]
connection = mysql+pymysql://glance:glance@controller/glance
```

替换 glance 为 Image 服务数据库选择的密码。

```
[database]
#
# From oslo.db
#
connection = mysql+pymysql://glance:glance@controller/glance
```

在[keystone_authtoken]部分中配置身份服务访问。

```
[keystone_authtoken]
www_authenticate_uri = http://controller:5000
auth_url = http://controller:5000
memcached_servers = controller:11211
auth_type = password
project_domain_name = Default
user_domain_name = Default
project_name = service
username = glance
password = glance
```

设置 glance 为用户的密码。

注释掉或删除[keystone_authtoken]部分中的任何其他选项。

```
[keystone_authtoken]
#
# From keystonemiddleware.auth_token
#
www_authenticate_uri = http://controller:5000
auth_url = http://controller:5000
memcached_servers = controller:11211
auth_type = password
project_domain_name = Default
user_domain_name = Default
project_name = service
username = glance
password = glance
```

在[paste_deploy]部分中配置身份服务访问。

```
[paste_deploy]
flavor = keystone
```

```
[paste_deploy]
#
# From glance.registry
#
flavor = keystone
```

填充服务数据库。

```
su -s /bin/sh -c "glance-manage db_sync" glance
```

忽略此输出中的任何弃用消息。

```
Upgraded database to: rocky_contract02, current revision(s): rocky_contract02
INFO  [alembic.runtime.migration] Context impl MySQLImpl.
INFO  [alembic.runtime.migration] Will assume non-transactional DDL.
Database is synced successfully.
[root@controller ~]#
```

启动服务并将其配置为在系统引导时启动。

```
systemctl enable openstack-glance-api.service \
  openstack-glance-registry.service
```

```
systemctl start openstack-glance-api.service \
  openstack-glance-registry.service
```

```
[root@controller ~]# systemctl enable openstack-glance-api.service \
>  openstack-glance-registry.service
Created symlink from /etc/systemd/system/multi-user.target.wants/openstack-glance-api.service to /usr/lib/systemd/system/openstac
k-glance-api.service.
Created symlink from /etc/systemd/system/multi-user.target.wants/openstack-glance-registry.service to /usr/lib/systemd/system/ope
nstack-glance-registry.service.
[root@controller ~]# systemctl start openstack-glance-api.service \
>  openstack-glance-registry.service
```

控制节点的验证操作。

使用 admin 凭据来访问。

```
. admin-openrc
```

```
[root@controller ~]# . admin-openrc
[root@controller ~]#
```

找到下载源。

```
Saving to: 'cirros-0.4.0-x86_64-disk.img'

100%[===================================================================>] 12,716,032  5.37MB/s   in 2.3s

2019-04-12 14:47:49 (5.37 MB/s) - 'cirros-0.4.0-x86_64-disk.img' saved [12716032/12716032]

[root@controller ~]#
```

使用 qcow2 磁盘格式上传到 Glance 服务。

```
openstack image create "cirros" \
  --file cirros-0.4.0-x86_64-disk.img \
  --disk-format qcow2 --container-format bare \
  --public
```

```
[root@controller ~]# openstack image create "cirros" \
>  --file cirros-0.4.0-x86_64-disk.img \
>  --disk-format qcow2 --container-format bare \
>  --public
+------------------+----------------------------------------------------------------------------------+
| Field            | Value                                                                            |
+------------------+----------------------------------------------------------------------------------+
| checksum         | 443b7623e27ecf03dc9e01ee93f67afe                                                 |
| container_format | bare                                                                             |
| created_at       | 2019-04-12T06:48:13Z                                                             |
| disk_format      | qcow2                                                                            |
| file             | /v2/images/56a05e2c-d9c4-41b6-b1e2-44dfbb108e95/file                             |
| id               | 56a05e2c-d9c4-41b6-b1e2-44dfbb108e95                                             |
| min_disk         | 0                                                                                |
| min_ram          | 0                                                                                |
| name             | cirros                                                                           |
| owner            | 887347c4a69c49b0bcc9dfdf70f376fd                                                 |
| properties       | os_hash_algo='sha512', os_hash_value='6513f21e44aa3da349f248188a44bc304a3653a04122d8fb4535423c8e1d14cd6a153f
735bb0982e2161b5b5186106570c17a9e58b64dd39390617cd5a350f78', os_hidden='False' |
| protected        | False                                                                            |
| schema           | /v2/schemas/image                                                                |
| size             | 12716032                                                                         |
| status           | active                                                                           |
| tags             |                                                                                  |
```

```
| updated_at    | 2019-04-12T06:48:14Z    |
| virtual_size  | None                    |
| visibility    | public                  |

[root@controller ~]#
```

确认上传图像并验证属性。

```
openstack image list
```

```
[root@controller ~]# openstack image list
| ID                                   | Name   | Status |
| 56a05e2c-d9c4-41b6-b1e2-44dfbb108e95 | cirros | active |
```

3.3.5 Nova 的安装

1. 在控制节点上安装

安装的先决条件是使用数据库访问客户端以 root 用户的身份连接数据库服务器。

```
mysql -u root -p123456
```

```
[root@controller ~]# mysql -u root -p123456
Welcome to the MariaDB monitor.  Commands end with ; or \g.
Your MariaDB connection id is 21
Server version: 10.1.20-MariaDB MariaDB Server

Copyright (c) 2000, 2016, Oracle, MariaDB Corporation Ab and others.

Type 'help;' or '\h' for help. Type '\c' to clear the current input statement.

MariaDB [(none)]>
```

创建 nova_api、nova、nova_cell0 和 placement 数据库。

```
MariaDB [(none)]> CREATE DATABASE nova_api;
MariaDB [(none)]> CREATE DATABASE nova;
MariaDB [(none)]> CREATE DATABASE nova_cell0;
MariaDB [(none)]> CREATE DATABASE placement;
```

```
MariaDB [(none)]> CREATE DATABASE nova api;
Query OK, 1 row affected (0.00 sec)

MariaDB [(none)]> CREATE DATABASE nova;
Query OK, 1 row affected (0.00 sec)

MariaDB [(none)]> CREATE DATABASE nova_cell0;
Query OK, 1 row affected (0.00 sec)

MariaDB [(none)]> CREATE DATABASE placement;
Query OK, 1 row affected (0.00 sec)
```

授予对各个数据库适当的访问权限。

```
MariaDB [(none)]> GRANT ALL PRIVILEGES ON nova_api.* TO 'nova'@'localhost' \
  IDENTIFIED BY 'nova';
MariaDB [(none)]> GRANT ALL PRIVILEGES ON nova_api.* TO 'nova'@'%' \
  IDENTIFIED BY 'nova';
```

```
MariaDB [(none)]> GRANT ALL PRIVILEGES ON nova_api.* TO 'nova'@'localhost' \
    ->    IDENTIFIED BY 'nova';
Query OK, 0 rows affected (0.00 sec)

MariaDB [(none)]> GRANT ALL PRIVILEGES ON nova_api.* TO 'nova'@'%' \
    ->    IDENTIFIED BY 'nova';
Query OK, 0 rows affected (0.00 sec)
```

```
MariaDB [(none)]> GRANT ALL PRIVILEGES ON nova.* TO 'nova'@'localhost' \
  IDENTIFIED BY 'nova';
MariaDB [(none)]> GRANT ALL PRIVILEGES ON nova.* TO 'nova'@'%' \
  IDENTIFIED BY 'nova';
```

```
MariaDB [(none)]> GRANT ALL PRIVILEGES ON nova.* TO 'nova'@'localhost' \
    ->    IDENTIFIED BY 'nova';
Query OK, 0 rows affected (0.00 sec)

MariaDB [(none)]> GRANT ALL PRIVILEGES ON nova.* TO 'nova'@'%' \
    ->    IDENTIFIED BY 'nova';
Query OK, 0 rows affected (0.00 sec)
```

```
MariaDB [(none)]> GRANT ALL PRIVILEGES ON nova_cell0.* TO 'nova'@'localhost' \
  IDENTIFIED BY 'nova';
MariaDB [(none)]> GRANT ALL PRIVILEGES ON nova_cell0.* TO 'nova'@'%' \
  IDENTIFIED BY 'nova';
```

```
MariaDB [(none)]> GRANT ALL PRIVILEGES ON nova_cell0.* TO 'nova'@'localhost' \
    ->    IDENTIFIED BY 'nova';
Query OK, 0 rows affected (0.00 sec)

MariaDB [(none)]> GRANT ALL PRIVILEGES ON nova_cell0.* TO 'nova'@'%' \
    ->    IDENTIFIED BY 'nova';
Query OK, 0 rows affected (0.00 sec)
```

```
MariaDB [(none)]> GRANT ALL PRIVILEGES ON placement.* TO 'placement'@'localhost' \
  IDENTIFIED BY 'placement';
MariaDB [(none)]> GRANT ALL PRIVILEGES ON placement.* TO 'placement'@'%' \
  IDENTIFIED BY 'placement';
```

```
MariaDB [(none)]> GRANT ALL PRIVILEGES ON placement.* TO 'placement'@'localhost' \
    ->    IDENTIFIED BY 'placement';
Query OK, 0 rows affected (0.00 sec)

MariaDB [(none)]> GRANT ALL PRIVILEGES ON placement.* TO 'placement'@'%' \
    ->    IDENTIFIED BY 'placement';
Query OK, 0 rows affected (0.00 sec)
```

退出数据库访问客户端。

```
MariaDB [(none)]> exit
```

```
MariaDB [(none)]> exit
Bye
```

使用 admin 凭据来访问。

```
. admin-openrc
```

```
[root@controller ~]# . admin-openrc
[root@controller ~]#
```

创建 Compute 服务凭据。

创建 nova 用户。

```
openstack user create --domain default --password-prompt nova
User Password:nova
Repeat User Password:nova
```

```
[root@controller ~]# openstack user create --domain default --password-prompt nova
User Password:
Repeat User Password:
+---------------------+----------------------------------+
| Field               | Value                            |
+---------------------+----------------------------------+
| domain_id           | default                          |
| enabled             | True                             |
| id                  | 1de298b537e14ad8b1c088c7b0806706 |
| name                | nova                             |
| options             | {}                               |
| password_expires_at | None                             |
+---------------------+----------------------------------+
```

将 admin 角色添加到 nova 用户。

```
openstack role add --project service --user nova admin
```

```
[root@controller ~]# openstack role add --project service --user nova admin
[root@controller ~]#
```

创建 Nova 服务实体。

```
openstack service create --name nova \
  --description "OpenStack Compute" compute
```

```
[root@controller ~]# openstack service create --name nova \
>   --description "OpenStack Compute" compute
+-------------+----------------------------------+
| Field       | Value                            |
+-------------+----------------------------------+
| description | OpenStack Compute                |
| enabled     | True                             |
| id          | aaade76fbe6e482e9138106a6be03b58 |
| name        | nova                             |
| type        | compute                          |
+-------------+----------------------------------+
```

创建 Compute API 服务端点。

```
openstack endpoint create --region RegionOne \
  compute public http://controller:8774/v2.1
```

```
[root@controller ~]# openstack endpoint create --region RegionOne \
>   compute public http://controller:8774/v2.1
+--------------+----------------------------------+
| Field        | Value                            |
+--------------+----------------------------------+
| enabled      | True                             |
| id           | 324e9008be954ca195f1f37ea6751b29 |
| interface    | public                           |
| region       | RegionOne                        |
| region_id    | RegionOne                        |
| service_id   | aaade76fbe6e482e9138106a6be03b58 |
| service_name | nova                             |
| service_type | compute                          |
| url          | http://controller:8774/v2.1      |
+--------------+----------------------------------+
```

```
openstack endpoint create --region RegionOne \
  compute internal http://controller:8774/v2.1
```

```
[root@controller ~]# openstack endpoint create --region RegionOne \
>   compute internal http://controller:8774/v2.1
+--------------+----------------------------------+
| Field        | Value                            |
+--------------+----------------------------------+
| enabled      | True                             |
| id           | bfb2b405075647a89f4d3b31b5321609 |
| interface    | internal                         |
| region       | RegionOne                        |
| region_id    | RegionOne                        |
| service_id   | aaade76fbe6e482e9138106a6be03b58 |
| service_name | nova                             |
| service_type | compute                          |
| url          | http://controller:8774/v2.1      |
+--------------+----------------------------------+
```

```
openstack endpoint create --region RegionOne \
  compute admin http://controller:8774/v2.1
```

```
[root@controller ~]# openstack endpoint create --region RegionOne \
>   compute admin http://controller:8774/v2.1
+--------------+----------------------------------+
| Field        | Value                            |
+--------------+----------------------------------+
| enabled      | True                             |
| id           | 4278d842bb5f47629bd0c2487b97f721 |
| interface    | admin                            |
| region       | RegionOne                        |
| region_id    | RegionOne                        |
| service_id   | aaade76fbe6e482e9138106a6be03b58 |
| service_name | nova                             |
| service_type | compute                          |
| url          | http://controller:8774/v2.1      |
+--------------+----------------------------------+
```

创建 placement 服务用户。

```
openstack user create --domain default --password-prompt placement
User Password:placement
Repeat User Password:placement
```

```
[root@controller ~]# openstack user create --domain default --password-prompt placement
User Password:
Repeat User Password:
+---------------------+----------------------------------+
| Field               | Value                            |
+---------------------+----------------------------------+
| domain_id           | default                          |
| enabled             | True                             |
| id                  | 785842bb92704be7884d88fedffdc50f |
| name                | placement                        |
| options             | {}                               |
| password_expires_at | None                             |
+---------------------+----------------------------------+
```

使用 admin 角色将 placement 用户添加到服务项目。

```
openstack role add --project service --user placement admin
```

```
[root@controller ~]# openstack role add --project service --user placement admin
[root@controller ~]#
```

在服务目录中创建 Placement API 条目。

```
openstack service create --name placement \
  --description "Placement API" placement
```

```
[root@controller ~]# openstack service create --name placement \
>   --description "Placement API" placement
+-------------+----------------------------------+
| Field       | Value                            |
+-------------+----------------------------------+
| description | Placement API                    |
| enabled     | True                             |
| id          | 7421f48b71e546e3b7967e1924970321 |
| name        | placement                        |
| type        | placement                        |
+-------------+----------------------------------+
```

创建 Placement API 服务端点。

```
openstack endpoint create --region RegionOne \
  placement public http://controller:8778
```

```
[root@controller ~]# openstack endpoint create --region RegionOne \
>   placement public http://controller:8778
+--------------+----------------------------------+
| Field        | Value                            |
+--------------+----------------------------------+
| enabled      | True                             |
| id           | feb0e9894d6c4d6788e9e369c15d60fb |
| interface    | public                           |
| region       | RegionOne                        |
| region_id    | RegionOne                        |
| service_id   | 7421f48b71e546e3b7967e1924970321 |
| service_name | placement                        |
| service_type | placement                        |
| url          | http://controller:8778           |
+--------------+----------------------------------+
```

```
openstack endpoint create --region RegionOne \
  placement internal http://controller:8778
```

```
[root@controller ~]# openstack endpoint create --region RegionOne \
>   placement internal http://controller:8778
+--------------+----------------------------------+
| Field        | Value                            |
+--------------+----------------------------------+
| enabled      | True                             |
| id           | 3aa302451cfa499cba5ba77534ad15b4 |
| interface    | internal                         |
| region       | RegionOne                        |
| region_id    | RegionOne                        |
| service_id   | 7421f48b71e546e3b7967e1924970321 |
| service_name | placement                        |
| service_type | placement                        |
| url          | http://controller:8778           |
+--------------+----------------------------------+
```

```
openstack endpoint create --region RegionOne \
  placement admin http://controller:8778
```

```
[root@controller ~]# openstack endpoint create --region RegionOne \
>   placement admin http://controller:8778
+--------------+----------------------------------+
| Field        | Value                            |
+--------------+----------------------------------+
| enabled      | True                             |
| id           | 8d5be4278b1041f6b09347c4d2c8debb |
| interface    | admin                            |
| region       | RegionOne                        |
| region_id    | RegionOne                        |
| service_id   | 7421f48b71e546e3b7967e1924970321 |
| service_name | placement                        |
| service_type | placement                        |
| url          | http://controller:8778           |
+--------------+----------------------------------+
```

安装包。

```
yum install OpenStack-nova-api OpenStack-nova-conductor \
  OpenStack-nova-console OpenStack-nova-novncproxy \
  OpenStack-nova-scheduler OpenStack-nova-placement-api -y
```

```
Installed:
  openstack-nova-api.noarch 1:18.2.0-1.el7              openstack-nova-conductor.noarch 1:18.2.0-1.el7
  openstack-nova-console.noarch 1:18.2.0-1.el7          openstack-nova-novncproxy.noarch 1:18.2.0-1.el7
  openstack-nova-placement-api.noarch 1:18.2.0-1.el7    openstack-nova-scheduler.noarch 1:18.2.0-1.el7

Dependency Installed:
  novnc.noarch 0:0.5.1-2.el7                            openstack-nova-common.noarch 1:18.2.0-1.el7
  python-kazoo.noarch 0:2.2.1-1.el7                     python-nova.noarch 1:18.2.0-1.el7
  python-oslo-versionedobjects-lang.noarch 0:1.33.3-1.el7   python-paramiko.noarch 0:2.1.1-9.el7
  python-redis.noarch 0:2.10.3-1.el7                    python-websockify.noarch 0:0.8.0-1.el7
  python2-microversion-parse.noarch 0:0.2.1-1.el7      python2-os-traits.noarch 0:0.9.0-1.el7
  python2-os-vif.noarch 0:1.11.1-1.el7                 python2-oslo-reports.noarch 0:1.28.0-1.el7
  python2-oslo-versionedobjects.noarch 0:1.33.3-1.el7  python2-psutil.x86_64 0:5.2.2-2.el7
  python2-pyroute2.noarch 0:0.4.21-1.el7               python2-tooz.noarch 0:1.62.1-1.el7
  python2-voluptuous.noarch 0:0.10.5-2.el7             python2-zake.noarch 0:0.2.2-2.el7

Complete!
```

编辑。

```
vim /etc/nova/nova.conf
```

在[DEFAULT]部分中仅启用计算和元数据 API。

```
[DEFAULT]
enabled_apis = osapi_compute,metadata
```

配置 RabbitMQ 消息队列访问。

```
[DEFAULT]
transport_url = rabbit://openstack:openstack@controller
```

设置 openstack 为 openstack 账户的密码。

配置 my_ip 选项以使用控制节点的管理接口 IP 地址。

```
[DEFAULT]
my_ip = 192.250.250.30
```

启用对网络服务的支持。

```
[DEFAULT]
use_neutron = true
firewall_driver = nova.virt.firewall.NoopFirewallDriver
```

```
[DEFAULT]
#
# From nova.conf
#
enabled_apis = osapi_compute,metadata
transport_url = rabbit://openstack:openstack@controller
my_ip = 192.250.250.30
use_neutron = true
firewall_driver = nova.virt.firewall.NoopFirewallDriver
```

在[api_database]部分配置数据库访问。

```
[api_database]
connection = mysql+pymysql://nova:nova@controller/nova_api
```

```
[api_database]
# The *Nova API Database* is a separate database which is used for information
# which is used across *cells*. This database is mandatory since the Mitaka
# release (13.0.0).
connection = mysql+pymysql://nova:nova@controller/nova_api
```

在[database]部分配置数据库访问。

```
[database]
connection = mysql+pymysql://nova:nova@controller/nova
```

```
[database]
#
# From oslo.db
#
connection = mysql+pymysql://nova:nova@controller/nova
```

在[placement_database]部分配置数据库访问。

```
[placement_database]
connection = mysql+pymysql://placement:placement@controller/placement
```

```
[placement_database]
#
# The *Placement API Database* is a separate database which can be used with the
# placement service. This database is optional: if the connection option is not
# set, the nova api database will be used instead.
connection = mysql+pymysql://placement:placement@controller/placement
```

设置 nova 为 nova 数据库的密码。

设置 placement 为 placement 数据库的密码。

在[api]部分中配置身份服务访问。

```
[api]
auth_strategy = keystone
```

```
[api]
#
# Options under this group are used to define Nova API.
auth_strategy = keystone
```

在[keystone_authtoken]部分中配置身份服务访问。

```
[keystone_authtoken]
auth_url = http://controller:5000/v3
memcached_servers = controller:11211
auth_type = password
project_domain_name = Default
user_domain_name = Default
project_name = service
username = nova
password = nova
```

设置 nova 为 Nova 服务中为用户选择的密码。注释掉或删除[keystone_authtoken] 部分中的任何
其他选项。

```
[keystone_authtoken]
#
# From keystonemiddleware.auth_token
#
auth_url = http://controller:5000/v3
memcached_servers = controller:11211
auth_type = password
project_domain_name = Default
user_domain_name = Default
project_name = service
username = nova
password = nova
```

在[vnc]部分中配置 VNC 代理以使用控制节点的管理接口 IP 地址。

```
[vnc]
enabled = true
server_listen = $my_ip
server_proxyclient_address = $my_ip
```

```
[vnc]
# Virtual Network Computer (VNC) can be used to provide remote desktop
# console access to instances for tenants and/or administrators.
enabled = true
server_listen = $my_ip
server_proxyclient_address = $my_ip
```

在[glance]部分中配置 Image 服务 API 的位置。

```
[glance]
api_servers = http://controller:9292
```

```
[glance]
# Configuration options for the Image service
api_servers = http://controller:9292
#
```

在[oslo_concurrency]部分中配置锁定路径。

```
[oslo_concurrency]
lock_path = /var/lib/nova/tmp
```

```
[oslo_concurrency]
#
# From oslo.concurrency
#
lock_path = /var/lib/nova/tmp
```

在[placement]部分中配置 Placement API。

```
[placement]
region_name = RegionOne
project_domain_name = Default
project_name = service
auth_type = password
user_domain_name = Default
auth_url = http://controller:5000/v3
username = placement
password = placement
```

设置 placement 为你在 placement 服务中为用户选择的密码。注释掉[placement]部分中的任何其他选项。

```
[placement]
#
# From nova.conf

region_name = RegionOne
project_domain_name = Default
project_name = service
auth_type = password
user_domain_name = Default
auth_url = http://controller:5000/v3
username = placement
password = placement
```

启用对 Placement API 的访问。

```
vim /etc/httpd/conf.d/00-nova-placement-api.conf
```

在最后添加以下代码。

```
<Directory /usr/bin>
    <IfVersion >= 2.4>
       Require all granted
    </IfVersion>
    <IfVersion < 2.4>
       Order allow,deny
       Allow from all
    </IfVersion>
</Directory>
```

```
    <IfVersion >= 2.4>
      ErrorLogFormat "%M"
    </IfVersion>
    ErrorLog /var/log/nova/nova-placement-api.log
    #SSLEngine On
    #SSLCertificateFile ...
    #SSLCertificateKeyFile ...
</VirtualHost>

Alias /nova-placement-api /usr/bin/nova-placement-api
<Location /nova-placement-api>
    SetHandler wsgi-script
    Options +ExecCGI
    WSGIProcessGroup nova-placement-api
    WSGIApplicationGroup %{GLOBAL}
    WSGIPassAuthorization On
</Location>

<Directory /usr/bin>
    <IfVersion >= 2.4>
       Require all granted
    </IfVersion>
    <IfVersion < 2.4>
       Order allow,deny
       Allow from all
    </IfVersion>
</Directory>
```

重启 httpd 服务。

```
systemctl restart httpd
```

```
[root@controller ~]# systemctl restart httpd
[root@controller ~]#
```

填充 nova-api 和 placement 数据库。

```
su -s /bin/sh -c "nova-manage api_db sync" nova
```

```
[root@controller ~]# su -s /bin/sh -c "nova-manage api_db sync" nova
[root@controller ~]#
```

注册 cell0 单元格。

```
su -s /bin/sh -c "nova-manage cell_v2 map_cell0" nova
```

```
[root@controller ~]# su -s /bin/sh -c "nova-manage cell_v2 map_cell0" nova
[root@controller ~]#
```

创建 cell1 单元格。

```
su -s /bin/sh -c "nova-manage cell_v2 create_cell --name=cell1 --verbose" nova
```

```
[root@controller ~]# su -s /bin/sh -c "nova-manage cell_v2 create_cell --name=cell1 --verbose" nova
2a2649de-0a23-4a4c-8169-1d33fab4c2b6
```

填充数据库，忽略非错误输出。

```
su -s /bin/sh -c "nova-manage db sync" nova
```

```
[root@controller ~]# su -s /bin/sh -c "nova-manage db sync" nova
/usr/lib/python2.7/site-packages/pymysql/cursors.py:170: Warning: (1831, u'Duplicate index `block_device_mapping_instance_uuid_vi
rtual_name_device_name_idx`. This is deprecated and will be disallowed in a future release.')
  result = self._query(query)
/usr/lib/python2.7/site-packages/pymysql/cursors.py:170: Warning: (1831, u'Duplicate index `uniq_instances0uuid`. This is depreca
ted and will be disallowed in a future release.')
  result = self._query(query)
[root@controller ~]#
```

验证 nova cell0 和 cell1 是否正确注册。

```
su -s /bin/sh -c "nova-manage cell_v2 list_cells" nova
```

```
[root@controller ~]# su -s /bin/sh -c "nova-manage cell_v2 list_cells" nova
+-------+--------------------------------------+------------------------------------+-------------------------------------+
| Name  | UUID                                 | Transport URL                      | Database Connection                 |
| Disabled |
+-------+--------------------------------------+------------------------------------+-------------------------------------+
| cell0 | 00000000-0000-0000-0000-000000000000 |              none:/                 | mysql+pymysql://nova:****@controller/nova_c
ell0   | False |
| cell1 | 2a2649de-0a23-4a4c-8169-1d33fab4c2b6 | rabbit://openstack:****@controller |   mysql+pymysql://nova:****@controller/nov
a      | False |
+-------+--------------------------------------+------------------------------------+-------------------------------------+
```

完成安装。

启动服务并将其配置为在系统引导时启动。

```
systemctl enable openstack-nova-api.service \
  openstack-nova-consoleauth openstack-nova-scheduler.service \
  openstack-nova-conductor.service openstack-nova-novncproxy.service
systemctl start openstack-nova-api.service \
  openstack-nova-consoleauth openstack-nova-scheduler.service \
  openstack-nova-conductor.service openstack-nova-novncproxy.service
```

```
[root@controller ~]# systemctl enable openstack-nova-api.service \
>   openstack-nova-consoleauth openstack-nova-scheduler.service \
>   openstack-nova-conductor.service openstack-nova-novncproxy.service
Created symlink from /etc/systemd/system/multi-user.target.wants/openstack-nova-api.service to /usr/lib/systemd/system/openstack-
nova-api.service.
Created symlink from /etc/systemd/system/multi-user.target.wants/openstack-nova-consoleauth.service to /usr/lib/systemd/system/op
enstack-nova-consoleauth.service.
Created symlink from /etc/systemd/system/multi-user.target.wants/openstack-nova-scheduler.service to /usr/lib/systemd/system/open
stack-nova-scheduler.service.
Created symlink from /etc/systemd/system/multi-user.target.wants/openstack-nova-conductor.service to /usr/lib/systemd/system/open
stack-nova-conductor.service.
Created symlink from /etc/systemd/system/multi-user.target.wants/openstack-nova-novncproxy.service to /usr/lib/systemd/system/ope
nstack-nova-novncproxy.service.
[root@controller ~]# systemctl start openstack-nova-api.service \
>   openstack-nova-consoleauth openstack-nova-scheduler.service \
>   openstack-nova-conductor.service openstack-nova-novncproxy.service
```

2. 在计算节点安装

安装包。

```
yum install OpenStack-nova-compute -y
```

105

```
python2-qpid-proton.x86_64 0:0.22.0-1.el7        python2-rsa.noarch 0:3.3-2.el7
python2-scipy.x86_64 0:0.18.0-3.el7              python2-sqlalchemy.x86_64 0:1.2.7-1.el7
python2-statsd.noarch 0:3.2.1-5.el7             python2-suds.noarch 0:0.7-0.4.94664ddd46a6.el7
python2-taskflow.noarch 0:3.2.0-1.el7           python2-tenacity.noarch 0:4.12.0-1.el7
python2-tooz.noarch 0:1.62.1-1.el7              python2-vine.noarch 0:1.1.3-2.el7
python2-voluptuous.noarch 0:0.10.5-2.el7        python2-webob.noarch 0:1.8.2-1.el7
python2-zake.noarch 0:0.2.2-2.el7               qemu-img-ev.x86_64 10:2.12.0-18.el7_6.3.1
qemu-kvm-common-ev.x86_64 10:2.12.0-18.el7_6.3.1  qemu-kvm-ev.x86_64 10:2.12.0-18.el7_6.3.1
qpid-proton-c.x86_64 0:0.22.0-1.el7             radvd.x86_64 0:2.17-3.el7
rdma-core.x86_64 0:17.2-3.el7                    scrub.x86_64 0:2.5.2-7.el7
seabios-bin.noarch 0:1.11.0-2.el7               seavgabios-bin.noarch 0:1.11.0-2.el7
sg3_utils.x86_64 0:1.37-17.el7                  sgabios-bin.noarch 1:0.20110622svn-4.el7
spice-server.x86_64 0:0.14.0-6.el7_6.1          squashfs-tools.x86_64 0:4.3-0.21.gitaae0aff4.el7
supermin5.x86_64 0:5.1.19-1.el7                 sysfsutils.x86_64 0:2.1.0-16.el7
syslinux.x86_64 0:4.05-15.el7                   syslinux-extlinux.x86_64 0:4.05-15.el7
trousers.x86_64 0:0.3.14-2.el7                  unbound-libs.x86_64 0:1.6.6-1.el7
usbredir.x86_64 0:0.7.1-3.el7                   userspace-rcu.x86_64 0:0.10.0-3.el7

Complete!
[root@compute ~]#
```

编辑。

```
vim /etc/nova/nova.conf
```

在[DEFAULT]部分中仅启用计算和元数据 API。

```
[DEFAULT]
enabled_apis = osapi_compute,metadata
```

配置 RabbitMQ 消息队列访问。

```
[DEFAULT]
transport_url = rabbit://openstack:openstack@controller
```

设置 openstack 为 openstack 账户的密码。

配置 my_ip 选项。

```
[DEFAULT]
my_ip = 192.250.250.31
```

使用计算节点上管理网络接口的 IP 地址。

启用对网络服务的支持。

```
[DEFAULT]
use_neutron = true
firewall_driver = nova.virt.firewall.NoopFirewallDriver
```

```
[DEFAULT]
#
# From nova.conf
#
enabled_apis = osapi_compute,metadata
transport_url = rabbit://openstack:openstack@controller
my_ip = 192.250.250.31
use_neutron = true
firewall_driver = nova.virt.firewall.NoopFirewallDriver
```

在[api]部分中配置身份服务访问。

```
[api]
auth_strategy = keystone
```

```
[api]
#
# Options under this group are used to define Nova API.
auth_strategy = keystone
```

在[keystone_authtoken]部分中配置身份服务访问。

```
[keystone_authtoken]
auth_url = http://controller:5000/v3
memcached_servers = controller:11211
auth_type = password
project_domain_name = Default
user_domain_name = Default
project_name = service
username = nova
password = nova
```

设置 nova 为你在 Nova 服务中为用户选择的密码。注释掉或删除[keystone_authtoken] 部分中的任何其他选项。

```
[keystone_authtoken]
#
# From keystonemiddleware.auth_token
#
auth_url = http://controller:5000/v3
memcached_servers = controller:11211
auth_type = password
project_domain_name = Default
user_domain_name = Default
project_name = service
username = nova
password = nova
```

在[vnc]部分中启用并配置远程控制台访问。

```
[vnc]
enabled = true
server_listen = 0.0.0.0
server_proxyclient_address = $my_ip
novncproxy_base_url = http://192.250.250.30:6080/vnc_auto.html
```

使用控制节点的 IP 地址。

```
[vnc]
#
# Virtual Network Computer (VNC) can be used to provide remote desktop
# console access to instances for tenants and/or administrators.
enabled = true
server_listen = 0.0.0.0
server_proxyclient_address = $my_ip
novncproxy_base_url = http://192.250.250.30:6080/vnc_auto.html
```

在[glance]部分中配置镜像服务 API 的位置。

```
[glance]
api_servers = http://controller:9292
```

```
[glance]
# Configuration options for the Image service

#
# From nova.conf
#
api_servers = http://controller:9292
```

在[oslo_concurrency]部分中配置锁定路径。

```
[oslo_concurrency]
lock_path = /var/lib/nova/tmp
```

```
[oslo_concurrency]
#
# From oslo.concurrency
#
lock_path = /var/lib/nova/tmp
```

在[placement]部分中配置 Placement API。

```
[placement]
region_name = RegionOne
project_domain_name = Default
project_name = service
auth_type = password
user_domain_name = Default
auth_url = http://controller:5000/v3
username = placement
password = placement
```

设置 placement 为你在 placement 服务中为用户选择的密码。

注释掉[placement]部分中的任何其他选项。

```
[placement]
#
# From nova.conf
#
region_name = RegionOne
project_domain_name = Default
project_name = service
auth_type = password
user_domain_name = Default
auth_url = http://controller:5000/v3
username = placement
password = placement
```

确定你的计算节点是否支持虚拟机的硬件加速。

```
egrep -c '(vmx|svm)' /proc/cpuinfo
```

如果此命令返回值非 0，则计算节点支持硬件加速，不需要其他配置；如果此命令返回值为 0，则计算节点不支持硬件加速，必须配置 libvirt 使用 QEMU 而不是 KVM。

```
[root@compute ~]# egrep -c '(vmx|svm)' /proc/cpuinfo
0
```

编辑文件中的[libvirt]部分。

```
[libvirt]
virt_type = qemu
```

```
[libvirt]
#
# Libvirt options allows cloud administrator to configure related
# libvirt hypervisor driver to be used within an OpenStack deployment.
#
# Almost all of the libvirt config options are influence by ``virt_type`` config
# which describes the virtualization type (or so called domain type) libvirt
# should use for specific features such as live migration, snapshot.
virt_type = qemu
```

启动服务及其依赖项，并将它们配置为在系统引导时自动启动。

```
systemctl enable libvirtd.service openstack-nova-compute.service
systemctl start libvirtd.service openstack-nova-compute.service
```

```
[root@compute ~]# systemctl enable libvirtd.service openstack-nova-compute.service
Created symlink from /etc/systemd/system/multi-user.target.wants/openstack-nova-compute.service to /usr/lib/systemd/system/openst
ack-nova-compute.service.
[root@compute ~]# systemctl start libvirtd.service openstack-nova-compute.service
[root@compute ~]#
```

3. 将计算节点添加到单元数据库

获取 admin 凭据，然后确认数据库中是否存在计算主机。

```
. admin-openrc
```

```
[root@controller ~]# . admin-openrc
[root@controller ~]#
```

```
openstack compute service list --service nova-compute
```

```
[root@controller ~]# openstack compute service list --service nova-compute
+----+--------------+---------+------+---------+-------+----------------------------+
| ID | Binary       | Host    | Zone | Status  | State | Updated At                 |
+----+--------------+---------+------+---------+-------+----------------------------+
|  7 | nova-compute | compute | nova | enabled | up    | 2019-04-12T07:28:00.000000 |
+----+--------------+---------+------+---------+-------+----------------------------+
```

发现计算主机。

```
su -s /bin/sh -c "nova-manage cell_v2 discover_hosts --verbose" nova
```

```
[root@controller ~]# su -s /bin/sh -c "nova-manage cell_v2 discover_hosts --verbose" nova
Found 2 cell mappings.
Skipping cell0 since it does not contain hosts.
Getting computes from cell 'cell1': 2a2649de-0a23-4a4c-8169-1d33fab4c2b6
Checking host mapping for compute host 'compute': 7afaba49-17f1-4938-b8e3-97f26612cdaa
Creating host mapping for compute host 'compute': 7afaba49-17f1-4938-b8e3-97f26612cdaa
Found 1 unmapped computes in cell: 2a2649de-0a23-4a4c-8169-1d33fab4c2b6
```

4. 验证操作

通过 admin 凭据来访问。

```
#. admin-openrc
```

```
[root@controller ~]# . admin-openrc
[root@controller ~]#
```

列出服务组件以验证每个进程的成功启动和注册。

```
openstack compute service list
```

```
[root@controller ~]# openstack compute service list
+----+------------------+------------+----------+---------+-------+----------------------------+
| ID | Binary           | Host       | Zone     | Status  | State | Updated At                 |
+----+------------------+------------+----------+---------+-------+----------------------------+
|  1 | nova-consoleauth | controller | internal | enabled | up    | 2019-04-12T07:28:59.000000 |
|  2 | nova-conductor   | controller | internal | enabled | up    | 2019-04-12T07:29:00.000000 |
|  3 | nova-scheduler   | controller | internal | enabled | up    | 2019-04-12T07:29:02.000000 |
|  7 | nova-compute     | compute    | nova     | enabled | up    | 2019-04-12T07:29:00.000000 |
+----+------------------+------------+----------+---------+-------+----------------------------+
```

列出服务中的 API 端点以验证与服务的连接。

```
openstack catalog list
```

```
[root@controller ~]# openstack catalog list
+-----------+-----------+--------------------------------------------+
| Name      | Type      | Endpoints                                  |
+-----------+-----------+--------------------------------------------+
| keystone  | identity  | RegionOne                                  |
|           |           |   internal: http://controller:5000/v3/     |
|           |           | RegionOne                                  |
|           |           |   public: http://controller:5000/v3/       |
|           |           | RegionOne                                  |
|           |           |   admin: http://controller:5000/v3/        |
| glance    | image     | RegionOne                                  |
|           |           |   internal: http://controller:9292         |
|           |           | RegionOne                                  |
|           |           |   admin: http://controller:9292            |
|           |           | RegionOne                                  |
|           |           |   public: http://controller:9292           |
| placement | placement | RegionOne                                  |
|           |           |   internal: http://controller:8778         |
|           |           | RegionOne                                  |
|           |           |   admin: http://controller:8778            |
|           |           | RegionOne                                  |
|           |           |   public: http://controller:8778           |
| nova      | compute   | RegionOne                                  |
|           |           |   public: http://controller:8774/v2.1      |
|           |           | RegionOne                                  |
|           |           |   admin: http://controller:8774/v2.1       |
|           |           | RegionOne                                  |
|           |           |   internal: http://controller:8774/v2.1    |
+-----------+-----------+--------------------------------------------+
```

列出 Image 服务中的图像以验证与 Image 服务的连接。

```
openstack image list
```

```
[root@controller ~]# openstack image list
+--------------------------------------+--------+--------+
| ID                                   | Name   | Status |
+--------------------------------------+--------+--------+
| 56a05e2c-d9c4-41b6-b1e2-44dfbb108e95 | cirros | active |
+--------------------------------------+--------+--------+
```

检查单元格和放置 API 是否成功运行。

```
nova-status upgrade check
```

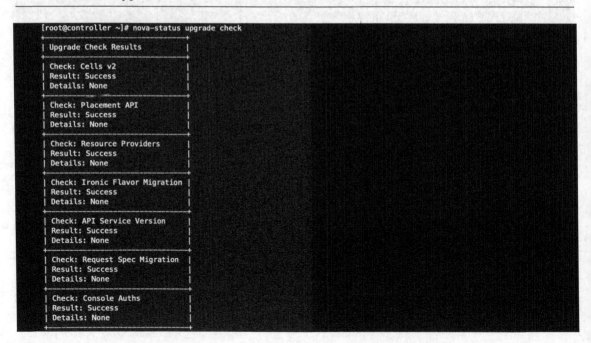

```
[root@controller ~]# nova-status upgrade check
+-----------------------------------+
| Upgrade Check Results             |
+-----------------------------------+
| Check: Cells v2                   |
| Result: Success                   |
| Details: None                     |
+-----------------------------------+
| Check: Placement API              |
| Result: Success                   |
| Details: None                     |
+-----------------------------------+
| Check: Resource Providers         |
| Result: Success                   |
| Details: None                     |
+-----------------------------------+
| Check: Ironic Flavor Migration    |
| Result: Success                   |
| Details: None                     |
+-----------------------------------+
| Check: API Service Version        |
| Result: Success                   |
| Details: None                     |
+-----------------------------------+
| Check: Request Spec Migration     |
| Result: Success                   |
| Details: None                     |
+-----------------------------------+
| Check: Console Auths              |
| Result: Success                   |
| Details: None                     |
+-----------------------------------+
```

3.3.6　Neutron 的安装

1. 在控制节点安装

安装的先决条件是使用数据库客户端以 root 用户的身份连接到数据库服务器。

```
mysql -uroot -p123456
```

```
[root@controller ~]# mysql -uroot -p123456
Welcome to the MariaDB monitor.  Commands end with ; or \g.
Your MariaDB connection id is 78
Server version: 10.1.20-MariaDB MariaDB Server

Copyright (c) 2000, 2016, Oracle, MariaDB Corporation Ab and others.

Type 'help;' or '\h' for help. Type '\c' to clear the current input statement.

MariaDB [(none)]>
```

创建 neutron 数据库。

```
MariaDB [(none)] >CREATE DATABASE neutron;
```

```
MariaDB [(none)]> CREATE DATABASE neutron;
Query OK, 1 row affected (0.00 sec)
```

授予对 neutron 数据库适当的访问权限。

```
MariaDB [(none)]> GRANT ALL PRIVILEGES ON neutron.* TO 'neutron'@'localhost' \
  IDENTIFIED BY 'neutron';
MariaDB [(none)]> GRANT ALL PRIVILEGES ON neutron.* TO 'neutron'@'%' \
  IDENTIFIED BY 'neutron';
```

设置 neutron 为密码。

```
MariaDB [(none)]> GRANT ALL PRIVILEGES ON neutron.* TO 'neutron'@'localhost' \
    -> IDENTIFIED BY 'neutron';
Query OK, 0 rows affected (0.00 sec)

MariaDB [(none)]> GRANT ALL PRIVILEGES ON neutron.* TO 'neutron'@'%' \
    -> IDENTIFIED BY 'neutron';
Query OK, 0 rows affected (0.00 sec)
```

退出数据库访问客户端。

```
MariaDB [(none)] >exit
```

```
MariaDB [(none)]> exit
Bye
```

根据 admin 凭据来访问。

```
. admin-openrc
```

```
[root@controller ~]# . admin-openrc
[root@controller ~]#
```

要创建服务凭据，需完成以下步骤。

第 1 步：创建 neutron 用户。

```
openstack user create --domain default --password-prompt neutron
User Password:neutron
Repeat User Password:neutron
```

```
[root@controller ~]# openstack user create --domain default --password-prompt neutron
User Password:
Repeat User Password:
+---------------------+----------------------------------+
| Field               | Value                            |
+---------------------+----------------------------------+
| domain_id           | default                          |
| enabled             | True                             |
| id                  | be8ffdd25d964a91b89fff5b8db41173 |
| name                | neutron                          |
| options             | {}                               |
| password_expires_at | None                             |
+---------------------+----------------------------------+
```

第 2 步：将 admin 角色添加到 neutron 用户。

```
openstack role add --project service --user neutron admin
```

```
[root@controller ~]# openstack role add --project service --user neutron admin
[root@controller ~]#
```

第 3 步：创建 neutron 服务实体。

```
openstack service create --name neutron \
  --description "OpenStack Networking" network
```

```
[root@controller ~]# openstack service create --name neutron \
>   --description "OpenStack Networking" network
+-------------+----------------------------------+
| Field       | Value                            |
+-------------+----------------------------------+
| description | OpenStack Networking             |
| enabled     | True                             |
| id          | 756f4941f68143eca8c7f1719ab3552c |
| name        | neutron                          |
| type        | network                          |
+-------------+----------------------------------+
```

第 4 步：创建网络服务 API 端点。

```
openstack endpoint create --region RegionOne \
  network public http://controller:9696
```

```
[root@controller ~]# openstack endpoint create --region RegionOne \
>   network public http://controller:9696
+--------------+----------------------------------+
| Field        | Value                            |
+--------------+----------------------------------+
| enabled      | True                             |
| id           | f598072e85234c3c99d017bf02f3a461 |
| interface    | public                           |
| region       | RegionOne                        |
| region_id    | RegionOne                        |
| service_id   | 756f4941f68143eca8c7f1719ab3552c |
| service_name | neutron                          |
| service_type | network                          |
| url          | http://controller:9696           |
+--------------+----------------------------------+
```

```
openstack endpoint create --region RegionOne \
  network internal http://controller:9696
```

```
[root@controller ~]# openstack endpoint create --region RegionOne \
>   network internal http://controller:9696
+--------------+----------------------------------+
| Field        | Value                            |
+--------------+----------------------------------+
| enabled      | True                             |
| id           | 5b7c22aacb694dbe8ee9c97b9c1f0b59 |
| interface    | internal                         |
| region       | RegionOne                        |
| region_id    | RegionOne                        |
| service_id   | 756f4941f68143eca8c7f1719ab3552c |
| service_name | neutron                          |
| service_type | network                          |
| url          | http://controller:9696           |
+--------------+----------------------------------+
```

```
openstack endpoint create --region RegionOne \
  network admin http://controller:9696
```

```
[root@controller ~]# openstack endpoint create --region RegionOne \
>   network admin http://controller:9696
+--------------+----------------------------------+
| Field        | Value                            |
+--------------+----------------------------------+
| enabled      | True                             |
| id           | f2033d8eb09246c0baad2c0fc6e4a7b6 |
| interface    | admin                            |
| region       | RegionOne                        |
| region_id    | RegionOne                        |
| service_id   | 756f4941f68143eca8c7f1719ab3552c |
| service_name | neutron                          |
| service_type | network                          |
| url          | http://controller:9696           |
+--------------+----------------------------------+
```

2. 配置网络选项

可以使用选项 1 和选项 2 表示的两种体系结构来部署网络服务。

选项 1 为最简单的架构，该架构仅支持将实例附加到外部网络。没有私有网络、路由器或浮动 IP 地址，只有 admin 特权用户或其他特权用户才能管理提供商网络。

选项 2 使用支持将实例附加到自助服务网络的第 3 层服务来增强选项 1。demo 非特权用户或其他非特权用户可以管理自助服务网络，包括提供私有服务和外部网络之间连接的路由器。此外，有浮动 IP 地址提供来自外部网络的自助服务网络的实例的连接。

选项 2 还支持将实例附加到外部网络。本次使用选项 2，因为选项 2 的配置和操作完全包括选项 1 中的所有配置。

① 安装组件。

```
yum install openstack-neutron openstack-neutron-ml2 \
  openstack-neutron-linuxbridge ebtables -y
```

```
Installed:
  openstack-neutron.noarch 1:13.0.2-1.el7                       openstack-neutron-linuxbridge.noarch 1:13.0.2-1.el7
  openstack-neutron-ml2.noarch 1:13.0.2-1.el7

Dependency Installed:
  c-ares.x86_64 0:1.10.0-3.el7                                  conntrack-tools.x86_64 0:1.4.4-4.el7
  dibbler-client.x86_64 0:1.0.1-0.RC1.2.el7                     dnsmasq.x86_64 0:2.76-7.el7
  dnsmasq-utils.x86_64 0:2.76-7.el7                             haproxy.x86_64 0:1.5.18-8.el7
  keepalived.x86_64 0:1.3.5-8.el7_6                             libev.x86_64 0:4.15-7.el7
  libnetfilter_cthelper.x86_64 0:1.0.0-9.el7                    libnetfilter_cttimeout.x86_64 0:1.0.0-6.el7
  libnetfilter_queue.x86_64 0:1.0.2-2.el7_2                     libxslt-python.x86_64 0:1.1.28-5.el7
  net-snmp-agent-libs.x86_64 1:5.7.2-37.el7                     net-snmp-libs.x86_64 1:5.7.2-37.el7
  openpgm.x86_64 0:5.2.122-2.el7                                openstack-neutron-common.noarch 1:13.0.2-1.el7
  openvswitch.x86_64 1:2.10.1-3.el7                             python-beautifulsoup4.noarch 0:4.6.0-1.el7
  python-logutils.noarch 0:0.3.3-3.el7                          python-neutron.noarch 1:13.0.2-1.el7
  python-openvswitch.x86_64 1:2.10.1-3.el7                      python-ryu-common.noarch 0:4.26-1.el7
  python-waitress.noarch 0:0.8.9-5.el7                          python-webtest.noarch 0:2.0.23-1.el7
  python-zmq.x86_64 0:14.7.0-2.el7                              python2-designateclient.noarch 0:2.10.0-1.el7
  python2-gevent.x86_64 0:1.1.2-2.el7                           python2-ncclient.noarch 0:0.4.7-5.el7
  python2-neutron-lib.noarch 0:1.18.0-1.el7                     python2-os-xenapi.noarch 0:0.3.3-1.el7
  python2-ovsdbapp.noarch 0:0.12.3-1.el7                        python2-pecan.noarch 0:1.3.2-1.el7
  python2-ryu.noarch 0:4.26-1.el7                               python2-singledispatch.noarch 0:3.4.0.3-4.el7
  python2-tinyrpc.noarch 0:0.5-4.20170523git1f38ac.el7          python2-weakrefmethod.noarch 0:1.0.2-3.el7
  radvd.x86_64 0:2.17-3.el7                                     unbound-libs.x86_64 0:1.6.6-1.el7
  zeromq.x86_64 0:4.0.5-4.el7

Complete!
[root@controller ~]#
```

② 配置服务器组件。

```
vim /etc/neutron/neutron.conf
```

在[database]部分中配置数据库访问。

```
[database]
connection = mysql+pymysql://neutron:neutron@controller/neutron
```

设置 neutron 为数据库的密码。注释掉或删除[database]部分中的任何其他选项。

```
[database]
#
# From neutron.db
#
connection = mysql+pymysql://neutron:neutron@controller/neutron
```

在[DEFAULT]部分中启用模块化第 2 层（ML2）插件路由器服务。

```
[DEFAULT]
core_plugin = ml2
service_plugins = router
allow_overlapping_ips = true
```

配置 RabbitMQ 消息队列访问。

```
[DEFAULT]
transport_url = rabbit://openstack:openstack@controller
```

设置 openstack 为 openstack 账户的密码。
配置身份服务访问。

```
[DEFAULT]
auth_strategy = keystone
```

配置网络以通知 Compute 网络拓扑更改。

```
[DEFAULT]
notify_nova_on_port_status_changes = true
notify_nova_on_port_data_changes = true
```

```
[DEFAULT]
#
# From neutron
#
core_plugin = ml2
service_plugins = router
allow_overlapping_ips = true

transport_url = rabbit://openstack:openstack@controller

auth_strategy = keystone

notify_nova_on_port_status_changes = true
notify_nova_on_port_data_changes = true
```

在[keystone_authtoken]部分中配置身份服务访问。

```
[keystone_authtoken]
www_authenticate_uri = http://controller:5000
auth_url = http://controller:5000
memcached_servers = controller:11211
```

```
auth_type = password
project_domain_name = default
user_domain_name = default
project_name = service
username = neutron
password = neutron
```

设置 neutron 为在 neutron 服务中为用户选择的密码。注释掉或删除该[keystone_authtoken]部分中的任何其他选项。

```
[keystone_authtoken]
#
# From keystonemiddleware.auth_token
#
www_authenticate_uri = http://controller:5000
auth_url = http://controller:5000
memcached_servers = controller:11211
auth_type = password
project_domain_name = default
user_domain_name = default
project_name = service
username = neutron
password = neutron
```

在[nova]部分中配置网络以通知 Compute 网络拓扑更改。

```
[nova]
auth_url = http://controller:5000
auth_type = password
project_domain_name = default
user_domain_name = default
region_name = RegionOne
project_name = service
username = nova
password = nova
```

设置 nova 为在 Nova 服务中为用户选择的密码。

```
[nova]
#
# From neutron
#
auth_url = http://controller:5000
auth_type = password
project_domain_name = default
user_domain_name = default
region_name = RegionOne
project_name = service
username = nova
password = nova
```

在[oslo_concurrency]部分中配置锁定路径。

```
[oslo_concurrency]
lock_path = /var/lib/neutron/tmp
```

```
[oslo_concurrency]
#
# From oslo.concurrency
#
lock_path = /var/lib/neutron/tmp
```

③ 配置模块化第 2 层（ML2）插件。

```
vim /etc/neutron/plugins/ml2/ml2_conf.ini
```

在[ml2]部分中启用 flat、VLAN 和 VXLAN 网络。

```
[ml2]
type_drivers = flat,vlan,vxlan
```

启用 VXLAN 自助服务网络。

```
[ml2]
tenant_network_types = vxlan
```

启用 Linux 网桥和第 2 层填充机制。

```
[ml2]
mechanism_drivers = linuxbridge,l2population
```

启用端口安全性扩展驱动程序。

```
[ml2]
extension_drivers = port_security
```

```
[ml2]
#
# From neutron.ml2
#
type_drivers = flat,vlan,vxlan

tenant_network_types = vxlan

mechanism_drivers = linuxbridge,l2population

extension_drivers = port_security
```

在[ml2_type_flat]部分中将虚拟网络配置为扁平网络。

```
[ml2_type_flat]
flat_networks = provider
```

```
[ml2_type_flat]
#
# From neutron.ml2
#
flat_networks = provider
```

在[ml2_type_vxlan]部分中为自助服务网络配置 VXLAN 网络标识符范围。

```
[ml2_type_vxlan]
vni_ranges = 1:4096
```

```
[ml2_type_vxlan]
#
# From neutron.ml2
#
vni_ranges = 1:4096
```

在[securitygroup]部分中启用 ipset 以提高安全组规则的效率。

```
[securitygroup]
enable_ipset = true
```

```
[securitygroup]
#
# From neutron.ml2
#
enable_ipset = true
```

④ 配置 Linux 网桥代理。

```
vim /etc/neutron/plugins/ml2/linuxbridge_agent.ini
```

在[linux_bridge]部分中，将虚拟网络映射到物理网络接口。

```
[linux_bridge]
physical_interface_mappings = provider:ens33
```

设置 ens33 为物理网络接口名称。

```
[linux_bridge]
#
# From neutron.ml2.linuxbridge.agent
#
physical_interface_mappings = provider:ens33
```

网络接口名称使用 ifconfig 或者 ipaddr 命令查看。

```
[root@controller ~]# ifconfig
ens33: flags=4163<UP,BROADCAST,RUNNING,MULTICAST>  mtu 1500
        inet 192.250.250.30  netmask 255.255.255.0  broadcast 192.250.250.255
        inet6 fe80::edcf:71bb:1aab:c4d6  prefixlen 64  scopeid 0x20<link>
        ether 00:0c:29:37:72:a1  txqueuelen 1000  (Ethernet)
        RX packets 353621  bytes 501357430 (478.1 MiB)
        RX errors 0  dropped 0  overruns 0  frame 0
        TX packets 214971  bytes 19373753 (18.4 MiB)
        TX errors 0  dropped 0 overruns 0  carrier 0  collisions 0

lo: flags=73<UP,LOOPBACK,RUNNING>  mtu 65536
        inet 127.0.0.1  netmask 255.0.0.0
        inet6 ::1  prefixlen 128  scopeid 0x10<host>
        loop  txqueuelen 1  (Local Loopback)
        RX packets 98236  bytes 37858579 (36.1 MiB)
        RX errors 0  dropped 0  overruns 0  frame 0
        TX packets 98236  bytes 37858579 (36.1 MiB)
        TX errors 0  dropped 0 overruns 0  carrier 0  collisions 0

[root@controller ~]#
```

在[vxlan]部分中启用 VXLAN 重叠网络，配置处理覆盖网络的物理网络接口的 IP 地址，并启用第 2 层填充机制。

```
[vxlan]
enable_vxlan = true
local_ip = 192.250.250.30
l2_population = true
```

设置控制节点的 IP 地址。

```
[vxlan]
#
# From neutron.ml2.linuxbridge.agent
#
enable_vxlan = true
local_ip = 192.250.250.30
l2_population = true
```

在[securitygroup]部分中启用安全组并配置 Linux 网桥 iptables 防火墙驱动程序。

```
[securitygroup]
enable_security_group = true
firewall_driver = neutron.agent.linux.iptables_firewall.IptablesFirewallDriver
```

```
[securitygroup]
#
# From neutron.ml2.linuxbridge.agent
#
enable_security_group = true
firewall_driver = neutron.agent.linux.iptables_firewall.IptablesFirewallDriver
```

⑤ 配置第 3 层代理。

```
vim /etc/neutron/l3_agent.ini
```

在[DEFAULT]中配置 Linux 网桥接口驱动程序和外部网桥。

```
[DEFAULT]
interface_driver = linuxbridge
```

```
[DEFAULT]
#
# From neutron.base.agent
#
interface_driver = linuxbridge
```

⑥ 配置 DHCP 代理。

```
vim /etc/neutron/dhcp_agent.ini
```

在[DEFAULT]部分中配置 Linux 网桥接口驱动程序、DHCP 驱动程序，并启用隔离的元数据，以便网络上的实例通过网络访问元数据。

```
[DEFAULT]
interface_driver = linuxbridge
dhcp_driver = neutron.agent.linux.dhcp.Dnsmasq
enable_isolated_metadata = true
```

```
[DEFAULT]
#
# From neutron.base.agent
#
interface_driver = linuxbridge
dhcp_driver = neutron.agent.linux.dhcp.Dnsmasq
enable_isolated_metadata = true
```

⑦ 配置元数据代理。

```
vim /etc/neutron/metadata_agent.ini
```

在[DEFAULT]部分中配置元数据主机和共享密钥。

```
[DEFAULT]
```

```
nova_metadata_host = controller
metadata_proxy_shared_secret = metadata
```

设置 metadata 为元数据代理的密码。

```
[DEFAULT]
#
# From neutron.metadata.agent
#
nova_metadata_host = controller
metadata_proxy_shared_secret = metadata
```

⑧ 配置 Nova 服务以使用网络服务。

```
vim /etc/nova/nova.conf
```

在[neutron]部分中配置访问参数，启用元数据代理并配置密码。

```
[neutron]
url = http://controller:9696
auth_url = http://controller:5000
auth_type = password
project_domain_name = default
user_domain_name = default
region_name = RegionOne
project_name = service
username = neutron
password = neutron
service_metadata_proxy = true
metadata_proxy_shared_secret = metadata
```

设置 neutron 为在 Neutron 服务中为用户选择的密码。设置 metadata 为元数据代理的密码。

```
[neutron]
#
# Configuration options for neutron (network connectivity as a service).
url = http://controller:9696
auth_url = http://controller:5000
auth_type = password
project_domain_name = default
user_domain_name = default
region_name = RegionOne
project_name = service
username = neutron
password = neutron
service_metadata_proxy = true
metadata_proxy_shared_secret = metadata
```

创建 ml2_conf.ini 的软链接。

```
ln -s /etc/neutron/plugins/ml2/ml2_conf.ini /etc/neutron/plugin.ini
```

```
[root@controller ~]# ln -s /etc/neutron/plugins/ml2/ml2_conf.ini /etc/neutron/plugin.ini
```

填充数据库。

```
su -s /bin/sh -c "neutron-db-manage --config-file /etc/neutron/neutron.conf \
  --config-file /etc/neutron/plugins/ml2/ml2_conf.ini upgrade head" neutron
```

```
INFO  [alembic.runtime.migration] Running upgrade 7d32f979895f -> 594422d373ee
INFO  [alembic.runtime.migration] Running upgrade 594422d373ee -> 61663558142c
INFO  [alembic.runtime.migration] Running upgrade 61663558142c -> 867d39095bf4, port forwarding
INFO  [alembic.runtime.migration] Running upgrade b67e765a3524 -> a84ccf28f06a
INFO  [alembic.runtime.migration] Running upgrade a84ccf28f06a -> 7d9d8eeec6ad
INFO  [alembic.runtime.migration] Running upgrade 7d9d8eeec6ad -> a8b517cff8ab
INFO  [alembic.runtime.migration] Running upgrade a8b517cff8ab -> 3b935b28e7a0
INFO  [alembic.runtime.migration] Running upgrade 3b935b28e7a0 -> b12a3ef66e62
INFO  [alembic.runtime.migration] Running upgrade b12a3ef66e62 -> 97c25b0d2353
INFO  [alembic.runtime.migration] Running upgrade 97c25b0d2353 -> 2e0d7a8a1586
INFO  [alembic.runtime.migration] Running upgrade 2e0d7a8a1586 -> 5c85685d616d
 OK
[root@controller ~]#
```

重新启动 Compute API 服务。

```
systemctl restart openstack-nova-api.service
```

```
[root@controller ~]# systemctl restart openstack-nova-api.service
[root@controller ~]#
```

启动网络服务并将其配置为在系统引导时启动。

```
systemctl enable neutron-server.service \
  neutron-linuxbridge-agent.service neutron-dhcp-agent.service \
  neutron-metadata-agent.service
systemctl start neutron-server.service \
  neutron-linuxbridge-agent.service neutron-dhcp-agent.service \
  neutron-metadata-agent.service
```

```
[root@controller ~]# systemctl enable neutron-server.service \
>   neutron-linuxbridge-agent.service neutron-dhcp-agent.service \
>   neutron-metadata-agent.service
Created symlink from /etc/systemd/system/multi-user.target.wants/neutron-server.service to /usr/lib/systemd/system/neutron-server
.service.
Created symlink from /etc/systemd/system/multi-user.target.wants/neutron-linuxbridge-agent.service to /usr/lib/systemd/system/neu
tron-linuxbridge-agent.service.
Created symlink from /etc/systemd/system/multi-user.target.wants/neutron-dhcp-agent.service to /usr/lib/systemd/system/neutron-dh
cp-agent.service.
Created symlink from /etc/systemd/system/multi-user.target.wants/neutron-metadata-agent.service to /usr/lib/systemd/system/neutro
n-metadata-agent.service.
[root@controller ~]# systemctl start neutron-server.service \
>   neutron-linuxbridge-agent.service neutron-dhcp-agent.service \
>   neutron-metadata-agent.service
[root@controller ~]#
```

对于网络选项 2，还要启用并启动第 3 层服务。

```
systemctl enable neutron-l3-agent.service
systemctl start neutron-l3-agent.service
```

```
[root@controller ~]# systemctl enable neutron-l3-agent.service
Created symlink from /etc/systemd/system/multi-user.target.wants/neutron-l3-agent.service to /usr/lib/systemd/system/neutron-l3-a
gent.service.
[root@controller ~]# systemctl start neutron-l3-agent.service
```

3. 计算节点

① 安装组件。

```
yum install openstack-neutron-linuxbridge ebtables ipset -y
```

```
Installed:
  openstack-neutron-linuxbridge.noarch 1:13.0.2-1.el7

Dependency Installed:
  c-ares.x86_64 0:1.10.0-3.el7                        libev.x86_64 0:4.15-7.el7
  openpgm.x86_64 0:5.2.122-2.el7                      openstack-neutron-common.noarch 1:13.0.2-1.el7
  openvswitch.x86_64 1:2.10.1-3.el7                   python-beautifulsoup4.noarch 0:4.6.0-1.el7
  python-httplib2.noarch 0:0.9.2-1.el7               python-logutils.noarch 0:0.3.3-3.el7
  python-neutron.noarch 1:13.0.2-1.el7               python-openvswitch.x86_64 1:2.10.1-3.el7
  python-ryu-common.noarch 0:4.26-1.el7              python-simplegeneric.noarch 0:0.8-7.el7
  python-waitress.noarch 0:0.8.9-5.el7               python-webtest.noarch 0:2.0.23-1.el7
  python-zmq.x86_64 0:14.7.0-2.el7                   python2-designateclient.noarch 0:2.10.0-1.el7
  python2-gevent.x86_64 0:1.1.2-2.el7                python2-neutron-lib.noarch 0:1.18.0-1.el7
  python2-os-xenapi.noarch 0:0.3.3-1.el7             python2-osprofiler.noarch 0:2.3.0-1.el7
  python2-ovsdbapp.noarch 0:0.12.3-1.el7             python2-pecan.noarch 0:1.3.2-1.el7
  python2-ryu.noarch 0:4.26-1.el7                    python2-singledispatch.noarch 0:3.4.0.3-4.el7
  python2-tinyrpc.noarch 0:0.5-4.20170523git1f38ac.el7  python2-weakrefmethod.noarch 0:1.0.2-3.el7
  python2-werkzeug.noarch 0:0.14.1-3.el7             zeromq.x86_64 0:4.0.5-4.el7

Complete!
[root@compute ~]#
```

② 配置公共组件。

```
vim /etc/neutron/neutron.conf
```

在[database]部分中注释掉任何 connection 选项，因为计算节点不直接访问数据库。
在[DEFAULT]部分中配置 RabbitMQ 消息队列访问。

```
[DEFAULT]
transport_url = rabbit://openstack:openstack@controller
```

设置 RABBIT_PASS 为你在 RabbitMQ 中为账户选择的密码。
注释掉任何 connection 选项，因为计算节点不直接访问数据库。
配置身份服务访问。

```
[DEFAULT]
auth_strategy = keystone
```

```
[DEFAULT]
#
# From neutron
#
transport_url = rabbit://openstack:openstack@controller

auth_strategy = keystone
```

在[keystone_authtoken]部分中配置身份服务访问。

```
[keystone_authtoken]
www_authenticate_uri = http://controller:5000
auth_url = http://controller:5000
memcached_servers = controller:11211
auth_type = password
project_domain_name = default
user_domain_name = default
project_name = service
username = neutron
password = neutron
```

设置 neutron 为你在 Neutron 服务中为用户选择的密码。注释掉或删除[keystone_authtoken]部分中的任何其他选项。

```
[keystone_authtoken]
#
# From keystonemiddleware.auth_token
#
www_authenticate_uri = http://controller:5000
auth_url = http://controller:5000
memcached_servers = controller:11211
auth_type = password
project_domain_name = default
user_domain_name = default
project_name = service
username = neutron
password = neutron
```

在[oslo_concurrency]部分中配置锁定路径。

```
[oslo_concurrency]
lock_path = /var/lib/neutron/tmp
```

```
[oslo_concurrency]

#
# From oslo.concurrency
#
lock_path = /var/lib/neutron/tmp
```

③ 配置 Linux 网桥代理。

```
vim /etc/neutron/plugins/ml2/linuxbridge_agent.ini
```

在[linux_bridge]部分中将虚拟网络映射到物理网络接口。

```
[linux_bridge]
physical_interface_mappings = provider:ens33
```

设置 ens33 为物理网络接口名称。

```
[linux_bridge]

#
# From neutron.ml2.linuxbridge.agent
#
physical_interface_mappings = provider:ens33
```

网络接口名称使用 ifconfig 或者 ipaddr 命令查看。

```
[root@compute ~]# ifconfig
ens33: flags=4163<UP,BROADCAST,RUNNING,MULTICAST>  mtu 1500
        inet 192.250.250.31  netmask 255.255.255.0  broadcast 192.250.250.255
        inet6 fe80::98f6:2ad6:dc81:d8aa  prefixlen 64  scopeid 0x20<link>
        ether 00:0c:29:7b:f5:cf  txqueuelen 1000  (Ethernet)
        RX packets 315634  bytes 447520940 (426.7 MiB)
        RX errors 0  dropped 0  overruns 0  frame 0
        TX packets 189026  bytes 18732984 (17.8 MiB)
        TX errors 0  dropped 0  overruns 0  carrier 0  collisions 0

lo: flags=73<UP,LOOPBACK,RUNNING>  mtu 65536
        inet 127.0.0.1  netmask 255.0.0.0
        inet6 ::1  prefixlen 128  scopeid 0x10<host>
        loop  txqueuelen 1  (Local Loopback)
        RX packets 16891  bytes 887566 (866.7 KiB)
        RX errors 0  dropped 0  overruns 0  frame 0
        TX packets 16891  bytes 887566 (866.7 KiB)
        TX errors 0  dropped 0 overruns 0  carrier 0  collisions 0

[root@compute ~]#
```

在[vxlan]部分中启用 VXLAN 重叠网络。

```
[vxlan]
enable_vxlan = true
local_ip = 192.250.250.31
l2_population = true
```

此处 IP 地址为计算节点的 IP 地址。

```
[vxlan]

#
# From neutron.ml2.linuxbridge.agent
#
enable_vxlan = true
local_ip = 192.250.250.31
l2_population = true
```

在[securitygroup]部分中启用安全组并配置 Linux 网桥 iptables 防火墙驱动程序。

```
[securitygroup]
enable_security_group = true
firewall_driver = neutron.agent.linux.iptables_firewall.IptablesFirewallDriver
```

```
[securitygroup]
#
# From neutron.ml2.linuxbridge.agent
enable_security_group = true
firewall_driver = neutron.agent.linux.iptables_firewall.IptablesFirewallDriver
```

④ 配置 Nova 服务以使用 Neutron 服务。

```
vim /etc/nova/nova.conf
```

在[neutron]部分中配置访问参数。

```
[neutron]
url = http://controller:9696
auth_url = http://controller:5000
auth_type = password
project_domain_name = default
user_domain_name = default
region_name = RegionOne
project_name = service
username = neutron
password = neutron
```

设置 neutron 为你在 Neutron 服务中为用户选择的密码。

```
[neutron]
#
# Configuration options for neutron (network connectivity as a service).
url = http://controller:9696
auth_url = http://controller:5000
auth_type = password
project_domain_name = default
user_domain_name = default
region_name = RegionOne
project_name = service
username = neutron
password = neutron
```

重新启动 Compute 服务。

```
systemctl restart openstack-nova-compute.service
```

```
[root@compute ~]# systemctl restart openstack-nova-compute.service
[root@compute ~]#
```

启动 Linux 网桥代理并将其配置为在系统引导时启动。

```
systemctl enable neutron-linuxbridge-agent.service
systemctl start neutron-linuxbridge-agent.service
```

```
[root@compute ~]# systemctl enable neutron-linuxbridge-agent.service
Created symlink from /etc/systemd/system/multi-user.target.wants/neutron-linuxbridge-agent.service to /usr/lib/systemd/system/neu
tron-linuxbridge-agent.service.
[root@compute ~]# systemctl start neutron-linuxbridge-agent.service
[root@compute ~]#
```

4. 验证操作

在控制节点中进行验证操作。

列出代理以验证成功启动 neutron 代理。

```
openstack network agent list
```

输出应指示控制器节点上的 4 个代理程序和每个计算节点上的一个代理程序。

```
[root@controller ~]# openstack network agent list
+--------------------------------------+--------------------+------------+-------------------+-------+-------+---------------------------+
| ID                                   | Agent Type         | Host       | Availability Zone | Alive | State | Binary                    |
+--------------------------------------+--------------------+------------+-------------------+-------+-------+---------------------------+
| 1a3f43e4-3f66-4ed1-a98b-49708106c497 | Linux bridge agent | controller | None              | :-)   | UP    | neutron-linuxbridg        |
| e-agent |
| 58910998-9651-4fbe-b4e1-ff0d64c72e86 | Linux bridge agent | compute    | None              | :-)   | UP    | neutron-linuxbridg        |
| e-agent |
| 64adfdd0-8763-4cb9-b89f-764c5098e656 | L3 agent           | controller | nova              | :-)   | UP    | neutron-l3-agent          |
| c9d217f8-495a-4e06-948c-2ac0262bae9b | Metadata agent     | controller | None              | :-)   | UP    | neutron-metadata-a        |
| gent |
| e993cf40-c7e9-49af-82b9-30454452052f | DHCP agent         | controller | nova              | :-)   | UP    | neutron-dhcp-agent        |
+--------------------------------------+--------------------+------------+-------------------+-------+-------+---------------------------+
[root@controller ~]#
```

3.3.7　Horizon 的安装

在控制节点上安装 Horizon。

安装包。

```
yum install OpenStack-dashboard -y
```

```
    python2-django.noarch 0:1.11.13-2.el7
    python2-django-babel.noarch 0:0.6.2-1.el7
    python2-django-compressor.noarch 0:2.1-5.el7
    python2-rcssmin.x86_64 0:1.0.6-2.el7
    python2-rjsmin.x86_64 0:1.0.12-2.el7
    python2-scss.x86_64 0:1.3.4-6.el7
    roboto-fontface-common.noarch 0:0.5.0.0-1.el7
    roboto-fontface-fonts.noarch 0:0.5.0.0-1.el7
    web-assets-filesystem.noarch 0:5-1.el7
    xstatic-angular-bootstrap-common.noarch 0:2.2.0.0-1.el7
    xstatic-angular-fileupload-common.noarch 0:12.0.4.0-1.el7
    xstatic-angular-gettext-common.noarch 0:2.3.8.0-1.el7
    xstatic-angular-schema-form-common.noarch 0:0.8.13.0-0.1.pre_review.el7
    xstatic-bootstrap-scss-common.noarch 0:3.3.7.1-2.el7
    xstatic-d3-common.noarch 0:3.5.17.0-1.el7
    xstatic-jasmine-common.noarch 0:2.4.1.1-1.el7
    xstatic-jsencrypt-common.noarch 0:2.3.1.1-1.el7
    xstatic-objectpath-common.noarch 0:1.2.1.0-0.1.pre_review.el7
    xstatic-smart-table-common.noarch 0:1.4.13.2-1.el7
    xstatic-termjs-common.noarch 0:0.0.7.0-1.el7
    xstatic-tv4-common.noarch 0:1.2.7.0-0.1.pre_review.el7

Complete!
[root@controller ~]#
```

编辑。

```
vim /etc/OpenStack-dashboard/local_settings
```

以下操作非添加，而是查找原有配置并修改。

```
OpenStack_HOST = "controller"
```

启用 Identity API 版本 3。

```
OpenStack_KEYSTONE_URL = "http://%s:5000/v3" % OpenStack_HOST
```

配置 user 为通过界面创建的用户的默认角色。

```
OpenStack_KEYSTONE_DEFAULT_ROLE = "user"
```

```
OPENSTACK_HOST = "127.0.0.1"
OPENSTACK_KEYSTONE_URL = "http://%s:5000/v3" % OPENSTACK_HOST
OPENSTACK_KEYSTONE_DEFAULT_ROLE = "_member_"
```

修改如下。

```
OPENSTACK_HOST = "controller"
OPENSTACK_KEYSTONE_URL = "http://%s:5000/v3" % OPENSTACK_HOST
OPENSTACK_KEYSTONE_DEFAULT_ROLE = "user"
```

启用对域的支持。

```
OpenStack_KEYSTONE_MULTIDOMAIN_SUPPORT = True
```

```
#OPENSTACK_KEYSTONE_MULTIDOMAIN_SUPPORT = False
```

修改如下。

```
OPENSTACK_KEYSTONE_MULTIDOMAIN_SUPPORT = True
```

允许你的主机访问信息中心。

```
ALLOWED_HOSTS = ['*']
```

```
ALLOWED_HOSTS = ['horizon.example.com', 'localhost']
```

修改如下。

```
ALLOWED_HOSTS = ['*']
```

配置 memcached 会话存储服务。

```
SESSION_ENGINE = 'django.contrib.sessions.backends.cache'
CACHES = {
    'default': {
        'BACKEND': 'django.core.cache.backends.memcached.MemcachedCache',
        'LOCATION': 'controller:11211',
    }
}
```

注释掉任何其他会话存储配置。

```
#}

CACHES = {
    'default': {
        'BACKEND': 'django.core.cache.backends.locmem.LocMemCache',
    },
}

# Send email to the console by default
```

修改如下。

```
#}
SESSION_ENGINE = 'django.contrib.sessions.backends.cache'
CACHES = {
    'default': {
        'BACKEND': 'django.core.cache.backends.memcached.MemcachedCache',
        'LOCATION': 'controller:11211',
    }
}
#CACHES = {
#    'default': {
#        'BACKEND': 'django.core.cache.backends.locmem.LocMemCache',
#    },
#}
# Send email to the console by default
```

配置 API 版本。

```
OpenStack_API_VERSIONS = {
    "identity": 3,
    "image": 2,
    "volume": 2,
}
```

```
#OPENSTACK_API_VERSIONS = {
#    "data-processing": 1.1,
#    "identity": 3,
#    "image": 2,
#    "volume": 2,
#    "compute": 2,
#}
```

修改如下。

```
OPENSTACK_API_VERSIONS = {
    "identity": 3,
    "image": 2,
    "volume": 2,
}
#OPENSTACK_API_VERSIONS = {
#    "data-processing": 1.1,
#    "identity": 3,
#    "image": 2,
#    "volume": 2,
#    "compute": 2,
#}
```

配置 Default 为通过界面创建的用户的默认域。

```
OpenStack_KEYSTONE_DEFAULT_DOMAIN = "Default"
```

```
#OPENSTACK_KEYSTONE_DEFAULT_DOMAIN = 'Default'

OPENSTACK_KEYSTONE_DEFAULT_DOMAIN = 'Default'
```

编辑。

```
vim /etc/httpd/conf.d/OpenStack-dashboard.conf
```

如果未包含，请添加以下行。

```
WSGIApplicationGroup %{GLOBAL}
```

```
WSGIDaemonProcess dashboard
WSGIProcessGroup dashboard
WSGISocketPrefix run/wsgi
WSGIApplicationGroup %{GLOBAL}
WSGIScriptAlias /dashboard /usr/share/openstack-dashboard/openstack_dashboard/wsgi/django.wsgi
Alias /dashboard/static /usr/share/openstack-dashboard/static

<Directory /usr/share/openstack-dashboard/openstack_dashboard/wsgi>
  Options All
  AllowOverride All
  Require all granted
</Directory>

<Directory /usr/share/openstack-dashboard/static>
  Options All
  AllowOverride All
  Require all granted
</Directory>
```

重新启动 Web 服务器和会话存储服务。

```
systemctl restart httpd.service memcached.service
```

```
[root@controller ~]# systemctl restart httpd.service memcached.service
[root@controller ~]#
```

使用浏览器打开，网址为 http://192.250.250.30/dashboard，如图 3-7 所示。

图 3-7　openstack 登录界面

3.4　本章小结

本章介绍了 OpenStack 技术产生的起源、背景及特点；重点分析了 OpenStack 的架构组件，以及各个组件的作用；最后讲解基本配置、OpenStack 软件的安装，以及各个组件的详细部署，完成了 OpenStack 平台的安装与部署。

本章通过分析 OpenStack 产生的原因及背景介绍，对 OpenStack 的各个组件从理论和实践两个方面进行了详细的剖析；通过对身份认证服务、镜像服务、计算服务、网络服务，以及界面服务等进行实践验证，帮助读者理解 OpenStack 的基本概念，完成 OpenStack 平台的搭建，为后文的大数据平台搭建提供基础。

3.5 习题

1. 简述 OpenStack 技术的产生原因。
2. 简述 OpenStack 架构。
3. 简述 OpenStack 的身份认证服务的作用。
4. 简述 OpenStack 的镜像服务的作用。
5. 简述 OpenStack 的计算服务的作用。
6. 简述 OpenStack 的网络服务的作用。
7. 简述 OpenStack 的对象存储的作用。
8. 简述 OpenStack 的块存储的作用。
9. 配置 OpenStack 云平台。

04 第4章 Docker 容器虚拟化技术

虚拟化技术出现后，容器技术逐渐成为对云计算领域具有深远影响的变革技术。容器技术的发展和应用，为各行业应用云计算提供了新思路，同时容器技术也将对云计算的交付方式、效率、PaaS 平台的构建等产生深远的影响，具体体现在以下几个方面。

简化部署：容器技术可以将应用打包成仅通过一行命令就可以完成部署的组件。不论将服务部署在哪里，容器都可以从根本上简化服务的部署工作。

快速启动：容器技术对操作系统的资源进行再次抽象，而并非对整个物理机资源进行虚拟化。通过这种方式，打包好的服务可以快速启动。

服务组合：采用容器的方式进行部署，整个系统会变得易于组合。通过容器技术将不同服务封装在对应的容器中，之后结合一些脚本使这些容器按照要求相互协作，这样操作不仅可以降低部署难度，还可以降低操作风险。

易于迁移：容器技术最重要的价值是可将服务包装成一个轻便的、一致的格式。容器格式的标准化加快交付速度，允许用户方便地对工作负载进行迁移，避免局限于单一的平台提供商。

传统的虚拟化技术存在诸如配置烦琐、启动速度慢、硬件资源浪费等问题，而 Docker 以一种轻量化的方式管理资源，将运行环境和应用集成到一个 Docker 镜像中，并快速地运行和分发 Docker 容器，实现资源的最大化利用。本章主要介绍容器技术的产生及发展背景，Docker 的安装与配置、镜像管理、容器管理，最后以案例分析的形式部署 Docker。

知识地图

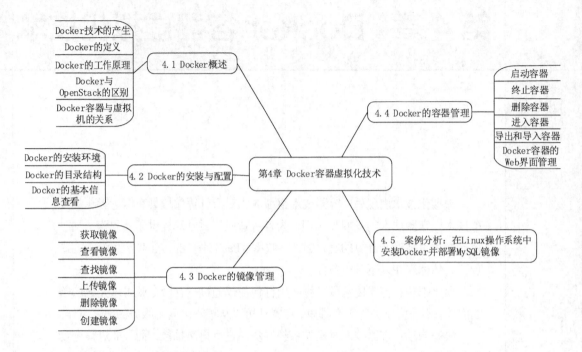

4.1 Docker 概述

4.1.1 Docker 技术的产生

随着信息技术的迅速发展，计算机已从单机互连成网络，又从网络形成了云。目前，云计算技术解决了计算、网络、存储等方面的应用问题，但仍有两个方面的应用问题需要解决。

第一个方面是应用的扩展。例如，某公司的电商应用，平时运行需要 20 台服务器，但在特殊节日时可能需要 100 台才能实现高速运行。如何解决处理此问题？虽然云计算平台可以实现 100 台服务器裸机的基本配置，但每台服务器上没有具体的应用程序，需要人工逐台进行部署，工作效率低。

第二个方面是系统的迁移。每台计算机终端的软件安装环境都会有所差异，这就会涉及系统迁移问题，如用户文件的权限问题、计算机的硬件配置性能问题、文件的安装路径问题等。不同的应用环境，需要进行不同的安装与调试。

上述问题如何有效地解决呢？是否存在更加容易扩展和迁移的轻量级的虚拟化方式呢？技术来源于需求，更来源于生活。研究人员依据现实中集装箱的设计思想，设计出了更轻量级的虚拟化技术即容器技术，并利用该技术按需搭建应用环境。Docker 容器技术便是其中的一种，目前应用得很广泛。集装箱的设计思想如图 4-1 所示。

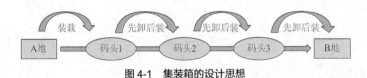

图 4-1　集装箱的设计思想

集装箱的设计思想类似于向船上装配货物，每种货物装在集装箱内，各个集装箱之间相互隔离、互不影响。集装箱内部的包装根据具体的货物类型进行了标准化分配。

要实现类集装箱封装技术，涉及两个条件：一是集装箱的命名，二是货物划分。容器技术主要是以下两种形式实现的。

一是命名空间（Namespace）的应用：不同的命名空间的应用，可以有独立的网络配置、用户命名空间、程序进程号等。

二是控制组（Controller Group，Cgroup）：Cgroup 可以对主机的 CPU、内存等资源进行虚拟隔离，实现对容器资源的限制。

以上两种方式实现了操作系统和应用程序的有效捆绑，使得应用系统环境标准化、集装箱化传递成了现实。

基于 Docker 容器技术，依据云计算的 PaaS 的结构化思想和分核心模块设计的服务理念，可实现架构中的具体应用和软件相关依赖环境像集装箱一样整体打包并移植到支持 Docker 的环境中，不用任何修改地进行部署和运行。Web 服务中的 PaaS 架构设计模型如图 4-2 所示。

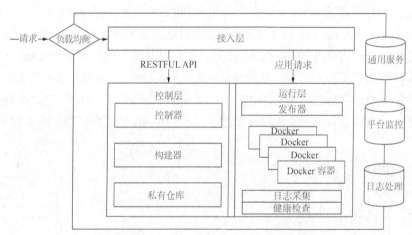

图 4-2　Web 服务中的 PaaS 架构设计模型

4.1.2　Docker 的定义

Docker 是基于云平台进行开发的高级容器引擎技术之一，是一套轻量级操作系统虚拟化解决方案。它由 Go 语言编写，基于 Linux 容器技术（LXC）、命名空间、控制组、联合文件系统等技术，能够创建一个轻量级、可移植、自给自足的应用容器。

LXC 是一套共享 Linux 内核的操作系统级别的虚拟化解决方案，它通过虚拟容器（Container）与宿主机（Host）共享内核来加快启动速度和减少内存消耗；虚拟化的磁盘 I/O 和 CPU 性能接近裸机的性能，且优于 Xen 虚拟化。

Docker 主要包含容器、镜像、仓库 3 个部分，如图 4-3 所示。容器是镜像实例化的空间环境，镜像是一个只读模板，可以直接从仓库里下载使用。

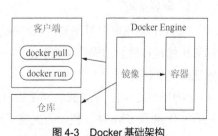

图 4-3　Docker 基础架构

容器：可以把容器想象成一个精简版的 Linux 操作系统环境和其下（包括 root 用户权限和用户空间、进程空间以及网络资源等）运行的应用程序空间。

镜像：镜像是一个只读的模板，包含一个完整的 Linux 操作系统环境和用户所需的应用程序。它可以用来新建 Docker 容器。

仓库：仓库是集中存放镜像文件的地方，分为公开仓库和私有仓库两类。最大的公开仓库是 DockerHub，其作为默认 Docker 仓库，存放了数量庞大的镜像来供用户下载使用。用户根据实际需要可以在本地网络创建自己的私有仓库。

Docker 提供简单的机制，用户可以方便地创建镜像或者更新已有的镜像。创建镜像后可以使用上传命令将镜像文件上传到仓库，其他用户使用此镜像时只需从仓库下载即可。容器是根据镜像创建的运行实例，可以根据需要进行启动、运行、停止、删除等操作。

4.1.3 Docker 的工作原理

Docker 采用客户端-服务器（Client-Server）的工作模式，如图 4-4 所示。Docker 守护进程负责处理建立、运行、发布等任务；Docker 客户端和守护进程可以运行在同一个系统中，也可以运行在不同系统中。Docker 客户端与 Docker 守护进程通信可以通过 Socket 或 RESTful API。

容器即利用 Docker 构建出来的虚拟环境，用户可以根据自己的需求构建 Linux 应用环境。其容器环境含 Linux 的命名空间、控制组、联合文件系统以及容器格式。如果要实现虚拟化，就需要对内存、CPU、网络、I/O、存储空间等进行限制，同时还要对文件系统、PID、UID 等进行相互隔离。Docker 将这些命名空间结合起来完成隔离并创建容器。Docker 的工作原理如图 4-5 所示。

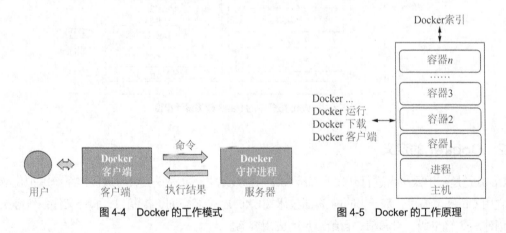

图 4-4　Docker 的工作模式　　　　　图 4-5　Docker 的工作原理

1. 命名空间

Docker 使用命名空间来实现容器之间的相互隔离。每个容器都有自己的命名空间，运行于其中的应用像是在独立的操作系统中运行一样。命名空间为容器提供对应的底层 Linux 视图，即限制容器的权限与访问范围。

Net 命名空间：用来管理网络接口 NET（Networking），主要提供对网络资源的隔离，包括网络设备、IPv4 和 IPv6 协议栈、防火墙、端口等。

Pid 命名空间：用来进行进程隔离，使两个不同命名空间下的进程可以有同一个 PID。

Ipc 命名空间：用来管理进程间通信 IPC 资源，负责对运行在每套容器内的资源进行隔离。

Mnt 命名空间：用来管理挂载点 MNT（Mount），使不同 Mnt 命名空间内的进程拥有不同的文件系统结构。

Uts 命名空间：用来隔离内核和版本标识，允许容器拥有不同于其他容器以及主机系统的主机名称与网络信息服务（Network Information Service，NIS）域名。

User 命名空间：用来对每套容器内的用户进行隔离，允许各容器拥有不同的 uid（User ID）与 gid（Group ID）视图区间，从而使得该进程能够在不影响容器内 root 用户的权限的情况下，撤销同一用户在容器外的权限。

Docker 技术的隔离通过命名空间功能，在外部实现了各个容器的独立。但是从内部来说，各个容器之间还存在竞争，因此，对云平台而言，要想有效地平衡各个容器的需求，需要采用合理的技术控制与管理容器对系统资源的占用。

2. 控制组

Docker 技术对容器资源的管理与控制主要采用 Linux 提供的 cgroup（控制组）技术来实现，控制组技术能够有效地对虚拟的容器进行管理与分层控制。

① 资源限制的功能。通过 cgroup 技术可以限制虚拟技术的每个进程组的资源分配数量，对系统内存资源进行有效分配。

② 优先级设定。依据资源的利用情况，可以为特定的进程指定优先级别，提高系统的运行效率。

③ 记录资源使用。记录某一容器应用的资源使用量是实现云平台管理的有效手段，也是有效防止不同的容器之间发生冲突的重要保证。

④ 进程组控制技术。如果在应用的过程中出现某一容器死锁的现象，cgroup 技术会自动中断某一技术，并自动对其进行恢复。

3. 联合文件系统

联合文件系统是一种分层、轻量级、高性能的文件系统。它支持将文件系统的修改作为一次提交来层层叠加，同时可以将不同目录挂载到同一个虚拟文件系统下。

联合文件系统是 Docker 镜像的基础。镜像可以通过分层来继承，基于基础镜像，通过分层叠加制作各种具体的应用镜像。使用联合文件系统，不同 Docker 容器可以共享一些基础的文件系统层，再加上独有的改动层，可大大提高存储的效率。Docker 的联合文件系统如图 4-6 所示。

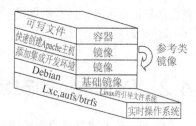

图 4-6　Docker 的联合文件系统

4.1.4　Docker 与 OpenStack 的区别

与传统的虚拟机技术进行比较，容器技术具有独立的运行环境，能在单一节点上实现多个容器的正常运行且互相隔离，进而提高了系统启动和系统处理数据的速率。Docker 与 OpenStack 的主要区别如表 4-1 所示。

表 4-1   **Docker 与 OpenStack 的主要区别**

Docker	OpenStack
采用基于容器的轻量级 PaaS 技术	采用传统 PaaS 技术
轻量、隔离、自动化、可编排	抽象、隐藏复杂细节、暴露简单接口
程序员可以灵活选择开发语言和架构	程序员按指定的语言编写代码，需要考虑平台的兼容性
了解执行原理，对机制有完全控制和改造能力	对高可用、扩展、性能、日志等底层环节没有可控性
镜像容量很小，启动速度快	虚拟机镜像容量大，启动缓慢

Docker 与 OpenStack 有很大的区别，但也具有一定的关联性，主要体现在以下两个方面。

① 利用 Docker 进行 OpenStack 部署。将 OpenStack 的各种服务分别以容器的形式进行部署，然后将所有的容器进行互连来提供 OpenStack 服务。传统的 PaaS 技术自动化部署需要在每台服务器上运行脚本，而现在只需在每台服务器上运行 Docker 容器即可，实现了 OpenStack 平台的秒级部署。

② 在 OpenStack 中融合 Docker，提供 PaaS 服务。云基础设施能够在容器或者虚拟机管理程序中提供一套完整的数据中心管理解决方案。以 OpenStack 为代表的云基础设施方案包含多租户安全性与隔离、管理与监控、存储与网络等功能。任何云数据中心管理体系都不能脱离这些服务而独立存在，但对 Docker 或者 KVM 基础环境不会做出过多要求。OpenStack 与 Docker 的融合是云计算发展的必然趋势。

4.1.5 Docker 容器与虚拟机的关系

Docker 容器与虚拟机都能隔离资源和环境。虚拟机是利用虚拟机监视器 Hypervisor 来虚拟化硬件资源的，如内存、CPU 等，其实质是在一台物理服务器上虚拟出多台服务器。这些虚拟的服务器能够实现和真实的物理服务器同样的功能，可以进行各种应用的部署，付出的代价是每台虚拟机需要占用更多的硬件资源。而 Docker 建立在宿主操作系统内核基础之上，它利用控制组和命名空间技术进行资源隔离，不需要 Guest OS。运行在 Docker 容器里的应用直接使用物理机的硬件资源，因此在硬件的利用上比虚拟机有优势。但相对于虚拟机而言，Docker 容器技术在安全性、资源隔离程度等方面还有所不足。虚拟机与 Docker 容器的结构的对比，如图 4-7 所示。

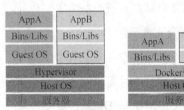

图 4-7   虚拟机与 Docker 容器的结构的对比

4.2   Docker 的安装与配置

Docker 从 1.13 版本之后采用发布时间作为版本号，分为社区版和企业版。本书下载的是免费社区版，在 Linux CentOS 7 上安装。

4.2.1 Docker 的安装环境

1. 基本设置

设置服务器的主机名为 docker-server，编辑/etc/hostname 文件，修改内容如下：

```
#vi   /etc/hostname        //将其中的主机名修改为 docker-server
docker-server
```

关闭防火墙和修改内置安全性。

```
[root@docker-server ~]# systemctl disable firewalld       //禁用防火墙服务
[root@docker-server ~]# systemctl stop firewalld          //停止防火墙服务
```

```
Removed symlink /etc/systemd/system/multi-user.target.wants/firewalld.service.
Removed symlink /etc/systemd/system/dbus-org.fedoraproject.FirewallD1.service.
```

```
[root@docker-server ~]# vi    /etc/selinux/config          //修改内置安全性
```

```
# This file controls the state of SELinux on the system.
# SELINUX= can take one of these three values:
#     enforcing - SELinux security policy is enforced.
#     permissive - SELinux prints warnings instead of enforcing.
#     disabled - No SELinux policy is loaded.
SELINUX=disabled
# SELINUXTYPE= can take one of three two values:
#     targeted - Targeted processes are protected,
#     minimum - Modification of targeted policy. Only selected processes are protected.
#     mls - Multi Level Security protection.
SELINUXTYPE=targeted
```

修改系统内核。打开内核转发功能，使用 echo 命令。

```
[root@docker-server ~]# echo 1 > /proc/sys/net/ipv4/ip_forward
[root@docker-server ~]# sysctl  -p
```

2. 环境测试

① Docker 的安装环境要求 CentOS 的内核版本为 3.10 及以上。首先通过命令查看当前的 CentOS 版本是否支持 Docker 的安装。

```
[root@docker-server ~]# uname  -r
3.10.0-327.el7.x86_64
```

② 使用 root 用户登录系统，更新当前的软件版本。这需要一段时间。

```
# yum  update
```

```
    systemtap-runtime.x86_640:3.3-3.el7
    tar.x86_64 2:1.26-35.el7
    tcpdump.x86_6414:4.9.2-3.el7
    teamd.x86_640:1.27-5.el7
tuned.noarch0:2.10.0-6.el7_6.3
    ......
    eplaced:
    grub2.x86_641:2.02-0.64.0.1.el7   grub2-tools.x86_64 1:2.02-0.64.0.1.el7
    Complete!
```

③ 卸载已安装的旧版本（如果之前安装的是旧版本）。

```
[root@docker-server ~]# rpm -qa|grep docker*    //查看之前安装的版本
[root@docker-server ~]# yum remove  docker*     //移除之前的旧版本
```

```
Loaded plugins: langpacks, ulninfo
No Match for argument: docker
No Packages marked for removal
```

④ 设置 YUM 软件安装源，选择 Docker 的官方网址，进行安装设置。

```
[root@docker-server ~]# yum-config-manager --add-repo
```

```
https://download.docker.com/linux/centos/docker-ce.repo
Loaded plugins: langpacks
adding repo from: https://download.docker.com/linux/centos/docker-ce.repo grabbing
file https://download.docker.com/linux/centos/docker-ce.repo to
/etc/yum.repos.d/docker-ce.repo  repo saved to /etc/yum.repos.d/docker-ce.repo
```

⑤ 安装需要的软件包， yum-util 提供 yum-config-manager 功能，另外两个是 devicemapper 驱动依赖的软件包。

```
[root@docker-server~]#yum install -y yum-utils device-mapper-persistent-data lvm2
```

```
Loaded plugins: langpacks, ulninfo
docker-ce-stable                         3.5 KB  00:00:00
ol7_UEKR4                                1.2 KB  00:00:00
ol7_developer_EPEL                       1.2 KB  00:00:00
ol7_latest                         1.4 KB  00:00:00
(1/2):docker-ce-stable/x86_64/primary_db   25 KB  00:00:00
(2/2):docker-ce-stable/x86_64/updateinfo       55      B           00:00:00Package
yum-utils-1.1.34-50.0.1.el7.noarch already installed and latest version
 Package device-mapper-persistent-data-0.7.3-3.el7.x86_64 already installed and latest
version
 Package 7:lvm2-2.02.180-10.0.1.el7_6.3.x86_64 already installed and latest version
Nothing to do.
```

⑥ 安装 docker-ce 软件包。

```
[root@docker-server ~]# yum install docker-ce -y
```

```
Installed:
docker-ce.x86_64 0:17.03.2.ce-1.el7.centos
Dependency Installed:
 audit-libs-python.x86_64 0:2.8.4-4.el7              checkpolicy.x86_64 0:2.5-8.el7
 docker-ce-selinux.noarch 0:17.03.2.ce-1.el7.centos          libcgroup.x86_64 0:0.44-20.el7
 libsemanage-python.x86_64 0:2.5-14.el7                       libtool-ltdl.x86_64
 0:2.4.2-22.el7_3
 policycoreutils-python.x86_64 0:2.5-29.0.1.el7        python-IPy.noarch 0:0.75-6.el7
```

```
    setools-libs.x86_64 0:3.3.8-4.el7
  Dependency Updated:
    audit.x86_64 0:2.8.4-4.el7  audit-libs.x86_64 0:2.8.4-4.el7   libselinux.x86_64
0:2.5-14.1.el7
    libselinux-python.x86_64    0:2.5-14.1.el7   libselinux-utils.x86_64   0:2.5-14.1.el7
    libsemanage.x86_64        0:2.5-14.e            libsepol.x86_64         0:2.5-10.el7
    policycoreutils.x86_64 0:2.5-29.0.1.el7
  Complete!
```

⑦ 启动并加入开机启动。

```
[root@docker-server ~]# systemctl   start   docker
```

```
Created symlink from /etc/systemd/system/multi-user.target.wants/docker.service to
/usr/lib/systemd/system/docker.service.
```

```
[root@docker-server ~]# systemctl   enable   docker
```

⑧ 验证安装是否成功（有 Client 和 Server 两部分则表示 Docker 安装启动都成功了）。

```
[root@docker-server ~]# docker    version
Client:
Version:     17.03.2-ce
API version: 1.27
Go version:  go1.7.5
Git commit:  f5ec1e2
Built:       Tue Jun 27 02:21:36 2017
OS/Arch:     linux/amd64
Server:
Version:     17.03.2-ce
API version: 1.27 (minimum version 1.12)
Go version:  go1.7.5
Git commit:  f5ec1e2
Built:       Tue Jun 27 02:21:36 2017
OS/Arch:     linux/amd64
Experimental: false
```

4.2.2　Docker 的目录结构

Docker 安装成功后，默认是没有存储目录的，在启动的时候才会创建存储目录。查看系统默认的安装目录。

```
# cd  /var/lib/docker
# ll
```

```
drwx------. 15 root root 4096 Dec 24 19:58 containers
drwx------. 5 root root 50 Dec 23 14:47 devicemapper
drwx------. 3 root root 25 Dec 23 13:02 image
drwxr-x---. 3 root root 18 Dec 23 13:02 network
drwx------. 6 root root 4096 Dec 24 19:58 tmp
drwx------. 2 root root 6 Dec 23 13:02 trust
drwx------. 3 root root 77 Dec 23 14:58 volumes
```

  containers：目录里存放的是与容器相关的数据，每运行一个容器，就在这个目录下生成此容器对应的子目录与数据。

  image：目录里存放的是与镜像相关的数据，每下载一个镜像，就会在此目录下生成此镜像对应的子目录与数据；每运行一个镜像，即通过镜像创建一个容器，这两个目录下也会生成相关子目录与数据。

  tmp：存放临时文件的目录。

  volumes：与 Docker 的数据卷相关的文件。

4.2.3　Docker 的基本信息查看

  Docker 的基本信息查看。

```
[root@docker-server ~]# docker  info
Containers: 0
 Running: 0
 Paused: 0
 Stopped: 0
Images: 0
Server Version: 17.03.2-ce
Storage Driver: overlay2
Backing Filesystem: xfs
Supports d_type: true
Native Overlay Diff: false
Logging Driver: json-file
Cgroup Driver: cgroupfs
Plugins:
 Volume: local
 Network: bridge host macvlan null overlay
Swarm: inactive
Runtimes: runc
Default Runtime: runc
Init Binary: docker-init
containerd version: 4ab9917febca54791c5f071a9d1f404867857fcc
runc version: 54296cf40ad8143b62dbcaa1d90e520a2136ddfe
init version: 949e6fa
Security Options:
seccomp
Profile: default
Kernel Version: 4.1.12-94.3.9.el7uek.x86_64
Operating System: Oracle Linux Server 7.4
OSType: linux
Architecture: x86_64
CPUs: 6
Total Memory: 62.92 GiB
Name: docker-server
ID: 2NFC:7OX3:JITK:F43M:ZTUC:6M47:SBYM:IT6L:E52N:5PNE:OR2G:F25W
Docker Root Dir: /var/lib/docker
Debug Mode (client): false
Debug Mode (server): false
Registry: https://index.docker.io/v1/
Experimental: false
```

```
Insecure Registries:
127.0.0.0/8
Live Restore Enabled: false
```

4.3 Docker 的镜像管理

4.3.1 获取镜像

获取镜像主要有两种方式：一是从公有库中获取，二是从私有库中获取。

① 从 Docker Hub 中获取高质量的镜像的命令是 docker pull。其命令格式如下。

```
docker  pull  [选项]  [Docker Registry 地址[:端口号]/]仓库名[:标签]
```

Docker 的镜像仓库地址的格式一般是<域名/IP>[:端口号]。默认地址是 Docker Hub。仓库名是两段式名称，即<用户名>/<软件名>。对于 Docker Hub，如果不给出用户名，则默认为 library，也就是官方镜像。

```
[root@docker-server ~]# docker  pull  ubuntu:16.04
```

```
Error response from daemon: Get https://registry-1.docker.io/v2/: net/http: request canceled
while waiting for connection (Client.Timeout exceeded while awaiting headers)
```

上述命令没有给出 Docker 镜像的具体仓库地址，因此将会从 Docker Hub 获取镜像。镜像名是 ubuntu:16.04，因此将会获取官方镜像 library/ubuntu 仓库中标签为 16.04 的镜像。出现上图的信息提示是因为 Docker 网站连接服务器有问题，没有从 Docker Hub 中获取到镜像的下载资源，可以重新获取。

```
[root@docker-server ~]#docker  pull  ubuntu:16.04
```

```
16.04: Pulling from library/ubuntu
34667c7e4631: Pull complete
d18d76a881a4: Pull complete
119c7358fbfc: Pull complete
2aaf13f3eff0: Pull complete
Digest:sha256:58d0da8bc2f434983c6ca4713b08be00ff5586eb5cdff47bcde4b2e88fd40f88
Status: Downloaded newer image for ubuntu:16.04
```

```
[root@docker-server docker]#docker  images
REPOSITORY      TAG           IMAGE ID        CREATED        SIZE
ubuntu          16.04         9361ce633ff1    4 weeks ago    118MB
```

如果网络在某一下载时刻没有连接上，也可事先下载镜像文件。例如，已经事先下载 ununtu.tar，并将其放入/root 文件夹，则可从此文件夹导入私有库。

```
[root@docker-server ~]# docker load  --input  /root/ubuntu.tar
0de2edf7bff4: Loading layer [==================>]  121.3 MB/121.3 MB
b2fd8b4c3da7: Loading layer [==================>]  15.87 kB/15.87 KB
f67191ae09b8: Loading layer [==================>]  11.78 kB/11.78 KB
68dda0c9a8cd: Loading layer [==================>]  3.072 kB/3.072 KB
Loaded image: ubuntu:16.04
```

② 查看上传到私有库的镜像。

```
[root@docker-server ~]# docker  images
REPOSITORY    TAG        IMAGE ID        CREATED         SIZE
ubuntu        16.04      7e87e2b3bf7a    5 weeks ago     117 MB
14.04.3: Pulling from library/ubuntu
bf5d46315322: Pull complete
9f13e0ac480c: Pull complete
e8988b5b3097: Pull complete
40af181810e7: Pull complete
e6f7c7e5c03e: Pull complete
Digest:sha256:147913621d9cdea08853f6ba9116c2e27a3ceffecf3b492983ae97c3d643fbbe
Status: Downloaded newer image for ubuntu:14.04.3
```

镜像是由多层存储构成的，所以在下载的过程中也是逐层进行下载的，不是单一的文件。在下载过程中，会给出每一层的 ID 号的前 12 位。为确保下载的一致性，下载完成后，会给出镜像文件完整的 SHA256 的摘要信息。

注意　本地镜像都保存在 Docker 宿主机的/var/lib/docker 目录下。

```
# cd  /var/lib/docker/
# ll  //查看哪个是所下载的公有镜像
```

③ 从私有库拉取 Ubuntu 镜像。

```
# docker  pull  192.168.10.80:5000/ubuntu/16.04.tar:latest
Trying to pull repository 192.168.10.80:5000  /ubuntu/16.04.tar ...
latest: Pulling from 192.168.10.80:5000  /ubuntu/16.04.tar
```

④ 下载 Docker 镜像后，可以以此镜像为基础启动一个容器，启动 Bash 并以交互的方式运行，命令如下。

```
docker  run  选项  镜像名称 bash
```

docker run 是运行容器的命令，各选项的意义如下。

-it：-i 代表交互式操作，-t 代表终端。进入 Bash 执行一些命令并查看返回结果，需要交互式终端。

--rm：这个选项表示容器退出后将其删除。

ubuntu:16.04：指以 ubuntu:16.04 镜像为基础来启动容器。

bash：放在镜像名后的是命令，可以通过 Shell 执行任何所需要的命令，最后通过 exit 退出这个容器。

从镜像启动一个容器，如启动 Ubuntu 镜像。

```
[root@docker-server ~]# docker  run  -d  ubuntu:16.04
aff542b9eac08c352e3f83311835e72ab7d2b4fe49e0c11b5f4504b6e6011216
```

4.3.2　查看镜像

查看镜像的命令格式如下。

```
docker iamges  [选项]  [REPOSITORY]
```

REPOSITORY：表示镜像是从哪个仓库下载的。

命令返回结果的各选项的含义说明如下。

TAG：指镜像标记。

IMAGE_ID：指镜像 ID 号（唯一）。

CREATED：指创建时间。

SIZE：指大小。

① 查看镜像。

列出所有的镜像。

```
[root@docker-server ~]# docker   images
REPOSITORY    TAG        IMAGE ID        CREATED          SIZE
ubuntu        16.04      7e87e2b3bf7a    5 weeks ago      117 MB
```

② 列出所有镜像（包含中间层）。

```
[root@docker-server ~]# docker  images  -a
REPOSITORY    TAG      IMAGE ID       CREATED           SIZE
ubuntu       16.04    7e87e2b3bf7a   5 weeks ago       117 MB
```

③ 显示所有镜像的 IMAGE_ID。

```
[root@docker-server ~]# docker  images  -q
7e87e2b3bf7a
```

④ 查看所有镜像的摘要信息。

```
[root@docker-server ~]# docker   images  -digests
REPOSITORY    TAG      IMAGE ID       CREATED           SIZE
```

4.3.3　查找镜像

查找镜像的命令格式如下。

```
docker  search  镜像名  --no-trunc
```

例如，查找 Ubuntu 镜像。

```
[root@docker-server ~]# docker  search  ubuntu
NAME   DESCRIPTION STARS   OFFICIAL   AUTOMATED
ubuntu  Ubuntu is a Debian-based Linux operating s... 9341     [OK]
dorowu/ubuntu-desktop-lxde-vnc Docker image to provide HTML5 VNC interfac... 283    [OK]
rastasheep/ubuntu-sshd  Dockerized SSH service, built on top of of..209       [OK]
```

其中，STARS 表示收藏数，OFFICIAL 表示官方镜像，AUTOMATED 表示 automated 类型的镜像。

从 Docker Hub 查找所有镜像名包含 java 并且收藏数大于 10 的镜像。

```
[root@docker-server ~]# docker  search    -s    10    java
NAME                    DESCRIPTION                 STARS    OFFICIAL   AUTOMATED
java                    Java is a concurrent, class-based...   1037     [OK]
anapsix/alpine-java     Oracle Java 8 (and 7) with GLIBC ...   115      [OK]
develar/java                                                   46       [OK]
isuper/java-oracle      This repository contains all java...   38       [OK]
lwieske/java-8          Oracle Java 8 Container - Full + ...   27       [OK]
nimmis/java-centos      This is docker images of CentOS 7...   13       [OK]
```

4.3.4　上传镜像

用户可以通过 docker push 命令把自己创建的镜像上传到仓库中来共享。用户在 Docker Hub 上完成注册后，可以推送镜像到仓库中。

```
[root@docker-server docker]# docker  push  ubuntu:16.04
The push refers to a repository [docker.io/library/ubuntu]
Get https://registry-1.docker.io/v2/: dial tcp: lookup registry-1.docker.io on
218.203.59.116:53: read udp 192.250.250.10:33694->218.203.59.116:53: i/o timeout
```

4.3.5　删除镜像

删除本地镜像可以使用 docker image rm 命令，格式如下。

```
docker  image  rm [选项] <镜像 1> [<镜像 2> ...]
```

其中，<镜像>可以是镜像短 ID 号、镜像长 ID 号、镜像名或者镜像摘要。
-f 表示强制删除，一般用于删除被占用的镜像。
例如，删除镜像 ID 号为 7e87e2b3bf7a 的镜像。

```
[root@docker-server ~]# docker  image  rm  -f  7e87e2b3bf7a
Untagged: ubuntu:16.04
Deleted:sha256:7e87e2b3bf7a84571ecc2a8cea8a81fabb63b2dde8e7fc559bcbee28d8e9be83
```

删除所有仓库名为 centos 的镜像。

```
[root@docker-server ~]#docker image rm $(docker image ls -q centos)
```

删除镜像时如果不指定版本号，默认是最新版，在后面写多个镜像名就可以删除多个镜像，镜像名或 IMAGE_ID 之间需要有一个空格。

删除行为分为两类：一类是 Untagged，另一类是 Deleted。

镜像具有多层存储结构，因此在删除的时候也是从上层向基础层依次进行删除。镜像的多层结构让镜像复用变得非常容易，因此很有可能某个其他镜像正依赖于当前镜像的某一层，此种情况下不会触发删除该层的行为。直到没有任何层依赖当前层时，才会真正地删除当前层。除了镜像依赖以外，还需要注意的是容器对镜像的依赖。如果用这个镜像启动的容器存在（即使容器没有运行），那么同样不可以删除这个镜像。

删除镜像。

```
Docker   rmi    镜像名(IMAGE_ID):版本号 镜像名(IMAGE_ID) ...
```

强制删除镜像。

```
docker   rmi   -f  镜像名(IMAE_ID)
```

强制删除本机所有镜像。

```
docker   rmi   -f ${docker images -qa}
```

4.3.6　创建镜像

创建 Docker 镜像有以下两种方式。

1. docker commit 命令的方式

检查已有镜像和容器。

```
[root@docker-server ~]# docker   images
REPOSITORY      TAG         IMAGE ID          CREATED          SIZE
ubuntu        16.04       7e87e2b3bf7a        5 weeks ago      117 MB
[root@docker-server ~]# docker run -d ubuntu:16.04
aff542b9eac08c352e3f83311835e72ab7d2b4fe49e0c11b5f4504b6e6011216
[root@docker-server ~]# docker run -t  -i  ubuntu:16.04 /bin/bash
root@ccdf16b10243:/# vim
bash:vim:command not  found
//运行后发现，官方提供的 CentOS 镜像中并没有提供 Vim 工具，这里我们选择对 CentOS 镜像增添 Vim 工具，最
后生成我们自定义的镜像
root@ccdf16b10243:/#yum   install   vim    //在容器中安装 Vim 工具
root@ccdf16b10243:/#exit
[root@docker-server ~]#docker   commit   ccdf6890  /root/centos-vim   //生成新的镜像
```

2. Dockerfile 创建镜像

使用 Dockerfile 可以更清晰地看到创建镜像的细节。

① 创建对应的目录。

```
[root@docker-server ~]#mkdir  /root/ centos-vim
```

② 编写 Dockerfile 文件。

```
1.FROM  centos:7
2.RUN  yum install -y vim
3.docker build
[root@docker-server ~]#docker  build  -t  /root/centos-vim2
```

4.4 Docker 的容器管理

4.4.1 启动容器

启动容器主要有以下 3 种方式。

- 基于镜像新建一个容器并启动。
- 在容器终止状态下重新启动容器。
- 使用 daemon 方式，守护态运行。

① 新建并启动容器所需要的命令为 docker run。

启动容器的相关选项如下。

--name：容器新名字，为容器指定一个名字。

-d：后台运行容器，并返回容器 ID 号，启动守护式容器，启动之后不会占用当前命令行窗口。

-t：为容器重新分配一个伪输入终端。

-i：以交互模式运行容器，通常与-t 命令一起使用，启动后可以在当前窗口内与容器中操作容器中的系统。

-p：随机端口映射。

-p：指定端口映射，有以下几种格式。

```
ip:hostPoint:containerPort
ip::containerPort
hostPort:containerPort
```

在后台启动镜像，并指定运行端口。

```
 [root@docker-server ~]# docker  run  -t  -i  ubuntu:16.04 /bin/bash
root@ccdf16b10243:/#              //已进入容器的状态
```

-t：Docker 分配一个伪终端并绑定到容器标准输入上。

-i：容器的标准输入保持打开。

当利用 docker run 命令来创建容器时，Docker 在后台运行的标准操作如下。

- 检查本地是否存在指定的镜像，若不存在，就从公有库下载。
- 利用镜像创建并启动一个容器。
- 分配一个文件系统，并在只读镜像层的外面挂载一个可读写层。
- 从宿主主机配置的网桥接口中桥接一个虚拟接口到容器中。
- 从地址池配置一个 IP 地址给容器。
- 执行用户指定的应用程序。
- 执行完毕后容器被终止。
- 启动已终止容器。

② 利用 docker start 命令，直接将一个已经终止的容器启动运行。

```
[root@docker-server ~]# docker   ps   -a
[root@docker-server ~]# docker   start   cd507e407c1c
cd507e407c1c
```

更多的时候，需要让 Docker 在后台运行而不是直接把执行命令的结果输出到当前宿主机上。此时，可以通过添加-d 选项来实现。

```
[root@docker-server ~]# docker run ubuntu:16.04  /bin/sh -c "while true; do echo hello
world; sleep 1; done"
hello world
hello world
hello world
hello world
```

如果使用-d 选项运行容器，容器会在后台运行且不会把输出的结果输出到宿主机上（输出结果可以用 docker logs 命令查看）。

```
[root@docker-server ~]# docker run -d ubuntu:16.04  /bin/sh -c "while true; do echo hello
world; sleep 1; done"
77b2dc01fe0f3f1265df143181e7b9af5e05279a884f4776ee75350ea9d8017a
```

容器是否会长久运行，和 docker run 指定的命令有关，和-d 选项无关。使用-d 选项启动容器后会返回唯一的 ID 号。

```
[root@docker-server ~]# docker  logs
hello world
hello world
hello world
```

③ daemon 方式，守护态运行，即让软件长时间运行。

例如，启动系统后台容器，每隔 5s 输出容器的信息。

```
[root@docker-server ~]#docker run -d ubuntu:16.04  /bin/sh -c "while true;do echo hello
docker;sleep 5;done"
```

启动之后，使用 docker ps -n 5 查看容器的信息。

要查看启动的 Ubuntu 容器中的输出，可以使用如下方式。

```
[root@docker-server ~]#docker logs $CONTAINER_ID
//在容器外面查看它的输出
[root@docker-server ~]#docker  attach  $CONTAINER_ID //连接上容器实时查看
```

4.4.2　终止容器

使用 docker stop $CONTAINER_ID 命令可以终止一个运行中的容器。我们可以使用 docker ps -a 来查看终止状态的容器，使用 docker restart 命令来重启一个容器。

示例如下。

```
[root@docker-server ~]#docker   ps  -a
[root@docker-server ~]#docker   stop  $CONTAINER_ID
```

强制关闭容器可以使用 docker kill $CONTAINER_ID。当 Docker 容器中指定的应用终结时，容器也会自动终止。例如，启动了一个终端的容器，用户通过 exit 命令或 Ctrl+D 组合键来退出终端时，所创建的容器会立刻终止。

4.4.3　删除容器

可以使用 docker rm 来删除一个处于终止状态的容器。

```
[root@docker-server ~]# docker  rm  ubuntu:16.04
```

如果要删除一个运行中的容器，可以添加-f 选项。Docker 会发送 SIGKILL 信号给容器。强制删除容器的命令格式如下。

```
docker  rm  -f 容器ID  //一次性删除多个容器
docker  rm -f ${docker ps  -a -q}
```

4.4.4　进入容器

当使用-d 选项时，容器启动后会进入后台。某些时候需要进入容器进行操作，常用的方法是使用 docker attach 命令。

```
[root@docker-server ~]# docker  run  -idt ubuntu:16.04
fdf7751e57b0656887ae4d2c673568f079be3b5b4db1f8a2893ce5532bb4df77
[root@docker-serve devicemapper]#docker  attach
fdf7751e57b0656887ae4d2c673568f079be3b5b4db1f8a2893ce5532bb4df77
[root@docker-server ~]#docker  ps
CONTAINER ID IMAGE COMMAND CREATED STATUS PORTS NAMES
243c32535da7 ubuntu:latest "/bin/bash" 18 seconds ago Up 17 seconds nostalgic_hypatia
[root@docker-server ~]#docker  attach  ubuntu
root@243c32535da7:/#
```

使用 docker attach 命令进入容器需要 Ubuntu。但是使用 docker attach 命令有时候并不方便。当多个窗口同时进入同一个容器时，所有窗口都会同步显示。当某个窗口因命令阻塞时，其他窗口也无法执行操作了。

以下是在容器下的操作。

```
root@ccdf16b10243:/# ls
bin  boot  dev  etc  home  lib  lib64  media  mnt  opt  proc  root  run  sbin  srv  sys
tmp  usr  var
root@ccdf16b10243:/#
```

检查容器主机名。

```
root@ccdf16b10243:/# hostname
ccdf16b10243
```

检查容器/etc/hosts 文件。

```
root@ccdf16b10243:/# cat   /etc/hosts
192.168.10.100  docker-server
::1 localhost ip6-localhost ip6-loopback
fe00::0 ip6-localnet
ff00::0 ip6-mcastprefix
ff02::1 ip6-allnodes
ff02::2 ip6-allrouters
172.17.0.2 1cec78443028
```

检查容器接口。

```
root@ccdf16b10243:/# ip  a
1: lo: <LOOPBACK,UP,LOWER_UP> mtu 65536 qdisc noqueue state UNKNOWN group default
link/loopback 00:00:00:00:00:00 brd 00:00:00:00:00:00
inet 127.0.0.1/8 scope host lo
valid_lft forever preferred_lft forever
inet6 ::1/128 scope host
valid_lft forever preferred_lft forever
9: eth0: <BROADCAST,MULTICAST,UP,LOWER_UP> mtu 1500 qdisc noqueue state UP group default
link/ether 02:42:ac:11:00:02 brd ff:ff:ff:ff:ff:ff
inet 172.17.0.2/16 scope global eth0
valid_lft forever preferred_lft forever
inet6 fe80::42:acff:fe11:2/64 scope link
valid_lft forever preferred_lft forever
```

检查容器的进程。

```
root@ccdf16b10243:/# ps -aux
USER PID %CPU %MEM VSZ RSS TTY STAT START TIME COMMAND
root 1 0.0 0.0 18164 2016 ? Ss 05:25 0:00 /bin/bash
root 18 0.0 0.0 15564 1148 ? R+ 05:35 0:00 ps -aux
```

使用 docker stats 命令查看容器占用系统资源情况。

```
[root@docker-server ~]# docker  stats
```

```
CONTAINER CPU % MEM USAGE / LIMIT MEM % NET I/O BLOCK I/O
441c3de8dbcb 0.10% 2.372 MB / 4.145 GB 0.06% 648 B / 648 B 2.385 MB / 0 B
586478b46dec 3.54% 169.9 MB / 4.145 GB 4.10% 0 B / 0 B 85.86 MB / 3.625 MB
CONTAINER CPU % MEM USAGE / LIMIT MEM % NET I/O BLOCK I/O
441c3de8dbcb 0.10% 2.372 MB / 4.145 GB 0.06% 648 B / 648 B 2.385 MB / 0 B
586478b46dec 3.54% 169.9 MB / 4.145 GB 4.10% 0 B / 0 B 85.86 MB / 3.625 MB
CONTAINER CPU % MEM USAGE / LIMIT MEM % NET I/O BLOCK I/O
441c3de8dbcb 0.09% 2.372 MB / 4.145 GB 0.06% 648 B / 648 B 2.385 MB / 0 B
586478b46dec 3.19% 170 MB / 4.145 GB 4.10% 0 B / 0 B 85.86 MB / 3.625 MB
CONTAINER CPU % MEM USAGE / LIMIT MEM % NET I/O BLOCK I/O
441c3de8dbcb 0.09% 2.372 MB / 4.145 GB 0.06% 648 B / 648 B 2.385 MB / 0 B
586478b46dec 3.19% 170 MB / 4.145 GB 4.10% 0 B / 0 B 85.86 MB / 3.625 MB
CONTAINER CPU % MEM USAGE / LIMIT MEM % NET I/O BLOCK I/O
441c3de8dbcb 0.12% 2.372 MB / 4.145 GB 0.06% 648 B / 648 B 2.385 MB / 0 B
```

在容器中运行后台任务。

```
[root@docker-server ~]#docker exec -d ubuntu_container touch /etc/new_config_file
```

查看容器。

```
[root@docker-server ~]# docker inspect  ubuntu_container
[
{
"Id": "441c3de8dbcbfb09d9586c456d47417150dc7cdaf9cfb26597945b27a68bb310",
"Created": "2019-12-27T06:25:58.99238638Z",
"Path": "/bin/sh",
"Args": [
"-c",
"while true; do echo hello world; sleep 1; done"
],
......
```

4.4.5 导出和导入容器

1. 导出容器

如果要导出本地的某个容器，可以使用 docker export 命令。

```
[root@docker-server ~]# docker ps -a
CONTAINER ID IMAGE COMMAND CREATED STATUS PORTS NAMES
7691a814370e ubuntu:14.04.3 "/bin/bash" 36 hours ago Exited (0)21 hours ago test
[root@docker-server ~]#docker export 7691a814370e > ubuntu.tar
```

以上代码将导出容器快照到本地文件。
导入容器快照可以使用 docker import 命令。

```
[root@docker-server ~]# cat ubuntu.tar | sudo docker import - test/ubuntu:v1.0
[root@docker-server ~]# docker images
REPOSITORY TAG IMAGE ID  CREATED   VIRTUAL  SIZE
root/Ubuntu  v1.0 9d37a6082e97   About a minute ago    171.3 MB
```

2. 导入容器

可以通过指定 URL 或者某个目录来导入容器。

```
[root@docker-server ~]# docker import http://example.com/exampleimage.tgz example/imagerepo
```

用户既可以使用 docker load 命令来导入镜像存储文件到本地镜像库，也可以使用 docker import 命令来导入一个容器快照到本地镜像库。

两者的区别在于容器快照将丢弃所有的历史记录和元数据信息（即仅保存容器当时的快照状态），而镜像存储文件将保存完整记录，文件也更大。此外，在容器快照导入时可以重新指定标签等元数据信息。

4.4.6　Docker 容器的 Web 界面管理

1. Rancher 简介

Rancher 是一个开源的企业级容器管理平台。通过 Rancher，企业不必使用一系列的开源软件去从头搭建容器服务平台。Rancher 提供了在生产环境中使用的管理 Docker 和 Kubernetes 的全栈化容器部署与管理平台。Rancher 由以下 4 个部分组成。

（1）基础设施服务

Rancher 可以使用任何公有云或者私有云的 Linux 主机资源。Linux 主机可以是虚拟机，也可以是物理机。Rancher 仅需要主机具有 CPU、内存、本地磁盘和网络等资源。

Rancher 为运行容器化的应用提供了灵活的基础设施服务。Rancher 的基础设施服务包括网络、存储、负载均衡、DNS 和安全模块。Rancher 的基础设施服务也是通过容器部署的，所以相同 Rancher 的基础设施服务可以运行在任何 Linux 主机上。

（2）容器编排与调度

很多用户都会选择使用容器编排调度框架来运行容器化应用。Rancher 包含了许多编排调度引擎，如 Docker Swarm、Kubernetes 和 Mesos。同一个用户可以创建 Swarm 或者 Kubernetes 集群，并且可以使用原生的 Swarm 或者 Kubernetes 工具管理应用。

（3）应用商店

Rancher 的用户可以在应用商店里一键部署由多个容器组成的应用。用户可以管理这个应用，并且可以在这个应用有新的可用版本时进行自动化升级。

（4）企业级权限管理

Rancher 支持灵活的插件式的用户认证，支持 Active Directory、LDAP、GitHub 等认证方式。Rancher 支持环境级别的基于角色的访问控制，可以通过角色来配置某个用户或者用户组对开发环境或者生产环境的访问权限。

2. Rancher 的安装与配置

从公有网络中下载 rancher_server_stable.tar 软件，下载至/root 文件夹。

```
[root@docker-server~]#ls
```

```
rancher_server_stable.tar
[root@docker-server~]# docker load --input ~/rancher/server/rancher_server_stable.tar
c47d9b229ca4: Loading layer [============================>] 196.9 MB/196.9 MB
bf59e7acf5c4: Loading layer [============================>] 209.9 KB/209.9 KB
48daf661d621: Loading layer [============================>] 7.168 KB/7.168 KB
4e1e6ac5b9d6: Loading layer [============================>] 5.632 KB/5.632 KB
7fb9ba64f896: Loading layer [============================>] 3.072 KB/3.072 KB
a0374ccb2717: Loading layer [============================>] 1.63 MB/1.63 MB
5f0af07aaa98: Loading layer [============================>] 30.21 KB/30.21 KB
26451ab2c5aa: Loading layer [=====================>] 720.4 KB/720.4 KB
f2b2049b3d11: Loading layer [============================>] 21.18 MB/21.18 MB
fadf1fad3588: Loading layer [=========================>] 193.2 MB/193.2 MB
a043c4b98f62: Loading layer [===========================>] 427 KB/427 KB
989ab7dea3b3: Loading layer [===========================>] 109.8 MB/109.8 MB
a323a92602a5: Loading layer [===========================>] 165.5 MB/165.5 MB
b9638ccdd8f0: Loading layer [============================>] 6.144 KB/6.144 kb
1b16cbee1345: Loading layer [============================>] 14.34 KB/14.34 KB
5963c00251d9: Loading layer [===========================>] 340 KB/340 KB
670314255c40: Loading layer [===========================>] 11.78 KB/11.78 KB
134fd99bdc00: Loading layer [===========================>] 1.715 MB/1.715 MB
8319abae0b99: Loading layer [===========================>] 13.07 MB/13.07 MB
5d789a1d5536: Loading layer [===========================>] 366.9 MB/366.9 MB
358126012918: Loading layer [===========================>] 35.66 MB/35.66 MB
Loaded image: rancher/server:stable
[root@docker-server ~]# docker run -d --restart=unless-stopped -p 58080:8080 -v /ui:/ui rancher/server:stable
a3ac4c05508c2c1dc3d847cd202a2ee9d98a7856d6cd3b6c11432b8b6be34d08
```

3. 登录 Rancher 服务器

登录 Rancher 服务器，在地址栏中输入主机 docker-server 的 IP 地址，如图 4-8 所示。

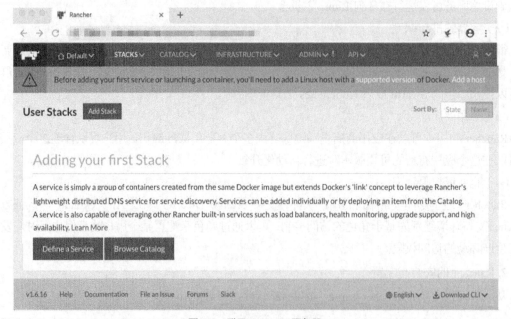

图 4-8　登录 Rancher 服务器

4.5 案例分析：在 Linux 操作系统中安装 Docker 并部署 MySQL 镜像

1. 环境

操作系统：Linux CentOS 7.2。

```
#uname -r
#systemctl stop firewalld
#vi /etc/sysconfig/selinux
```

2. 安装 Docker CE

① 移除系统之前的安装。

```
#yum remove *
```

② 设置安装源的仓库。

```
#yum-config-manager\
--add-repo\
https://download.docker.com/linux/centos/docker-ce.repo
```

③ 安装 docker-ce。

```
yum install docker-ce
```

④ 启动 Docker。

```
#systemctl start docker
```

⑤ 运行 hello-world 镜像，进行测试。

```
#docker run hello-world
```

3. 部署 MySQL 镜像

Docker 安装成功后，从官网上搜索 MySQL 镜像。

```
[root@docker-server home]# docker search mysql
NAME          DESCRIPTION            STARS      OFFICIAL       AUTOMATED
mysql     MySQL is a widely used, open-source relation… 8065          [OK]
mariadb   MariaDB is a community-developed fork of MyS… 2728          [OK]
mysql/mysql-server OptimizedMySQLServer Docker images.Create604          [OK]
percona     Percona Server is a fork of the MySQL relati… 429          [OK]
zabbix/zabbix-server-mysql Zabbix Server with MySQL database support187      [OK]
hypriot/rpi-mysql          RPi-compatible Docker Image with Mysql         113
zabbix/zabbix-web-nginx-mysql Zabbix frontend based on Nginx web-server wi… 97 [OK]
centurylink/mysql Image containing mysql. Optimized to be link…60          [OK]
centos/mysql-57-centos7   MySQL 5.7 SQL database server           51
1and1internet/ubuntu-16-nginx-php-phpmyadmin-mysql-5
```

```
ubuntu-16-nginx-php-phpmyadmin-mysql-550              [OK]
    mysql/mysql-cluster        Experimental MySQL Cluster Docker images. Cr…  44
    tutum/mysql            Base docker image to run a MySQL database se…  31
zabbix/zabbix-web-apache-mysql  Zabbix frontend based on Apache web-server w  27  [OK]
    schickling/mysql-backup-s3 Backup MySQL to S3 (supports periodic backup…  26  [OK]
    bitnami/mysql    Bitnami MySQL Docker Image                26  [OK]
    zabbix/zabbix-proxy-mysql Zabbix proxy with MySQL database support      21  [OK]
    linuxserver/mysql          A Mysql container, brought to you by LinuxSe…  20
    centos/mysql-56-centos7    MySQL 5.6 SQL database server           13
    circleci/mysql             MySQL is a widely used, open-source relation…  12
    mysql/mysql-router         MySQL Router provides transparent routing be…  11
    openshift/mysql-55-centos7  DEPRECATED: A Centos7 based MySQL v5.5 image…  6
    jelastic/mysql             An image of the MySQL database server mainta…  1
    ansibleplaybookbundle/mysql-apb An APB which deploys RHSCL MySQL       0  [OK]
    cloudposse/mysqlImproved `mysql` service with support for `m       0  [OK]
    widdpim/mysql-client
    [root@docker-server Desktop]# docker  pull  mysql  //开始获取 MySQL 镜像
    [root@docker-server home]# docker  images
    REPOSITORY            TAG     IMAGE ID        CREATED          SIZE
    mysql/mysql-server    latest  39649194a7e7    14 hours ago     289MB
    ubuntu               16.04    9361ce633ff1     6 weeks ago     118MB
    [root@docker-server home]#docker run --name=mysql -it -p 3306:3306 -e
MYSQL_ROOT_PASSWORD=123456 -d mysql  //123456 是自行设置的密码，以下是运行结果
    Unable to find image 'mysql:latest' locally
    latest: Pulling from library/mysql
    27833a3ba0a5: Pull complete
    864c283b3c4b: Pull complete
    cea281b2278b: Pull complete
    8f856c14f5af: Pull complete
    9c4f38c23b6f: Pull complete
    1b810e1751b3: Pull complete
    5479aaef3d30: Pull complete
    9667974ee097: Pull complete
    4ebb5e7ad6ac: Pull complete
    021bd5074e22: Pull complete
    cce70737c123: Pull complete
    544ff12e028f: Pull complete
    Digest: sha256:f5f78fe2054b4686da3fddb460eab0b53d04e067c977d6a02fcb5ec25375ed15
    Status: Downloaded newer image for mysql:latest
    0b88adcdff25ffe65bb63342e184d78ffe9287ea30b6dfd74bbd958e568b02a7
    [root@docker-server home]# docker  ps  -a
    CONTAINER ID IMAGE COMMANDCREATEDSTATUS PORTS                      NAMES
    0b88adcdff25   mysql   "docker-entrypoint.s…"  36 seconds ago  Up 34 seconds
0.0.0.0:3306->3306/tcp, 33060/tcp  mysql
    [root@docker-server home]# docker  start  0b88adcdff25
    0b88adcdff25
    [root@docker-server home]# docker  run  0b88adcdff25
    Unable to find image '0b88adcdff25:latest' locally
    docker: Error response from daemon: Get https://registry-1.docker.io/v2/: net/http:
request canceled while waiting for connection (Client.Timeout exceeded while awaiting
headers).
    See 'docker run --help'. //进入容器失败
    [root@docker-server home]# docker  exec  -it  mysql  bash  //成功进入容器
    root@0b88adcdff25:/#
    root@0b88adcdff25:/# mysql  -u root  -p
```

```
Enter password: //输入密码，进入 MySQL
Welcome to the MySQL monitor.  Commands end with ; or \g.
Your MySQL connection id is 8
Server version: 8.0.16 MySQL Community Server - GPL
Copyright (c) 2000, 2019, Oracle and/or its affiliates. All rights reserved.
Oracle is a registered trademark of Oracle Corporation and/or its
affiliates. Other names may be trademarks of their respective
owners.
Type 'help;' or '\h' for help. Type '\c' to clear the current input statement.
mysql>
mysql> show  databases;
+--------------------+
| Database           |
+--------------------+
| information_schema |
| mysql              |
| performance_schema |
| sys                |
+--------------------+
4 rows in set (0.01 sec)
mysql> create  database  stu;  //新建数据库
Query OK, 1 row affected (0.01 sec)
mysql> show databases;  //显示数据库
+--------------------+
| Database           |
+--------------------+
| information_schema |
| mysql              |
| performance_schema |
| stu                |
| sys                |
+--------------------+
5 rows in set (0.01 sec)
mysql> use  stu;  //启动数据库
Database changed
mysql> create table date_412(id int primary key,name varchar(10));  //建表
Query OK, 0 rows affected (0.35 sec)
mysql> insert date_412 values(01,"zhangsan");   //插入数据
Query OK, 1 row affected (0.01 sec)
mysql> insert date_412 values(02,"lisi");      //插入数据
Query OK, 1 row affected (0.01 sec)
mysql> select * from date_412;        //查看表内容
+----+----------+
| id | name     |
+----+----------+
|  1 | zhangsan |
|  2 | lisi     |
+----+----------+
2 rows in set (0.00 sec)
root@0b88adcdff25:/#exit
[root@docker-server ~]#docker   commit   ccdf6890   /root/mysql-table  //生成新的镜像
```

4.6　本章小结

本章介绍了 Docker 技术的起源、背景及应用。在 Docker 的镜像管理中，重点讲解了如何获取镜像、查看镜像、上传镜像、删除镜像和创建镜像等。在 Docker 的容器管理中，重点介绍了如何启动容器、终止容器、删除容器、进入容器、导入和导出容器，以及 Web 界面下容器的管理。最后以案例分析的形式，从基本配置到 Docker 软件的安装，完成了 Docker 容器平台的 MySQL 镜像的安装与部署。

本章通过分析 Docker 技术产生的原因和背景，对 Docker 的各个组件从理论和实践两个方面进行了详细的剖析。本章按照逻辑关系，从 Docker 的镜像管理、容器管理到 MySQL 案例分析进行了实践验证，可以帮助读者理解 Docker 的基本概念，完成 Docker 的部署，为后面大数据平台搭建的技术学习提供相应的基础。

4.7　习题

1. 简述 Docker 技术产生的原因。
2. 简述 Docker 与 OpenStack 的区别。
3. 简述 Docker 容器与虚拟机的区别。
4. 简述 Docker 的镜像服务的作用。
5. 简述 Docker 获取镜像的途径。
6. 简述 Docker 启动容器的 3 种方式。
7. 简述 Docker 的工作原理。
8. 请安装 Docker 并部署 MySQL 镜像。

第三部分　大数据运维与监控

05 第5章　大数据运维导论

2017 年大数据走进了社会生活的每个角落，2018 年实现了落地，2019 年大数据更加火热。而今已是数据为王的时代了，加上国家对大数据产业的扶持，大数据行业对大数据运维人才的需求会更大，因此掌握了大数据运维技能，就走在了运维的前沿。

知识地图

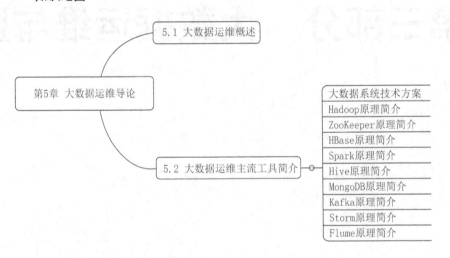

5.1　大数据运维概述

1. 大数据运维基本概念

大数据是传统行业、传统技术逐步发展的产物。运维需要融合多领域（网络、系统、开发、安全、应用架构、存储等）的技术。

大数据运维是对大数据集群进行监控和维护升级，保障集群正常运行，从而保证数据收集服务能正常运行，保证集群资源够用，监控集群资源消耗情况。

云计算可能改变了整个传统 IT 产业的基础架构，而大数据处理，尤其像 Hadoop 这样的分布式大数据框架的出现，将会改变 IT 产业的业务模式。

Hadoop 分布式大数据框架目前应用非常广泛，它基于开源 Linux 操作系统。
Hadoop 基本框架从 1.0 发展到 2.0，如图 5-1 所示。

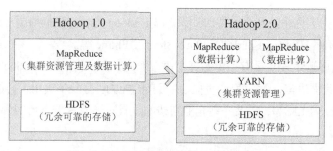

图 5-1　Hadoop 基本框架从 1.0 发展到 2.0

大数据的分析和运维是基于 Hadoop 生态系统的，Hadoop 生态系统如图 5-2 所示。

与Hadoop相关的部分项目列表

Hadoop核心组件：
MapReduce（分布式计算）
HDFS（分布式存储）

图 5-2　Hadoop 生态系统

大数据运维主要涉及 Hadoop 本身包括的分布式文件系统（Hadoop Distributed File System，HDFS）的运维和大数据技术平台的运维。本书主要介绍和其有关的 ZooKeeper、HBase、Spark、Hive、MongoDB、Kafka、Storm、Flume 等的工作原理、安装调试、配置等内容。

2. 大数据运维与传统运维的不同

大数据运维与传统运维的区别主要体现在以下方面。

① 传统运维面对的底层软硬件基本稳固，大数据运维面对的是商用硬件和复杂的 Linux 版本。

② 传统运维面对的是单机架构，大数据运维面对的是复杂的分布式架构。

③ 传统运维大多维护闭源商业版系统，大数据运维通常面对开源系统，文档手册等可参考的资料比较匮乏，对阅读源码的能力要求比较高。

④ 大数据运维对自动化工具的依赖大大增加。

3. 大数据运维所需的能力

大数据运维需要了解计算机硬件、计算机操作系统、计算机网络、计算机编程、计算机安全等方面的知识。大数据平台和组件设计涉及的知识范围比较广，如果了解各方面的知识，当出现涉及这些知识的问题时，就方便查找问题症结所在。

首先，需要了解大数据系统的设计思想、使用范围、底层架构、常用命令、常用配置或参数、常见问题处理方法等。

其次，需要了解大数据系统各个组件的知识。以 Hadoop 为例，我们需要了解 HDFS 结构及其涉及的 ZooKeeper、Hive、HBase、Spark、Kafka、Storm、Flume 等。

大数据运维还需要运维人员具有一定的脚本语言能力，至少包括 Linux Shell、SQL（数据定义语言）、Python 或 Java 编程语言，具备使用一些实用工具的能力。有很多实用工具可供选用，如 Zabbix、Open-Falcon、Ganglia、ELK 等，以及一些企业自研的工具；还有集群自带的各种工具。本书推荐使用后者。

4. 大数据运维工作的职责

大数据运维工作的职责主要涉及以下几个方面。

（1）集群管理

大数据需要分布式系统，也就是集群，由 Hadoop、HBase、Spark、Kafka、Redis 等大数据生态圈组建。

（2）变更管理

变更管理以可控的方式，高效地完成变更工作，主要包括配置管理和发布管理等。

（3）容量管理

存储空间大小、允许链接数量等都是容量管理的内容。在多用户的环境下，容量管理更为重要。

（4）故障处理

商用硬件使用时出现故障是常态，需要能区分故障的等级，优先处理影响实时性业务的故障。

（5）性能调优

不同的组件偏重的性能是不一样的，如 Kafka 注重吞吐量，HBase 注重实用性、可用性等。想要做好大数据系统的性能调优，需要对各个组件有较深的理解，对运维人员的业务能力要求较高。

5. 大数据运维的具体内容

Hadoop 分布式大数据框架目前应用较广，大数据运维的具体工作主要涉及其中的 3 个重要的组件：HDFS、MapReduce 和 YARN。

（1）HDFS 运维

① 容量管理。

首先，HDFS 空间使用如果超过了 80%需警惕；如果是多租户的环境，要注意租户的配额空间也可能被使用完。其次，需要熟悉 hdfs、fsck、distcp 等常用命令，要会使用 DataNode 均衡器。

② 进程管理。

在进程管理中，NameNode 的进程管理是重点，需要熟悉 dfsadmin 等 Hadoop 管理命令。

③ 配置管理。

配置管理主要涉及 core-site.xml、hdfs-site.xml、mapred-site.xml、yarn-site.xml 等几个 Hadoop 中的重要配置文件的参数设置。

（2）MapReduce 运维

MapReduce 运维主要包括进程管理和配置管理。因为 jobtracker 进程故障的概率比较低，如果进程管理有问题，可以通过重启该服务来解决；配置管理主要涉及 mapred-site.xml 中的参数设置。

由于 MapReduce 计算速度相对于一些新的轻量级的分布式系统组件来说较慢，本书对此不做过多介绍。其他组件会在后文具体介绍。

（3）YARN 运维

① 故障管理。

当任务异常中止时，需要查看日志进行排查，大多数时候故障原因会集中在资源分配上或权限设置上。

② 进程管理。

对 ResourceManager 进程的管理主要是配置高可用性（Highly Available，HA）；对 NodeManager 进程的管理是，当它挂掉的时候重启即可。

③ 配置管理。

配置管理主要涉及 yarn-site.xml 文件的参数设置，其中涉及的最主要的部分有 3 个参数的配置，分别是 scheduler、ResourceManager、NodeManager。

（4）其他主流组件

根据各组件的用途、优缺点的不同，需要做的运维工作也各不相同。例如，Kafka 关注吞吐量、负载均衡、消息不丢机制；Flume 关注吞吐量、故障后的快速恢复；HBase 关注读写性能、服务的可用性等。

5.2　大数据运维主流工具简介

5.2.1　大数据系统技术方案

大数据系统应该具有以下 4 个特点：弹性容量大；高性能；集成化；自动化。

目前，大数据系统主要的应用场景和典型的大数据系统技术方案有以下 3 种。

① 静态数据的批量处理：Hadoop。

② 流式数据的实时处理：Storm。

③ 交互式数据：Spark。

针对不同的源数据和业务需求，需要部署不同的技术框架。Hadoop 是最受欢迎、最成熟、应用最广的大数据系统架构之一，其他的大数据架构很多都是基于 Hadoop 进行扩展和优化的。因此本书对大数据运维主流工具的介绍，将围绕 Hadoop 及在其上扩展的各种组件工具展开。

5.2.2　Hadoop 原理简介

1. Hadoop 概述

Hadoop 是具有分布式存储（HDFS）和分布式计算功能（MapReduce）的大数据处理框架，HDFS 为海量的数据提供存储功能，而 MapReduce 为海量的数据提供计算功能。Hadoop 是由 Apache 软件基金会开发的。

HDFS 具有高容错性的特点，并且部署在低廉的硬件上；它提供高吞吐量来访问应用程序的数据，适合那些有着超大数据集（GB、TB、PB 级）的应用程序。HDFS 放宽了对 POSIX 的要求，可以以流的形式访问文件系统中的数据。

2. Hadoop 的优点

Hadoop 是一个能够让用户轻松构建和使用的分布式计算平台。用户可以轻松地在 Hadoop 上开发和运行处理海量数据的应用程序。它主要有以下几个优点。

① 高可靠性。Hadoop 按位存储和处理数据的能力值得人们信赖。

② 高扩展性。Hadoop 是在可用的计算机集群间分配数据并完成计算任务的，这些集群可以方便地扩展到数以千计的节点中。

③ 高效性。Hadoop 能够在节点之间动态地移动数据，并保证各个节点的动态平衡，因此处理速度非常快。

④ 高容错性。Hadoop 能够自动保存数据的多个副本，并且能够自动将失败的任务重新分配。

⑤ 低成本。与一体机、商用数据仓库以及 QlikView、Yonghong Z-Suite 等数据集相比，Hadoop 是开源的，项目的软件成本会大大降低。

Hadoop 带有用 Java 编写的框架，因此运行在 Linux 生产平台上是非常理想的。Hadoop 上的应用程序也可以使用其他语言编写，如 C++。

3. Hadoop 的服务进程

前面已经介绍了 Hadoop 从 1.0 发展到 2.0 的历程，现在 Hadoop 主要由 HDFS、MapReduce 和 YARN 这 3 个分支构成。HDFS 是分布式文件系统；MapReduce 运行在 YARN 上，其编程模型不变；YARN 是资源管理系统。

（1）HDFS 的服务进程

HDFS 的服务进程的工作结构是主从结构，主节点是 NameNode，从节点是 DataNode。

① NameNode。

NameNode 负责接收用户的操作请求，维护文件系统的目录结构，管理文件与块（Block）之间的关系、块与 DataNode 之间的关系。

② DataNode。

DataNode 负责存储文件，文件被分成块存储在磁盘上。为保证数据安全，文件会有多个副本。DataNode 启动后向 NameNode 注册，然后周期性地向 NameNode 汇报所有块的信息。

③ SecondaryNameNode。

SecondaryNameNode 辅助 NameNode 工作，用于备份元数据和恢复元数据。

（2）MapReduce 和 YARN 的服务进程

MapReduce 和 YARN 的服务进程的工作结构也是主从结构，主节点是 ResourceManager，从节点是 NodeManager。

① ResourceManager。

ResourceManager 负责接收客户提交的计算任务，然后把计算任务分配给 NodeManager 执行，并且监控 NodeManager 的执行情况。还负责启动和监控 ApplicationMaster、监控 NodeManager、分配资源和调度资源等。

② NodeManager。

NodeManager 负责执行 ResourceManager 分配的计算任务，进行单节点的资源管理，协调处理 YARN 的 RM 和 AM 的命令。

5.2.3　ZooKeeper 原理简介

ZooKeeper 是 Hadoop 和 HBase 的重要组件，是一个分布式的、开放源码的分布式应用程序协调服务。它是 Google Chubby 的一个开源的实现，是为分布式应用提供一致性服务的软件，提供的功能包括配置维护、域名服务、分布式同步、组服务等。

ZooKeeper 服务的目标就是封装好那些复杂的、容易出错的关键服务，把简单易用的接口和功能稳定、性能高效的系统提供给用户。它是一种分布式协调服务，用于管理大型主机。在分布式环境中协调和管理服务是一个复杂的过程，ZooKeeper 通过其简单的架构和 API 解决了这个问题。ZooKeeper 允许开发人员专注于核心应用程序的逻辑，而不必担心应用程序的分布式特性。

ZooKeeper 集群中节点个数一般为奇数，若集群中主节点（Master）挂掉，剩余节点个数在半数以上，就可以推举新的主节点继续对外提供服务。

客户端发起事务请求，事务请求的结果在整个 ZooKeeper 集群中所有机器上的应用情况是一致的，不会出现集群中部分机器应用了该事务，而另外一部分机器没有应用该事务的情况。对于 ZooKeeper 集群中的任何一台计算机，其看到的服务器的数据模型是一致的。ZooKeeper 能够保证客户端请求的顺序，每个请求分配全局唯一的递增编号，用来反映事务操作的先后顺序。ZooKeeper 将全部数据保存在内存中，并直接服务于所有的非事务请求，在以读操作作为主的场景中其性能非常突出。

ZooKeeper 使用的数据结构为树形结构，根节点为"/"。ZooKeeper 集群中的节点，根据其身份特性，分为 leader、follower、observer。leader 负责客户端写操作的请求；follower 负责客户端读操作的请求，并参与 leader 的选举；observer 是特殊的 follower，可以接收客户端读操作的请求，但是不会参与选举，可以用来扩容系统支撑能力，提高读取速度。

5.2.4　HBase 原理简介

HBase 是 Google Bigtable 的开源实现，源于一篇论文 *Bigtable: A Distributed Storage System for Structured Data*。HBase 根据 Google Bigtable 的数据库建模，是 Apache 软件基金会的 Hadoop 项目的子项目。

HBase 是高可靠性、高扩展性、面向列、可伸缩的分布式结构化存储系统，使用过程中可随意新建列。利用 HBase 技术，可在廉价 PC Server 上搭建起大规模数据存储的集群。

HBase 把 Hadoop HDFS 作为其文件存储系统，把 ZooKeeper 作为协调工具。

HBase 在 Hadoop 生态系统中所处的位置如图 5-3 所示。

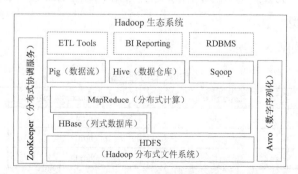

图 5-3　HBase 在 Hadoop 生态系统中所处的位置

1. HBase 与 HDFS 对比

HBase 和 HDFS 都具有良好的容错性和扩展性，都可扩展到成百上千个节点。

HDFS 适合批处理场景，不支持数据随机查找；不适合增量数据处理，不支持数据更新。

HBase 适合对数据进行随机读写、大量高并发（如每秒对 PB 级数据进行上千次操作）、读写访问等非常简单的操作。

HBase 不适用于 Join、Union、Group by 等关系查询和计算，以及不按照 Row Key 来查询数据的操作。

2. HBase 的逻辑模型

HBase 的逻辑模型如表 5-1 所示。

表 5-1　　　　　　　　　　　HBase 的逻辑模型

Row Key	Time Stamp	Column(contents)	Column(weather)		Column(mime)
			airport	nephogram	
cn.com.sina.www	t9		HRB		
	t6			precipitation	
	t5			temperature	
	t3	\<html\>…..			text/html
	t2	\<html\>…..			
	t1	\<html\>…..			

行键（Row Key）：表的主键，表中的记录按照 Row Key 排序。

时间戳（Time Stamp）：每次数据操作对应的时间戳，可以看作是数据的版本号。

列族（Column Family）：表在水平方向有一个或者多个 Column Family；一个 Column Family 中可以有任意多个 Column；Column Family 中的列支持动态扩展，无须预先定义；所有 Column 均以二进制格式存储，用户需要自行进行类型转换。

HBase 中的每一张表，都是 BigTable 即稀疏表；Row Key 和 Column Key 是二进制值 byte[]，按字典顺序排序；Time Stamp 是一个 64 位数；value 是一个未解释的字节数组 byte[]；表中的不同行可以拥有不同数量的成员，即支持"动态模式"模型；字符串、整数、二进制串甚至串行化的结构都可以作为行键；表按照行键的"逐字节排序"顺序对行进行有序化处理；表中至少有一个列族；"族：标签"中，族和标签都可为任意形式的串；物理上将同族的数据存储在一起。

3. HBase 的物理模型

HBase 的物理模型如表 5-2 所示。

表 5-2　　　　　　　　　　　HBase 的物理模型

Row Key	Time Stamp	Column(contents)	
cn.com.sina.www	t3	\<html\>…..	
cn.com.sina.www	t2	\<html\>…..	
cn.com.sina.www	t1	\<html\>…..	

Row Key	Time Stamp	Column(weather)	
cn.com.sina.www	t9	weather : airport	HRB
cn.com.sina.www	t6	weather : nephogram	precipitation
cn.com.sina.www	t5	weather : nephogram	temperature
Row Key	Time Stamp	Column(mime)	
cn.com.sina.www	t3	text/html	

HBase 将逻辑模型中的一个行分割为根据 Column family 存储的物理模型。

4. HBase 运行架构

HBase 运行时涉及的组件包括 ZooKeeper 集群、Master、Client 和 HBase 的 Region Server 集群，其运行架构如图 5-4 所示。

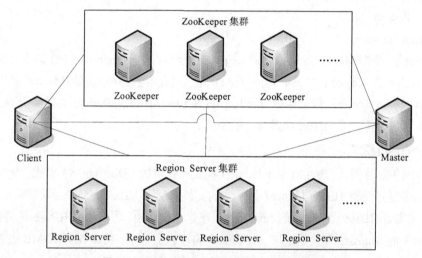

图 5-4 HBase 运行时涉及的组件及其运行架构

将 HBase 系统内部机构细化，如图 5-5 所示。

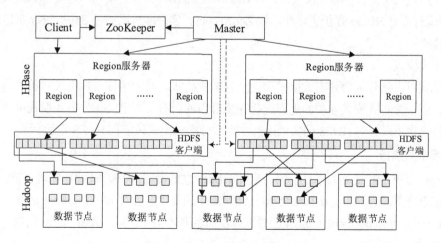

图 5-5 将 HBase 系统内部机构细化

163

可见，HBase 需要在 Hadoop 和 ZooKeeper 的基础上工作，其组成部分的功能如下。

（1）Client

Client 包含访问 HBase 的接口，Client 维护着一些高速缓存，用来加快对 HBase 的访问，如用来缓存 Region 的位置信息。

（2）ZooKeeper

ZooKeeper 保证任何时候集群中只有一个 Master；存储所有 Region 的寻址入口；实时监控 Region Server 的状态，将 Region Server 的上线和下线信息实时通知给 Master；存储 HBase 的模式，包括有哪些表，每个表有哪些列族。

（3）Master

Master 可以启动多个 HMaster，通过 ZooKeeper 的 Master Election 机制保证总有一个 Master 运行；为 Region Server 分配 Region；负责 Region Server 的负载均衡；发现失效的 Region Server 并重新分配其上的 Region。

（4）Region Server

Region Server 维护 Master 分配给它的 Region，处理对这些 Region 的 I/O 请求；负责切分在运行过程中变得过大的 Region；Client 访问 HBase 上数据的过程并不需要 Master 参与，寻址访问 ZooKeeper 和 Region Server，数据读写访问 Region Server；HRegionServer 主要负责响应用户 I/O 请求，从 HDFS 读写数据，是 HBase 中最核心的模块。

5. HBase 的运行模式

HBase 有两种运行模式：独立（Standalone）模式和分布式（Distributed）模式。无论使用何种运行模式，都需要通过编辑 HBase 的 conf 目录中的文件来配置 HBase。至少必须编辑 conf 目录下的 hbase-env.sh 来告诉 HBase 需要使用的 Java 版本。在这个文件中，可以设置 HBase 环境变量，如 Java 虚拟机（JVM）的 heapsize 和其他选项、日志文件的首选位置等。将 JAVA_HOME 设置为指向已经安装好的 Java 的目录。

（1）独立模式

独立模式是默认模式。在独立模式下，HBase 不使用 HDFS 而是使用本地文件系统代替它在同一个 JVM 中运行所有 HBase 守护进程和本地 ZooKeeper。客户端可以通过 ZooKeeper 绑定的端口和 HBase 进行通信。

（2）分布式模式

分布式模式可以细分为伪分布式模式和完全分布式模式。其中伪分布式模式守护的进程运行在单个节点上；完全分布式模式守护的进程运行在集群中的所有节点上。伪分布式模式可以针对本地文件系统运行，也可以针对 HDFS 的实例运行。完全分布式模式只能在 HDFS 上运行。

6. JDK 版本的选择

对于 HBase 0.98.5 和更高版本，需要在启动 HBase 之前设置 JAVA_HOME 环境变量。在 0.98.5 版本之前，如果变量没有设置，HBase 会试图检测 Java 的位置。针对不同的 HBase 版本，在其下载包目录 hbase-{版本号}/docs/book.html 下会看到本版本的基本信息。以 HBase 1.2.6 为例，它的文档的 JDK 支持如表 5-3 所示。

表 5-3 HBase 1.2.6 文档的 JDK 支持

HBase 版本	JDK 6	JDK 7	JDK 8
1.2	不支持	支持	支持
1.1	不支持	支持	使用 JDK 8 可以运行，但未经良好测试
1.0	不支持	支持	使用 JDK 8 可以运行，但未经良好测试
0.98	支持	支持	使用 JDK 8 可以运行，但未经良好测试。使用 JDK 8 进行构建将要求考虑删除 PoolMap 类的弃用的 remove()方法。有关 JDK 8 支持的更多信息，参见 HBASE-7608
0.94	支持	支持	不适用

通过此文档可以看出 HBase 1.2.6 不支持 JDK 6，但对 JDK 7、JDK 8 都支持，故可以在 Oracle 的官网下载需要的 JDK 版本进行安装。

7. HBase 版本的选择

进行 HBase 独立模式安装启动是一个快捷的学习方式。如果需要进行基于 HDFS 平台的分布式模式安装，就必须要考虑 HBase 与 Hadoop 的兼容性。HBase 官方文档在每个版本中都会仔细给出 HBase 与 Hadoop 版本(你可以使用 Apache Hadoop 或 Hadoop 的供应商提供的 Hadoop 包对应的兼容列表，如表 5-4 所示。

表 5-4 HBase 与 Hadoop 版本对应的兼容列表

版本	HBase-0.94.x	HBase-0.98.x	HBase-1.0.x	HBase-1.1.x	HBase-1.2.x
Hadoop-0.23.x	S	✕	✕	✕	✕
Hadoop-1.0.x	✕	✕	✕	✕	✕
Hadoop-1.1.x	S	NT	✕	✕	✕
Hadoop-2.0.x-alpha	NT	✕	✕	✕	✕
Hadoop-2.1.0-beta	NT	✕	✕	✕	✕
Hadoop-2.2.0	NT	S	NT	NT	✕
Hadoop-2.3.x	NT	S	NT	NT	✕
Hadoop-2.4.x	NT	S	S	S	S
Hadoop-2.5.x	NT	S	S	S	S
Hadoop-2.6.0	✕	✕	✕	✕	✕
Hadoop-2.6.1+	NT	NT	NT	NT	S
Hadoop-2.7.0	✕	✕	✕	✕	✕
Hadoop-2.7.1+	NT	NT	NT	NT	S

其中，"S" 表示 "支持"；"✕" 表示 "不支持"；"NT" 表示 "未测试"。

以 HBase 1.2.6 为例，先看 "HBase-1.2.x" 这一列，再在该列对应的行中找到带 "S" 标识的所有行所对应的 Hadoop 版本：Hadoop-2.4.x、Hadoop-2.5.x、Hadoop-2.6.1+、Hadoop-2.7.1+。在应用 Hadoop 时，尽量从这些版本中选择，否则如果选择的是带 "✕" 标识的 Hadoop 版本，会导致群集故障和数据丢失。

8. 所需环境

由于 HBase 服务依赖于 ZooKeeper 服务，而 ZooKeeper 是基于 Hadoop 集群的，因此配置 HBase 服务之前需要配置好并且启动 Hadoop、ZooKeeper 集群服务。

5.2.5 Spark 原理简介

Apache Spark 是专为大规模数据处理而设计的快速通用的计算引擎，现在已经形成一个高速发展且应用广泛的生态系统。

Spark 是加州大学伯克利分校的 AMP 实验室所开发的类 Hadoop MapReduce 的通用并行框架。它拥有 Hadoop MapReduce 所具有的优点，不同的是，Job 中间输出结果可以保存在内存中，从而不再需要读写 HDFS，因此 Spark 能更好地适用于数据挖掘与机器学习等需要迭代 MapReduce 的算法。

Spark 是一种与 Hadoop 相似的开源集群计算环境，但是两者之间还存在一些不同之处，使 Spark 在某些工作负载方面表现得更加优越。即 Spark 启用了内存分布数据集，除了能够提供交互式查询外，它还可以优化迭代工作负载。

Spark 是在 Scala 中实现的，它将 Scala 用作其应用程序框架。与 Hadoop 不同，Spark 和 Scala 能够紧密集成，其中 Scala 可以像操作本地集合对象一样轻松地操作分布式数据集。

尽管创建 Spark 是为了支持分布式数据集上的迭代作业，但是实际上它是对 Hadoop 的补充，可以在 Hadoop 文件系统中并行运行。此行为可以通过名为 Mesos 的第三方集群框架支持。

虽然 Spark 与 Hadoop 有相似之处，但它提供了一个具有有用差异的新的集群计算框架。首先，Spark 为集群计算中的特定类型的工作负载而设计，即那些在并行操作之间重用工作数据集（如机器学习算法）的工作负载。为了优化这些类型的工作负载，Spark 引进了内存集群计算的概念，可在内存集群计算中将数据集缓存在内存中，以缩短访问延迟。

在大数据处理方面，Hadoop 只提供了 Map 和 Reduce 两种操作，而 Spark 提供的数据集操作类型有很多种。Spark 提供了多种被称为 Transformations 的操作类型，如 map、filter、flatMap、sample、groupByKey、reduceByKey、union、join、cogroup、mapValues、sort、partionBy 等。同时 Spark 还提供 Count、collect、reduce、lookup、save 等多种 actions。以上多种多样的数据集操作类型，给上层应用者提供了方便。各个处理节点之间的通信模型不再像 Hadoop 那样只有 Data Shuffle 一种模式。在 Spark 中用户可以命名、物化、控制中间结果的分区等，可以说 Spark 编程模型比 Hadoop 更灵活。

1. Spark 的特点

Spark 主要有以下 3 个特点。

首先，高级 API 剥离了对集群本身的关注，Spark 应用开发者可以专注于应用所要做的计算本身。其次，Spark 运算速度很快，支持交互式计算和复杂算法。最后，Spark 是一个通用引擎，可用它来完成各种各样的运算，包括 SQL 查询、文本处理、机器学习等，而在 Spark 出现之前，我们一般需要学习各种各样的引擎来分别处理这些运算。

2. Spark 的性能特点

① Spark 有更快的运行速度。

Spark 启用了内存分布数据集，比 Hadoop 快近 100 倍。

② 易用性。

Spark 提供了 80 多个高级运算符。

③ 通用性。

Spark 提供了大量的库，包括 Spark Core、Spark SQL、Spark Streaming、MLlib、GraphX 等。开发者可以在同一个应用程序中无缝组合使用这些库。

④ 支持多种资源管理器。

Spark 支持 Hadoop YARN、Apache Mesos 及其自带的独立集群管理器。

⑤ Shark。

Shark 基本上就是在 Spark 的框架基础上提供和 Hive 一样的 HiveQL 命令接口。为了最大程度地保持和 Hive 的兼容性，Spark 使用了 Hive 的 API 来实现 query Parsing 和 Logic Plan generation，最后的 Physical Plan execution 阶段用 Spark 代替 Hadoop MapReduce。通过配置 Shark 参数，Shark 可以自动在内存中缓存特定的弹性分布式数据集（Resilient Distributed Dataset，RDD），实现数据重用，进而加快特定数据集的检索。

⑥ SparkR。

SparkR 是一个为 R 语言提供轻量级的 Spark 前端的 R 包。SparkR 提供了一个分布式的 data frame 数据结构，解决了 R 语言中的 data frame 只能在单机中使用的瓶颈。SparkR 也支持分布式的机器学习算法，如使用 MLib 机器学习库。SparkR 为 Spark 引入了 R 语言社区的活力，吸引了大量的数据科学家开始在 Spark 平台上进行数据分析。

3. Spark 的基本原理

Spark Streaming 是构建在 Spark 上处理 Stream 数据的框架，基本的原理是将 Stream 数据分成小的时间片段(几秒)，以类似 batch 批量处理的方式来处理这小部分数据。Spark Streaming 构建在 Spark 上，一方面是因为 Spark 的低延迟执行引擎（低至 100ms），虽然比不上专门的流式数据处理软件，但也可以用于实时计算；另一方面，相比基于 Record 的其他处理框架（如 Storm），一部分窄依赖的 RDD 数据集可以从源数据重新计算，达到容错处理目的。此外，小批量处理的方式使得它可以同时兼容批量和实时数据处理的逻辑和算法，方便了一些需要历史数据和实时数据联合分析的特定应用场合。

5.2.6　Hive 原理简介

1. Hive 概述

① 关于 Hive。

Hive 是基于 Hadoop 的数据仓库，可以存储、查询和分析存储在 Hadoop 中的大规模数据；Hive 定义了简单的类 SQL 语言，称为 HQL，它允许熟悉 SQL 的用户查询数据；Hive 允许熟悉 MapReduce 的开发者开发自定义的 Mapper 和 Reducer 来处理内建的 Maper 和 Reducer 无法完成的复杂的分析工作；Hive 没有专门的数据格式。

② Hive 的特点。

Hive 学习成本低、开发灵活，非常适合作为 Hadoop 学习的切入点；Hive 可以通过 SQL 快速实现 MapReduce 任务，不必开发 MapReduce 程序；Hive 执行速度慢，不能达到毫秒级的速度，只能以秒级的速度返回结果；Hive 不支持数据的更新、删除操作。

③ Hive 在生态系统中的位置。

Hive 在 Apache Hadoop 生态系统中所处的位置如图 5-2 所示，可见 Hive 是构建在 Hadoop 之上的。Hive 可以基于 Hadoop 构建数据仓库，如图 5-6 所示。

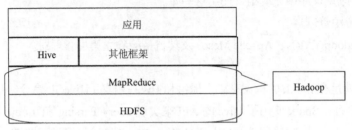

图 5-6　Hive 构建在 Hadoop 之上

2. 数据仓库简介

① 数据仓库是面向主题的。

数据仓库是一个面向主题的、集成的、不可更新的、随时间而变化的数据集合，它用于支持企业或组织的决策分析处理。

② 数据仓库是集成的。

数据仓库的数据来自分散的操作型数据，包括规范化的和非规范化的数据。它将所需数据从原来的数据中抽取出来，进行加工与集成、统一与综合，消除源数据中的不一致性，以保证数据仓库内的信息是一致的全局信息。

3. Hive 安装运行模式

Hive 安装运行模式有 3 种，分别介绍如下。

① 嵌入模式。

在嵌入模式中，元数据信息被存储在 Hive 自带的 Derby 数据库中，而且只允许创建一个连接。此种模式多用于测试。

② 本地模式。

在本地模式中，元数据信息被存储在 MySQL 中，MySQL 与 Hive 运行在同一台物理计算机或服务器上。此种模式多用于开发和测试。

③ 远程模式。

在远程模式中，元数据信息被存储在 MySQL 中，MySQL 与 Hive 运行在不同物理计算机或服务器上。此种模式多用于实际的生产运行环境。

本书拟讲解 Hive 的本地模式的安装配置，安装 Hive 需要的环境有 Java、Hadoop、MySQL。首先需要在 3 台虚拟机上配置 Hadoop 框架服务，虚拟机名字分别为 master、slave1、slave2；然后在每台虚拟机上配置 Java；最后在 master 虚拟机上配置 MySQL 和 Hive。

5.2.7　MongoDB 原理简介

1. MongoDB 概述

MongoDB 是一个基于分布式文件存储的数据库。它支持的数据结构非常松散，类似于 JSON 的 BSON 格式，因此可以存储比较复杂的数据类型。

MongoDB 是一个介于关系数据库和非关系数据库之间的产品，是非关系数据库当中功能非常丰富、非常像关系数据库的数据库。MongoDB 最大的特点是它支持的查询语言非常强大，其语法类似于面向对象的查询语言，几乎可以实现类似关系数据库单表查询的绝大部分功能，而且还支持对数据创建索引。它旨在为 Web 应用提供可扩展的高性能数据存储解决方案。它具有高性能、易部署、易使用、存储数据非常方便等特点。

（1）MongoDB 的主要功能特性

① 面向集合存储，易存储对象类型的数据。

② 模式自由。

③ 支持动态查询。

④ 支持完全索引，包含内部对象。

⑤ 支持查询。

⑥ 支持复制和故障恢复。

⑦ 使用高效的二进制数据存储，包括大型对象（如视频等）。

⑧ 自动处理碎片，以支持云计算层次的扩展性。

⑨ 支持 Ruby、Python、Java、C++、PHP、C#等多种语言。

⑩ 文件存储格式为 BSON（JSON 文件的一种扩展）。

⑪ 可通过网络访问。

（2）MongoDB 的使用原理

面向集合指数据被分组存储在数据集中，形成一个个集合。每个集合在数据库中都有唯一的标识名，并且可以包含无限数目的文档。集合的概念类似于关系数据库里的表，不同的是它不需要定义任何模式。Nytro MegaRAID 技术中的闪存高速缓存算法，能够快速识别数据库内大数据集中的热数据，提供一致的性能改进。

模式自由意味着对于存储在 MongoDB 中的文件，不需要知道它的任何结构定义。如果需要的话，完全可以把不同结构的文件存储在同一个数据库里。

集合中的文档被存储为键-值对的形式。键用于唯一标识一个文档，为字符串类型，而值则可以是各种复杂的文件类型。我们称这种存储形式为 BSON，全称为 Binary Serialized Document Format。

2. MongoDB 中的基本概念

（1）文档

文档是 MongoDB 中数据的基本单位，类似于关系数据库中的行（但是比行复杂）。多个键及其关联的值有序地放在一起就构成了文档。不同的编程语言对文档的表示方法不同，例如，在 JavaScript 中文档表示为：

```
{" greeting " : " hello, world "}
```

（2）集合

集合就是一组文档，类似于关系数据库中的表。集合是无模式的，集合中的文档可以是各式各样的。例如，{" hello, world ": " Mike "}和{" foo " : 3}，它们的键不同，值的类型也不同，但是它们可以存放在同一个集合中，也就是不同模式的文档可以放在同一个集合中。还可以使用 "." 按照命名空间将集合划分为子集合。

（3）数据库

MongoDB 中多个文档组成集合，多个集合组成数据库。一个 MongoDB 实例可以承载多个数据库。它们之间相互独立，每个数据库都有独立的权限控制。在磁盘上，不同的数据库存放在不同的文件中。MongoDB 中存在以下系统数据库。

① Admin 数据库：一个权限数据库，如果创建用户的时候将该用户添加到 Admin 数据库中，那么该用户就自动继承了所有数据库的权限。

② Local 数据库：这个数据库永远不会被复制，可以用来存储本地单台服务器的任意集合。

③ Config 数据库：当 MongoDB 使用分片模式时，Config 数据库在内部使用，用于保存分片的信息。

（4）数据模型

一个 MongoDB 实例可以包含一组数据库（DataBase），一个数据库可以包含一组集合（Collection），一个集合可以包含一组文档（Document）。一个文档包含一组字段（field），每一个字段都是一个键-值对（key/value pair）。

key：必须为字符串类型。

value：可以包含如下类型。

① 基本类型，如 string、int、float、timestamp、binary 等类型。

② 一个文档。

③ 数组类型。

3. MongoDB 适用的场景

MongoDB 已经在很多站点被部署使用，比较适合使用 MongoDB 的场景有以下几种。

① 网站实时数据处理。它非常适合实时地插入、更新与查询数据，并具备网站实时数据存储所需的复制功能及高度伸缩性。

② 缓存。由于性能很高，它适合作为信息基础设施的缓存层。在系统重启之后，由它搭建的持久化缓存层可以避免下层的数据源过载。

③ 高伸缩性的场景。非常适合由数十或数百台服务器组成的数据库，它的路线图中已经包含对 MapReduce 引擎的内置支持。

不适合使用 MongoDB 的场景有以下几种。

① 要求高度事务性的系统。

② 传统的商业智能应用。

③ 复杂的跨文档（表）级联查询。

由于 MongoDB 是一个基于分布式文件存储的数据库，因此配置 MongoDB 服务之前需要配置好 Hadoop 集群服务，然后在其主节点上配置 MongoDB。这在后面讲解配置 MongoDB 时再详述。

5.2.8　Kafka 原理简介

1. Kafka 概述

Apache Kafka 最早是由 LinkedIn 开源出来的分布式消息系统，现在是 Apache 旗下的一个子项目，并且已经成为开源领域应用最广泛的消息系统之一。它由 Scala 和 Java 编写。Kafka 是一种高吞吐量的分布式发布订阅消息系统，它可以处理消费者在网站中的所有动作流数据。这些动作流数据包括网页浏览、信息搜索和其他的用户行动。在现代高度发达的网络上，在日常的生产、生活和社会活动的方方面面，这种动作流数据时时刻刻都会产生。对这些数据的处理通常都有比较大的吞吐量要求，通过处理日志和日志聚合来解决是比较合理的途径。对于像 Hadoop 一样的且要求实时处理日志数据和离线分析的系统，Kafka 是一个可行的解决方案。Kafka 的目的是通过 Hadoop 的并行加载机制来统一线上和离线的消息处理，并通过集群来提供实时的消息。

Kafka 是一个分布式消息队列，具有高性能、持久化、多副本备份、横向扩展能力。Kafka 对外使用主题（Topic）的概念，在 Kafka 中的每一条消息都有一个主题。一般来说，在应用中产生不同类型的数据，都可以设置不同的主题。一个主题一般会有多个订阅者，当生产者发布消息到某个主题时，这个主题的订阅者都可以接收到生产者写入的新消息。

生产者往主题里写消息，订阅者从主题读消息。Kafka 为每个主题维护了分布式的分区（Partition）日志文件，每个分区在 Kafka 存储层面是 Append Log。任何发布到此分区的消息都会被追加到 Log 文件的尾部，在分区中的每条消息都会按照时间顺序分配到一个单调递增的顺序编号，也就是 Offset。Offset 是一个 Long 型的数字。通过这个 Offset 可以确定一条在该分区下的唯一消息。在分区下面保证了有序性，但是在主题下面没有保证有序性。

为了做到水平扩展，一个主题实际是由多个分区组成的，遇到瓶颈时，可以通过增加分区的数量来进行横向扩容。

2. 特性

Kafka 具有如下特性。

① 通过 O(1)的磁盘数据结构提供消息的持久化，这种结构即使对于 TB 级的消息存储也能够保持长时间的稳定性能。

② 高吞吐量：即使是非常普通的硬件，Kafka 也可以每秒处理数百万条的消息。

③ 支持通过 Kafka 服务器和消费机集群来进行消息分区。

④ 支持 Hadoop 并行数据加载。

3. 相关术语介绍

① 代理服务器。

Kafka 集群包含一个或多个服务器，这种服务器被称为代理服务器（Broker），或 Kafka 集群。已发布的消息会保存在一组服务器中。

② 话题。

话题（Topic）是消息的分类名，每条发布到 Kafka 集群的消息都属于一个类别，这个类别被称为话题。在物理上不同话题的消息是分开存储的，在逻辑上一个话题的消息保存于一个或多个代理服务器上。用户在生产或消费数据时，只需指定消息的话题，而不必关心数据存储在哪里。

③ 分区。

分区（Partition）是物理上的概念，每个话题包含一个或多个分区。

④ 生产者。

生产者（Producer）是能够发布消息到 Kafka Broker 的任何对象。

⑤ 消费者。

消费者（Consumer）可以订阅一个或多个话题，是从 Kafka Broker 读取消息的客户端。

⑥ 消费者组群。

每个消费者属于一个特定的消费者组群（Consumer Group）（可为每个消费者指定组群的名字，若不指定组群名，则属于默认的组群）。

Kafka 保存消息时是根据话题分类的，发消息者就是生产者，接收消息者就是消费者。Kafka 集群由多个 Kafka 实例组成，每个实例成为 Broker。Kafka 集群、生产者和消费者都需要依赖于 ZooKeeper 集群服务，来保存被称为 meta 的元数据信息，进而保证集群系统的可用性，如图 5-7 所示。

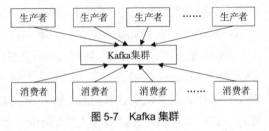

图 5-7　Kafka 集群

由于 Kafka 服务依赖于 ZooKeeper 服务，而 ZooKeeper 是基于 Hadoop 集群的，因此配置 Kafka 服务之前需要配置好 Hadoop、ZooKeeper 集群服务。这在后面讲解配置 Kafka 时再详述。

5.2.9　Storm 原理简介

1. Storm 概述

Storm 是一个实时的、分布式以及高容错的计算系统。

同 Hadoop 一样，Storm 也可以处理大批量的数据，且 Storm 在保证高可靠性的前提下还可以让处理更加实时。

Storm 同时具备容错和分布计算等特性，这就使 Storm 可以扩展到不同的计算机上进行大批量的数据处理。

Storm 是一个分布式实时流式计算平台。分布式体现在：可以水平扩展，通过增加计算机、提高并发数来提高处理能力；可以自动容错，自动处理进程、计算机、网络异常。实时体现在：数据不写入磁盘，延迟低（ms 级）。流式体现在：不断有数据流入、处理、流出。而且 Storm 是开源的，开源社区很活跃。

如果将 Storm 与 MapReduce 对比，可总结其优点为：常驻运行、流式处理（数据来一点处理一点）、实时处理（数据在内存中不写入磁盘）、DAG（Directed Acyclic Graph，有向无环图）模型（可以组合多个阶段）。

总之，Storm 是一个开源的分布式实时计算系统，可以简单、可靠地处理大量的数据流。Storm 有很多使用场景，如实时分析、在线机器学习、持续计算、分布式 RPC、ETL 等。Storm 支持水平扩展，具有高容错性，保证每个消息都会得到处理，而且处理速度很快（在一个小集群中，每个节点每秒可以处理数以百万计的消息）。Storm 的部署和运维都很便捷，更为重要的是可以使用任意编程语言来开发应用。

Storm 具有编程模型简单、可扩展、高可靠性、高容错性、支持多种编程语言等特点。

2. Storm 中的抽象概念

Storm 服务中涉及比较多的术语和关键组件概念，这里先做一下介绍。

（1）术语解释

① Tuple：被处理的数据。

② Spout：数据源。

③ Bolt：数据操作。数据处理逻辑（过滤、聚合、查询数据库等）被封装在 Bolt 里面。

④ Task：运行于 Spout 或 Bolt 中的线程。

⑤ Worker：运行 Task 线程的进程。

（2）关键组件

① Topology：Storm 中运行的一个实时应用程序，因为各个组件间的消息流动形成逻辑上的一个拓扑结构。一个 Topology 是由 Spout 和 Bolt 组成的图，通过 Stream Grouping 将 Spout 和 Bolt 连接起来，如图 5-8 所示。

② Nimbus：Storm 中的主节点，负责管理 Supervisor、调度 Topology。它通常运行一个 Nimbus 后台进程，用于响应分布在集群中的节点，并将任务分配给其他计算机以及完成故障监测。

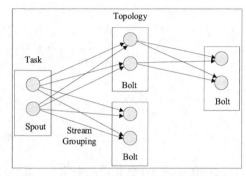

图 5-8 Topology 是多个 Spout 和 Bolt 组成的图

③ Supervisor：Storm 中的从节点（工作节点），它会运行一个叫作 Supervisor 的后台进程，用于接收 Nimbus 发来的工作指派并基于要求运行工作进程。每个从节点都是拓扑（Topology）中一个子集的实现。主节点和从节点之间的协调是通过 ZooKeeper 系统或者集群实现的。

④ Worker：具体处理组件逻辑的进程，负责实际的计算和网络通信。

⑤ Task：Worker 中每一个 Spout 线程或 Bolt 线程称为一个 Task。在 Storm 0.8 之后，Task 就不再与物理线程一一对应了。同一个 Spout/Bolt 的 Task 有可能共享一个物理线程，称为 Executor。

⑥ ZooKeeper：用于完成 Supervisor 和 Nimbus 之间协调的服务。

⑦ Steam：以 Tuple 为单位组成的一条有向无界的数据流。

⑧ Spout：Spout 是 Storm 里一个 Topology 中的数据生产者，即 Spout 从来源处读取数据并放入 Topology，Spout 是 Steam 的源头。Spout 从外部数据源读取数据，然后封装成 Tuple 形式，最后发送到 Stream 中。

⑨ Bolt：Topology 中所有的数据处理都是由 Bolt 完成的。Bolt 从 Spout 中接收数据并处理，也可以将 Tuple 发送给另一个 Bolt 进行处理。Bolt 可以完成连接的过滤或聚合、访问文件或数据库等数据处理工作。

3. Storm 集群原理和架构

（1）Storm 集群原理

Storm 的计算模型为 DAG 计算模型，Spout 和 Bolt 节点在有向无环图里灵活组合构成 Stream 数据流，数据流以 Tuple 为基本的数据单元。

其中，Tuple 是数据处理单元，一个 Tuple 由多个字段组成；Stream 是持续的 Tuple 流；Spout 的作用是从外部获取数据，输出原始 Tuple；Bolt 的作用是接收 Spout/Bolt 输出的 Tuple，处理并输出新 Tuple。

（2）Storm 集群架构

Storm 集群采用主从架构方式，主节点是 Nimbus，从节点是 Supervisor，有关调度的信息存储到 ZooKeeper 集群中。

ZooKeeper 是 Hadoop 的正式子项目，它是一个针对大型分布式系统的可靠协调系统，提供的功能包括配置维护、名字服务、分布式同步、组服务等。

Storm 依靠 ZooKeeper 集群实现节点间的信息交换，Storm 的架构如图 5-9 所示。

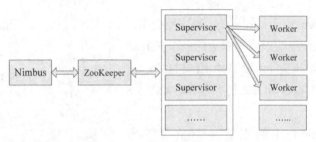

图 5-9　Storm 的架构

Nimbus 是 Storm 集群的主节点，负责分发用户代码，指派具体的 Supervisor 节点上的 Worker 节点去运行 Topology 对应的组件（Spout/Bolt）的 Task。Supervisor 是 Storm 集群的从节点，负责管理运行在 Supervisor 节点上的每一个 Worker 进程的启动和终止。Worker 是具体处理组件逻辑的进程。Worker 运行的任务类型只包含 Spout 和 Bolt 这两种。Task 是 Worker 中用于运行 Spout 或 Bolt 任务的线程。ZooKeeper 用来协调 Nimbus 和 Supervisor，如果 Supervisor 因故障而无法运行 Topology，Nimbus 会第一时间感知到，并重新分配 Topology 给其他可用的 Supervisor。

4. Storm 适用的场景

Storm 适用的场景主要有以下几种。

① 流数据处理：Storm 可以用来处理源源不断的消息，并将处理之后的结果保存到数据库中。

② 连续计算：Storm 可以进行连续查询并把结果即时反馈给客户，如将热门话题发送到客户端、处理网站指标等。

③ 分布式：由于 Storm 的组件都是分布式的，而且处理延迟都极低，因此 Storm 可以作为一个通用的分布式 RPC 框架来使用。

由于 Storm 服务依赖于 ZooKeeper 服务，而 ZooKeeper 是基于 Hadoop 集群的，因此配置 Storm 服务之前需要配置好并且启动 Hadoop、ZooKeeper 集群服务。

为了测试 Storm 配置是否成功，首先要启动 Storm 的 Nimbus 和 Supervisor 进程，然后利用 IDEA 环境编写 Storm 的 Topology 中的 Spout、Bolt 等程序来检验 Storm 集群配置的正确性。这在后面讲解配置 Storm 服务时再详述。

5.2.10　Flume 原理简介

1. Flume 概述

Flume 是一种分布式的日志收集框架，用于高效收集、聚合和移动大量且多数据源的日志数据。它是由 Cloudera 公司开发的，主要用于实时收集服务器（apache/ngnix 等）日志数据，目前受到了业界的认可，也得到了广泛应用。Flume 初始的发行版目前被统称为 Flume OG（Original Generation），属于 Cloudera 公司。

随着 Flume 功能的扩展，Flume OG 逐渐暴露出了一些缺点，如核心组件设计不合理、代码臃肿、核心配置不标准等。在 Flume OG 的最后一个发行版 0.94.0 中，日志传输不稳定的现象更加严重了。为了解决以上问题，2011 年 10 月，Cloudera 公司完成了 Flume-728 的开发。在此版本中，Cloudera 对 Flume 进行了里程碑式的改动：重构了核心组件、核心配置以及代码架构。重构以后的版本统称为 Flume NG（即 Next Generation）。Flume 重构的另一个原因是被纳入了 Apache 旗下，此后 Cloudera Flume 改名为 Apache Flume。

2. Flume 中的一些重要概念

（1）客户端

客户端（Client）会产生数据，运行在一个独立的线程中。

（2）事件

事件（Event）是 Flume 当中对数据的一种封装，是一个数据单元。事件是 Flume 传输数据最基本的单元，本身为一个字节数组，由消息头和消息体组成。事件可以是日志记录、Avro 对象等，如果是文本文件，通常是一行记录。

（3）代理

代理（Agent）是 Flume 运行的核心，是一个完整的数据收集工具，也是一个独立的 Flume 进程。它包含 3 个核心组件，分别是数据源（Source）、通道（Channel）和沉槽（Sink）。Flume 以代理为最小的独立运行单位，一个代理就是一个 JVM。每台计算机运行一个代理，一个代理可以包含多个 Source 和 Sink。通过这些组件，事件可以从一个地方流向另一个地方。Flume 运行如图 5-10 所示。

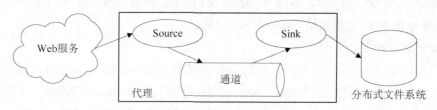

图 5-10 Flume 运行

（4）数据源

数据源（Source）是数据的收集端，负责从客户端收集捕获数据并进行格式化，将数据封装到事件里，然后将事件放到一个或多个通道中。Flume 提供了很多类型的内置 Source，如 Avro、Log4j、Syslog 和 HTTP POST 等。不同类型的 Source 可以接受不同的数据格式。如果内置的 Source 无法满足需要，Flume 还支持自定义 Source。

（5）通道

通道（Channel）是中转事件的一个临时存储，保存由 Source 组件传递过来的事件。它是连接 Source 和 Sink 的组件，可以将它看作数据的一个缓冲区（数据队列），它可以将事件暂存到内存中，也可以将事件持久化地存到本地磁盘上，直到 Sink 处理完该事件。

（6）沉槽

沉槽（Sink）从通道中取出事件，负责将事件传输到下一跳或最终目的地。它不仅可以向数据库、Hadoop、文件系统存储数据，也可以将数据送到其他代理的 Source。成功地完成传输以后，Sink 将事件从通道移除。

3. Flume 特点

Flume 是一个分布式、可靠和高可用的海量日志采集、聚合和传输系统，支持在日志系统中定制各类数据发送方，用于收集数据。同时，Flume 具有对数据进行简单处理并写到各种数据接收方（如文本、HDFS、HBase 等）的能力。

事件是 Flume 的基本数据单位，它除了以字节数组的形式携带日志数据，还携带头信息。Flume 的数据流由事件贯穿始终，这些事件由代理外部的 Source 生成。Source 捕获事件后会对其进行特定的格式化，然后 Source 会把事件推入（单个或多个）通道。可以把通道看作一个缓冲区，它将保存事件，直到 Sink 处理完该事件。Sink 负责持久化日志或者把事件推向另一个 Source。

4. Flume 的数据流和可靠性

（1）Flume 数据流

数据流（Flow）是 Flume 中事件从源点到达目的地的迁移的抽象。Flume 的核心工作是把数据从数据源收集过来，再送到目的地。Flume 先缓存数据，等到数据真正到达目的地，再删除缓存的数据。事件代表一个数据流的最小完整单元，从外部数据源来，向外部的目的地去。

Flume 提供了大量内置的、不同类型的 Source、Channel 和 Sink，它们可以自由、灵活地组合，组合方式在用户的配置文件里面进行设置。Channel 可以把事件暂存在内存里，也可以持久化地存到本地硬盘上。Sink 可以把日志写入 HDFS、HBase，甚至另外一个 Source。

Flume 还支持用户建立多级流，即多个 Agent 协同工作，并且支持 Fan-in、Fan-out、Contextual Routing、Backup Routes，这也正是 Flume 的强大之处。

（2）Flume 的可靠性

Flume 使用事务的方式保证整个传送事件过程的可靠性。在事件被存入 Channel 后，或者被传到下一个代理后，或者被存入外部目的地后，Sink 才允许把事件从 Channel 中删除掉。当节点出现故障时，日志能够被传送到其他节点上，并不会丢失。Flume 提供了 3 种级别的可靠性保障，从弱到强依次为 Besteffort、Store on failure、end-to-end。

Besteffort：数据发送到接收方后，不进行确认。

Store on failure：这也是 Scribe 采用的策略，当数据接收方崩溃时，将数据写到本地，等接收方恢复后，再继续发送。

end-to-end：收到数据后，代理先将事件写到磁盘上，然后传送数据，传送成功后再删除数据；若数据传送失败，则重新发送。

5. Flume 的使用场景

Flume 的意思是"水道"，但 Flume 更像可以随意组装的消防水管。下面根据官方文档，展示几种数据流。

（1）多个代理顺序连接

可以将多个 Agent 顺序连接起来，将最初的数据源经过收集，存储到最终的存储系统中。这是最简单的情况。

（2）多个代理的数据汇聚到同一个代理

这种情况的应用比较多，例如，大多数 Web 网站会使用负载均衡集群模式，每个节点都会产生用户行为日志，要收集 Web 网站的用户行为日志，可以为每个节点都配置一个代理，来收集单机日志数据，然后将多个代理的数据汇聚到一个用来存储数据的存储系统（如 HDFS）。

（3）多级流

Flume 还支持多级流。例如，当 Syslog、Java、Nginx、Tomcat 等混合在一起的日志流流入一个代理时，可以在其中将混杂的日志流分开，给每种类型的日志建立一个自己的传输通道。

5.3　本章小结

本章介绍了大数据运维的基本概念和大数据运维主流工具，重点讲解了大数据系统的技术方案，并详细介绍了 Hadoop、ZooKeeper、HBase、Spark、Hive、MongoDB、Kafka、Storm、Flume 等的工作原理。

通过分析以上各个工具的功能和它们之间的依赖关系可知，所有的大数据运维工具都工作于Hadoop 平台之上，有的需要由 ZooKeeper 来协调管理。

通过本章的学习，读者可掌握大数据运维的基本知识和各个运维工具的工作原理，为后面的学习打下基础。

5.4　习题

1. 简述 Hadoop 分布式大数据框架的几个最重要的组件及其作用。
2. 简述 ZooKeeper 组件的作用。
3. 对比 HBase 与 HDFS 在大数据处理上的区别。
4. 简述 Hive 的数据仓库的几种安装运行模式。
5. 简述相对于 MapReduce，Storm 的优点。
6. 请将 Spark 与 Hadoop 中的集群计算进行对比。
7. 简述基于分布式文件存储的数据库 MongoDB 的特点。

06 第6章 大数据运维实操

第5章介绍了大数据运维主流工具的技术框架和每个工具的工作原理，本章将详细介绍这些工具的安装配置步骤。每种工具都依托于 Hadoop 平台，而使用 ZooKeeper 是为了管理 Hadoop 集群及其他服务，因此，后面的工具都需要 Hadoop 和 ZooKeeper，这在安装配置过程中需要注意。

知识地图

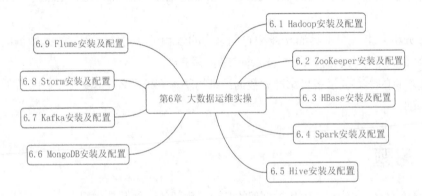

6.1 Hadoop 安装及配置

搭建 Hadoop 系统所需的软件环境：VMware 12、JDK 1.8、SSH、Hadoop 2.7.4。

6.1.1 配置3台服务器间 SSH 免密远程登录

1. 准备3台 Linux 服务器，配置3个 IP 地址

准备3台服务器，分别为主节点（master）、从节点1（slave1）、从节点2（slave2）。

在 VMware 12 虚拟机环境下建立一块 20GB 容量的虚拟磁盘，完成 OL-7.4 Server.x86_64linux（即 Oracle Linux 64）系统环境的安装。

为了完成 Hadoop 集群的搭建，需要 3 台安装了 Linux 的服务器。本书采用的方式是将安装好的 OL-7.4 Server.x86_64linux 复制 3 份，分别在虚拟机下打开，为 3 台服务器均设置有线网卡连接的静态 IP 地址，并把这 3 台服务器的主机名分别设置为 master、slave1、slave2。下面将介绍这个过程。

将 3 台 Linux 虚拟机均在 VMware 12 中启动，虚拟机网络适配器均设置为桥接方式，如图 6-1 所示。这样就可以为每台机器配置它们自己的 IP 地址。

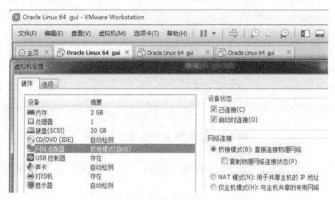

图 6-1 设置虚拟机网络适配器

对第 1 台机器配置 IP 地址。选择"应用程序"→"系统工具"→"设置"，在其中单击"网络"图标，如图 6-2 所示，有线连接是关闭状态，单击该按钮，使之变成打开状态。

图 6-2 打开有线网卡连接

然后，配置其 IPv4 地址为 192.168.1.21（拟作主节点 master），网关为 192.168.1.1。并为其他两台机器配置 IPv4 地址为 192.168.1.22（拟作从节点 slave1）和 192.168.1.23（拟作从节点 slave2），网关均为 192.168.1.1。

测试 3 台 Linux 虚拟机之间是否可以 ping 通。

2. 为 3 台 Linux 服务器修改机器名字

在第 1 台服务器中启动 Shell，修改以下两处信息。

① 修改主机名字为 master。

```
#hostname master
```

② 修改 Shell 提示符为 master。

```
#vi /etc/bashrc
```

修改原来的 " ${USER} " 为 " master " ，见图 6-3 所示方框中文字。

```
# /etc/bashrc

# System wide functions and aliases
# Environment stuff goes in /etc/profile

# It's NOT a good idea to change this file unless you know what you
# are doing. It's much better to create a custom.sh shell script in
# /etc/profile.d/ to make custom changes to your environment, as this
# will prevent the need for merging in future updates.

# are we an interactive shell?
if [ "$PS1" ]; then
  if [ -z "$PROMPT_COMMAND" ]; then
    case $TERM in
    xterm*|vte*)
      if [ -e /etc/sysconfig/bash-prompt-xterm ]; then
          PROMPT_COMMAND=/etc/sysconfig/bash-prompt-xterm
      elif [ "${VTE_VERSION:-0}" -ge 3405 ]; then
          PROMPT_COMMAND="__vte_prompt_command"
      else
          PROMPT_COMMAND='printf "\033]0;%s@%s:%s\007" "master" "${HOSTNAME%%.*}" "${PWD/#$HOME/~}"'
      fi
```

图 6-3　修改 Shell 提示符为 master

关闭 Shell，再重新打开 Shell，提示符变为 master。对其他两台服务器做同样的修改，分别改为 slave1、slave2。

在 master 服务器上修改/etc/hosts 文件，在该文件首加入如下 3 行代码。

```
192.168.1.21 master
192.168.1.22 slave1
192.168.1.23 slave2
```

结果如图 6-4 所示。

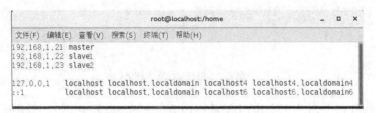

图 6-4　为/etc/hosts 添加 3 个节点

在 3 台服务器上均启动 SSH 服务，输入如下命令将 master 服务器上的/etc/hosts 文件复制至 slave1 和 slave2，复制的时候需要输入目的服务器的登录密码。

```
#scp  /etc/hosts slave1:/etc/
#scp  /etc/hosts slave2:/etc/
```

为了方便后面配置 Hadoop 等一系列服务，下面进行 3 台服务器之间 SSH 免密远程登录的配置。

3. 配置 SSH 免密登录

在第 1 台服务器 master 中启动 Shell，创建 SSH 秘钥。

```
#ssh-keygen -t rsa
```

结果如图 6-5 所示。

```
[root@master ~]# ssh-keygen -t rsa
Generating public/private rsa key pair.
Enter file in which to save the key (/root/.ssh/id_rsa):
Created directory '/root/.ssh'.
Enter passphrase (empty for no passphrase):
Enter same passphrase again:
Your identification has been saved in /root/.ssh/id_rsa.
Your public key has been saved in /root/.ssh/id_rsa.pub.
The key fingerprint is:
SHA256:YvPBwWOCAsvibtpmRzLUsBIxZzwfhM9CIrV8E53EYPY root@localhost
The key's randomart image is:
+---[RSA 2048]----+
|o+--|B=o.        |
|+**=.++o .       |
|o+=0o.E + o      |
|o.+.=. . +       |
| +. . +S         |
|. o .. +.        |
| o +    .        |
|o.o .            |
|.o..             |
+----[SHA256]-----+
[root@master ~]# 
```

图 6-5　创建 SSH 免密远程登录密钥

将公钥复制到从节点 1（slave1）。

```
#ssh-copy-id slave1
```

第一个黑框位置输入 yes，第二个黑框位置输入 root 用户密码，如图 6-6 所示。

```
[root@master ~]# ssh-copy-id slave1
The authenticity of host 'slave1 (192.168.1.22)' can't be established.
ECDSA key fingerprint is SHA256:dur75mG3fce2sUtmtHhtrXRDpeVXRDtoYbjux1OvCXM.
ECDSA key fingerprint is MD5:0e:65:75:4c:b2:dc:b2:63:ad:83:38:5b:31:6e:8d:11.
Are you sure you want to continue connecting (yes/no)? yes
/usr/bin/ssh-copy-id: INFO: attempting to log in with the new key(s), to filter out any that
are already installed
/usr/bin/ssh-copy-id: INFO: 1 key(s) remain to be installed -- if you are prompted now it is
to install the new keys
root@slave1's password:

Number of key(s) added: 1

Now try logging into the machine, with:   "ssh 'slave1'"
and check to make sure that only the key(s) you wanted were added.

[root@master ~]# 
```

图 6-6　复制公钥到 slave1

同样地，将公钥复制到从节点 2（slave2）和主节点（master）。

```
#ssh-copy-id slave2
#ssh-copy-id master
```

在 master（本机）上验证 SSH 免密登录到 slave1 和 slave2 上，再退出，如图 6-7 所示。结果表明，这 3 台服务器之间实现了 SSH 免密登录。

```
[root@master ~]# ssh slave1
Last login: Thu May  2 07:35:41 2019
[root@slave1 ~]# exit
登出
Connection to slave1 closed.
[root@master ~]# 
```

图 6-7　master SSH 免密登录 slave1

6.1.2　配置 Java 环境

本书将 Java 安装在/usr 目录下，文件重命名为/usr/jdk。

1. 解压缩 Java 安装文件并将文件重命名为/usr/jdk

本书使用的 Java 软件包为 jdk-8u144-linux-x64.tar.gz。假设该软件包文件目前保存在

/home/software/目录下，输入如下命令将该软件包解压缩至/usr 目录下。

```
#tar -zxvf  /home/software/jdk-8u144-linux-x64.tar.gz  -C  /usr
```

解压缩后将在/usr/下产生 jdk1.8.0_144 文件夹。输入如下命令将其重命名为/usr/jdk。

```
#mv /usr/jdk1.8.0_144  /usr/jdk
```

2. 编辑 profile 文件，修改 Java 环境变量

修改环境变量。

```
#vim /etc/profile
```

切换到其输入模式下，在文件结尾处添加如下代码。

```
export JAVA_HOME=/usr/jdk
export PATH=$JAVA_HOME/bin:$PATH
export CLASSPATH=.:$JAVA_HOME/lib/dt.jar:$JAVA_HOME/lib/tools.jar
```

刷新配置文件，命令如下。

```
#source /etc/profile
```

至此，Java 环境配置完成。验证 Java 配置是否正确，可执行如下命令。

```
#java -version
```

出现图 6-8 所示信息即表示配置正确。

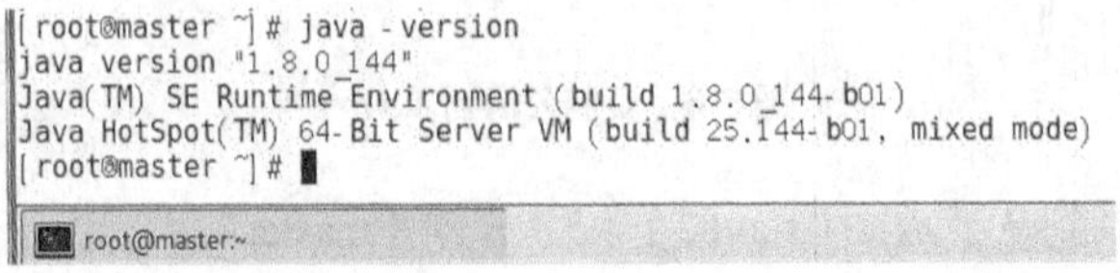

图 6-8　配置正确

6.1.3　Hadoop 分布式文件系统集群安装及配置

本书将 Hadoop 安装在/opt 目录下。

1. 解压缩 Hadoop 安装文件并修改 profile 文件

假设 hadoop-2.7.4.tar.gz 目前保存在/home/software/目录下，将其解压缩至/opt 目录下。

```
#tar -zxvf  /home/software/hadoop-2.7.4.tar.gz -C /opt
```

解压缩后文件夹名为 hadoop-2.7.4，修改该文件夹名为 hadoop。

```
#mv /opt/hadoop-2.7.4  /opt/hadoop
```

修改环境变量。

```
#vim /etc/profile
```

切换到其输入模式下，在文件结尾处添加如下代码。

```
export HADOOP_HOME=/opt/hadoop
export PATH=$PATH:$HADOOP_HOME/bin:$HADOOP_HOME/sbin
```

修改环境变量后的结果如图 6-9 所示。

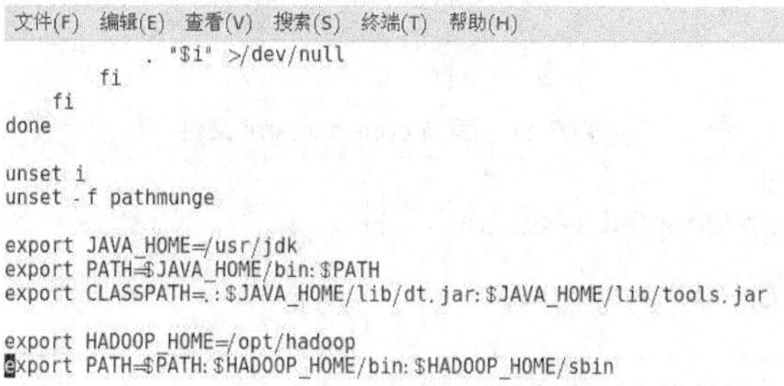

图 6-9　修改环境变量后的结果

刷新配置文件，命令如下。

```
#source /etc/profile
```

2. 编辑/opt/hadoop/etc/hadoop/hadoop-env.sh 文件

编辑 Hadoop 的环境配置文件 hadoop-env.sh。

```
#vi /opt/hadoop/etc/hadoop/hadoop-env.sh
```

为了方便光标定位，可以在使用 vi 编辑文件时，用:set nu 命令设置显示行号。

定位到 export JAVA_HOME${JAVA_HOME}行（本例中在第 25 行），修改为 export JAVA_HOME=/usr/jdk（此处即是修改为本机 Java 所在目录）。修改环境变量后部分截图如图 6-10 所示。

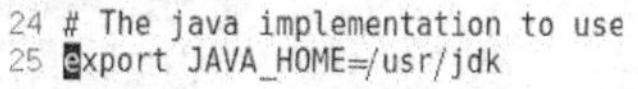

```
24 # The java implementation to use
25 export JAVA_HOME=/usr/jdk
```

图 6-10　修改环境变量后

3. 编辑/opt/hadoop/etc/hadoop/core-site.xml 文件

编辑 Hadoop 的配置文件 core-site.cml。

```
#vi /opt/hadoop/etc/hadoop/core-site.xml
```

也使用:set nu 命令设置显示行号。

定位到<configuration>行（本例中在第 19 行），在<configuration>与</configuration>之间，写入如下配置信息。

```
<property>
<name>fs.defaultFS</name>
<value>hdfs://master</value>
```

```
</property>
<property>
<name>hadoop.tmp.dir</name>
<value>/opt/hadoop/tmp</value>
</property>
```

编辑文件后的部分截图如图 6-11 所示。

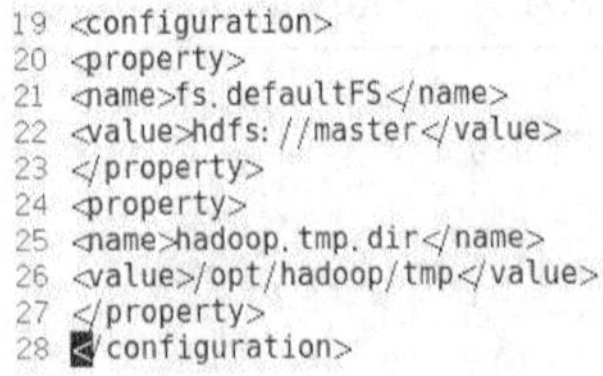

```
19 <configuration>
20 <property>
21 <name>fs.defaultFS</name>
22 <value>hdfs://master</value>
23 </property>
24 <property>
25 <name>hadoop.tmp.dir</name>
26 <value>/opt/hadoop/tmp</value>
27 </property>
28 </configuration>
```

图 6-11　编辑 core-site.xml 文件

4. 编辑/opt/hadoop/etc/hadoop/hdfs-site.xml 文件

编辑 Hadoop 的配置文件 hdfs-site.xml。

```
#vi /opt/hadoop/etc/hadoop/hdfs-site.xml
```

也使用:set nu 命令设置显示行号。

定位到<configuration>行（本例中在第 19 行），在<configuration>与</configuration>之间，写入如下配置信息。

```
<property>
<name>dfs.replication</name>
<value>3</value>
</property>
```

编辑文件后的部分截图如图 6-12 所示。

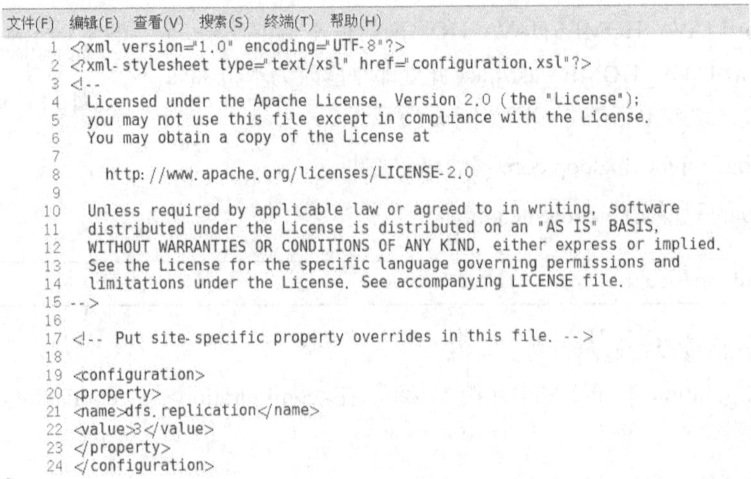

```
文件(F)  编辑(E)  查看(V)  搜索(S)  终端(T)  帮助(H)
1 <?xml version="1.0" encoding="UTF-8"?>
2 <?xml-stylesheet type="text/xsl" href="configuration.xsl"?>
3 <!--
4   Licensed under the Apache License, Version 2.0 (the "License");
5   you may not use this file except in compliance with the License.
6   You may obtain a copy of the License at
7
8     http://www.apache.org/licenses/LICENSE-2.0
9
10  Unless required by applicable law or agreed to in writing, software
11  distributed under the License is distributed on an "AS IS" BASIS,
12  WITHOUT WARRANTIES OR CONDITIONS OF ANY KIND, either express or implied.
13  See the License for the specific language governing permissions and
14  limitations under the License. See accompanying LICENSE file.
15 -->
16
17 <!-- Put site-specific property overrides in this file. -->
18
19 <configuration>
20 <property>
21 <name>dfs.replication</name>
22 <value>3</value>
23 </property>
24 </configuration>
```

图 6-12　编辑 hdfs-site.xml 文件

5. 编辑/opt/hadoop/etc/hadoop/mapred-site.xml 文件

复制/opt/hadoop/etc/hadoop/mapred-site.xml.tmplate 文件并重命名为 mapred-site.xml。

```
#cp /opt/hadoop/etc/hadoop/mapred-site.xml.template
/opt/hadoop/etc/hadoop/mapred-site.xml
```

编辑/opt/hadoop/etc/hadoop/mapred-site.xml 文件，并使用:set nu 命令设置显示行号。

```
#vi /opt/hadoop/etc/hadoop/mapred-site.xml
```

定位到<configuration>行（本例中在第 19 行），在<configuration>与</configuration>之间，写入如下配置信息。

```
<property>
<name>mapreduce.framework.name</name>
<value>yarn</value>
</property>
```

编辑文件后的部分截图如图 6-13 所示。

```
17 <!-- Put site-specific property overrides in this file. -->
18
19 <configuration>
20 <property>
21 <name>mapreduce.framework.name</name>
22 <value>yarn</value>
23 </property>
24 </configuration>
```

图 6-13　编辑 mapred-site.xml 文件

6. 编辑/opt/hadoop/etc/hadoop/yarn-site.xml 文件

编辑 yarn-site.xml 文件。

```
#vi /opt/hadoop/etc/hadoop/yarn-site.xml
```

编辑时使用了:set nu 命令设置显示行号，部分截图如图 6-14 所示。

```
1 <?xml version="1.0"?>
2 <!--
3   Licensed under the Apache License, Version 2.0 (the "License");
4   you may not use this file except in compliance with the License.
5   You may obtain a copy of the License at
6
7     http://www.apache.org/licenses/LICENSE-2.0
8
9   Unless required by applicable law or agreed to in writing, software
10  distributed under the License is distributed on an "AS IS" BASIS,
11  WITHOUT WARRANTIES OR CONDITIONS OF ANY KIND, either express or implied.
12  See the License for the specific language governing permissions and
13  limitations under the License. See accompanying LICENSE file.
14 -->
15 <configuration>
16
17 <!-- Site specific YARN configuration properties -->
18
19 </configuration>
```

图 6-14　编辑 yarn-site.xml 文件

在第 18 行添加如下代码。

```
<property>
<name>yarn.nodemanager.aux-services</name>
<value>mapreduce_shuffle</value>
</property>
```

编辑文件后的部分截图如图 6-15 所示。

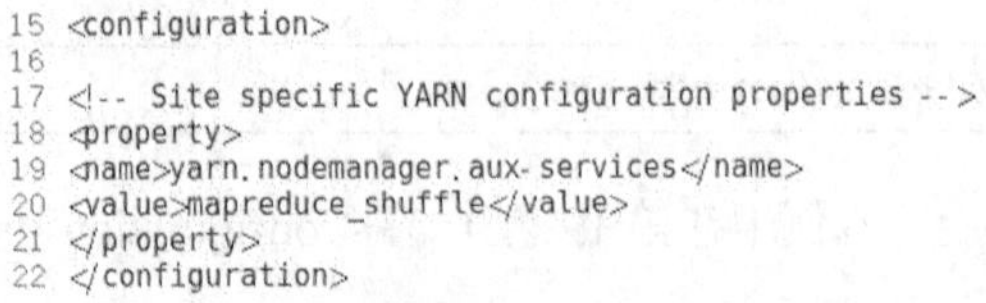

```
15 <configuration>
16
17 <!-- Site specific YARN configuration properties -->
18 <property>
19 <name>yarn.nodemanager.aux- services</name>
20 <value>mapreduce_shuffle</value>
21 </property>
22 </configuration>
```

图 6-15　编辑 yarn-site.xml 文件

7. 编辑/opt/hadoop/etc/hadoop/slaves 文件

编辑 Hadoop 的配置文件 slaves。

```
#vim /opt/hadoop/etc/hadoop/slaves
```

删除原来内容，添加如下内容。

```
slave1
slave2
```

编辑文件后的截图如图 6-16 所示。

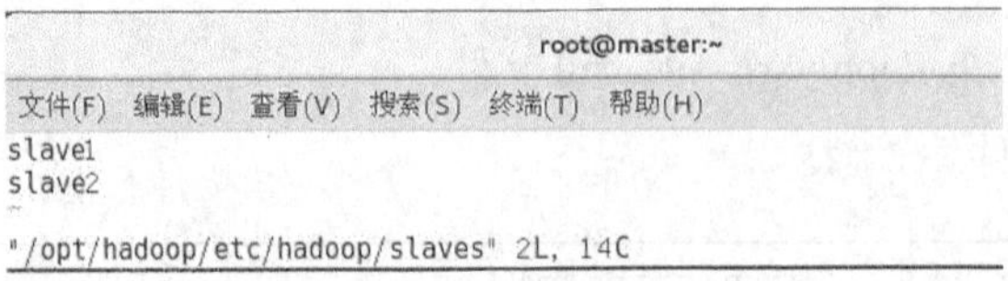

```
                                        root@master:~
文件(F)  编辑(E)  查看(V)  搜索(S)  终端(T)  帮助(H)
slave1
slave2
"/opt/hadoop/etc/hadoop/slaves" 2L, 14C
```

图 6-16　编辑 slaves 文件

8. 复制 master 的/etc/profile 文件到 slave1 的/etc 目录下和 slave2 的/etc 目录下

在 master 执行如下远程登录复制命令，将本机的/etc/profile 文件复制到 slave1 的/etc/下和 slave2 的/etc/下。

```
#scp /etc/profile  slave1:/etc
#scp /etc/profile  slave2:/etc
```

9. 复制 master 的/opt/hadoop 文件到 slave1 的/opt 目录下和 slave2 的/opt 目录下

在 master 执行如下远程登录复制命令，将本机的/opt/hadoop 文件夹复制到 slave1 的/opt/下。

```
#scp  -r  /opt/hadoop  slave1:/opt
```

master 上复制命令截图和复制完成后部分截图如图 6-17 所示。

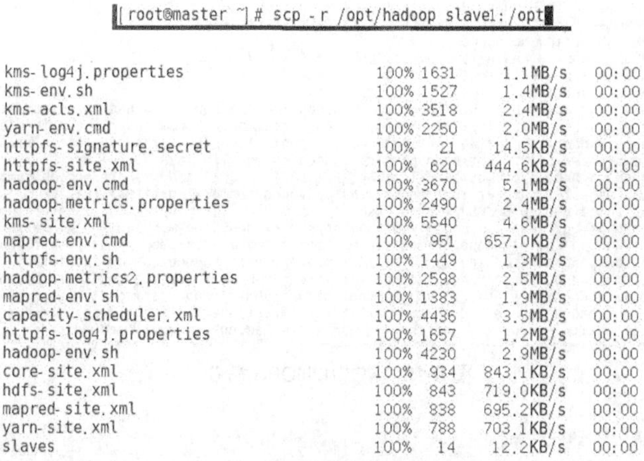

```
[root@master ~]# scp -r /opt/hadoop slave1:/opt
```

```
kms- log4j. properties              100% 1631      1.1MB/s    00:00
kms- env. sh                        100% 1527      1.4MB/s    00:00
kms- acls. xml                      100% 3518      2.4MB/s    00:00
yarn- env. cmd                      100% 2250      2.0MB/s    00:00
httpfs- signature. secret           100%   21     14.5KB/s    00:00
httpfs- site. xml                   100%  620    444.6KB/s    00:00
hadoop- env. cmd                    100% 3670      5.1MB/s    00:00
hadoop- metrics. properties         100% 2490      2.4MB/s    00:00
kms- site. xml                      100% 5540      4.6MB/s    00:00
mapred- env. cmd                    100%  951    657.0KB/s    00:00
httpfs- env. sh                     100% 1449      1.3MB/s    00:00
hadoop- metrics2. properties        100% 2598      2.5MB/s    00:00
mapred- env. sh                     100% 1383      1.9MB/s    00:00
capacity- scheduler. xml            100% 4436      3.5MB/s    00:00
httpfs- log4j. properties           100% 1657      1.2MB/s    00:00
hadoop- env. sh                     100% 4230      2.9MB/s    00:00
core- site. xml                     100%  934    843.1KB/s    00:00
hdfs- site. xml                     100%  843    719.0KB/s    00:00
mapred- site. xml                   100%  838    695.2KB/s    00:00
yarn- site. xml                     100%  788    703.1KB/s    00:00
slaves                              100%   14     12.2KB/s    00:00
```

图 6-17　远程复制/opt/hadoop 文件夹

同样地，在 master 执行如下远程登录复制命令，将 master 的/opt/hadoop 复制到 slave2 的/opt 下。

```
#scp  -r  /opt/hadoop  slave2:/opt
```

从 master 复制至 slave2 节点的命令截图和复制完成后截图与 slave1 相同。

10. 复制 master 的 Java 软件包至 slave1 和 slave2

在 master 执行如下远程登录复制命令，将 master 上的/usr/jdk 复制到 slave1 的/usr 下和 slave2 的 /usr 下。

```
#scp  -r  /usr/jdk  slave1:/usr
#scp  -r  /usr/jdk  slave2:/usr
```

11. 在 slave1 和 slave2 导入/etc/profile，使其中修改过的配置参数生效

切换到 slave1 上，在 Shell 中输入命令，使/etc/profile 生效，如图 6-18 所示。

```
[root@slave1 ~]# source /etc/profile
```

图 6-18　使/etc/profile 生效

同样地，切换到 slave2 上，输入如下命令，使/etc/profile 生效。

```
#source /etc/profile
```

12. 切换到 master 上，格式化分布式文件系统 HDFS

切换到 master 上，执行如下命令，对 HDFS 进行格式化（此时 slave1 和 slave2 必须保持启动，能 ping 通，而且 SSH 免密登录要保证已经配置好）。

```
# /opt/Hadoop/bin/hdfs namenode - format
```

格式化 HDFS 命令执行结果最前面部分和最后面部分截图如图 6-19、图 6-20 所示。

```
[root@master ~]# /opt/hadoop/bin/hdfs namenode -format
19/05/03 11:40:50 INFO namenode.NameNode: STARTUP_MSG:
/************************************************************
STARTUP_MSG: Starting NameNode
STARTUP_MSG:   host = master/192.168.1.21
STARTUP_MSG:   args = [-format]
STARTUP_MSG:   version = 2.7.4
STARTUP_MSG:   classpath = /opt/hadoop/etc/hadoop:/opt/hadoop/share/hadoop/common/lib/c
ommons-compress-1.4.1.jar:/opt/hadoop/share/hadoop/common/lib/commons-cli-1.2.jar:/opt/
hadoop/share/hadoop/common/lib/jettison-1.1.jar:/opt/hadoop/share/hadoop/common/lib/cur
ator-framework-2.7.1.jar:/opt/hadoop/share/hadoop/common/lib/java-xmlbuilder-0.4.jar:/o
pt/hadoop/share/hadoop/common/lib/slf4j-api-1.7.10.jar:/opt/hadoop/share/hadoop/common/
lib/commons-digester-1.8.jar:/opt/hadoop/share/hadoop/common/lib/httpclient-4.2.5.jar:/
opt/hadoop/share/hadoop/common/lib/api-asn1-api-1.0.0-M20.jar:/opt/hadoop/share/hadoop/
common/lib/protobuf-java-2.5.0.jar:/opt/hadoop/share/hadoop/common/lib/jersey-server-1.
9.jar:/opt/hadoop/share/hadoop/common/lib/mockito-all-1.8.5.jar:/opt/hadoop/share/hadoo
p/common/lib/commons-httpclient-3.1.jar:/opt/hadoop/share/hadoop/common/lib/jersey-core
-1.9.jar:/opt/hadoop/share/hadoop/common/lib/xmlenc-0.52.jar:/opt/hadoop/share/hadoop/c
ommon/lib/jackson-mapper-asl-1.9.13.jar:/opt/hadoop/share/hadoop/common/lib/jersey-json
-1.9.jar:/opt/hadoop/share/hadoop/common/lib/curator-client-2.7.1.jar:/opt/hadoop/share
/hadoop/common/lib/avro-1.7.4.jar:/opt/hadoop/share/hadoop/common/lib/commons-net-3.1.j
```

图 6-19　格式化 HDFS 命令

```
文件(F)  编辑(E)  查看(V)  搜索(S)  终端(T)  帮助(H)
.9/05/03 11:40:56 INFO metrics.TopMetrics: NNTop conf: dfs.namenode.top.num.users = 10
.9/05/03 11:40:56 INFO metrics.TopMetrics: NNTop conf: dfs.namenode.top.windows.minutes
 = 1,5,25
.9/05/03 11:40:56 INFO namenode.FSNamesystem: Retry cache on namenode is enabled
.9/05/03 11:40:56 INFO namenode.FSNamesystem: Retry cache will use 0.03 of total heap a
nd retry cache entry expiry time is 600000 millis
.9/05/03 11:40:56 INFO util.GSet: Computing capacity for map NameNodeRetryCache
.9/05/03 11:40:56 INFO util.GSet: VM type       = 64-bit
.9/05/03 11:40:56 INFO util.GSet: 0.029999999329447746% max memory 966.7 MB = 297.0 KB
.9/05/03 11:40:56 INFO util.GSet: capacity      = 2^15 = 32768 entries
.9/05/03 11:40:57 INFO namenode.FSImage: Allocated new BlockPoolId: BP-1789027939-192.1
68.1.21-1556854857171
.9/05/03 11:40:57 INFO common.Storage: Storage directory /opt/hadoop/tmp/dfs/name has b
een successfully formatted.
.9/05/03 11:40:57 INFO namenode.FSImageFormatProtobuf: Saving image file /opt/hadoop/tm
p/dfs/name/current/fsimage.ckpt_0000000000000000000 using no compression
.9/05/03 11:40:58 INFO namenode.FSImageFormatProtobuf: Image file /opt/hadoop/tmp/dfs/n
ame/current/fsimage.ckpt_0000000000000000000 of size 321 bytes saved in 0 seconds.
.9/05/03 11:40:58 INFO namenode.NNStorageRetentionManager: Going to retain 1 images wit
h txid >= 0
.9/05/03 11:40:58 INFO util.ExitUtil: Exiting with status 0
.9/05/03 11:40:58 INFO namenode.NameNode: SHUTDOWN_MSG:
/************************************************************
SHUTDOWN_MSG: Shutting down NameNode at master/192.168.1.21
************************************************************/
[root@master ~]#
```

图 6-20　格式化 HDFS 成功

13. 启动 Hadoop 分布式文件系统集群

在 master 执行如下命令，启动集群。

```
#start-all.sh
```

集群启动后结果如图 6-21 所示。

```
[root@master ~]# start-all.sh
This script is Deprecated. Instead use start-dfs.sh and start-yarn.sh
Starting namenodes on [master]
master: starting namenode, logging to /opt/hadoop/logs/hadoop-root-namenode-master.out
slave2: starting datanode, logging to /opt/hadoop/logs/hadoop-root-datanode-slave2.out
slave1: starting datanode, logging to /opt/hadoop/logs/hadoop-root-datanode-slave1.out
Starting secondary namenodes [0.0.0.0]
0.0.0.0: starting secondarynamenode, logging to /opt/hadoop/logs/hadoop-root-secondarynamenode-master.out
starting yarn daemons
starting resourcemanager, logging to /opt/hadoop/logs/yarn-root-resourcemanager-master.out
slave2: starting nodemanager, logging to /opt/hadoop/logs/yarn-root-nodemanager-slave2.out
slave1: starting nodemanager, logging to /opt/hadoop/logs/yarn-root-nodemanager-slave1.out
```

图 6-21　启动 Hadoop 集群

在 master 命令行中执行如下命令，查看都启动了哪些进程。

```
#jps
```

结果如图 6-22 所示，即表示配置均正确。

```
[root@master ~]# jps
3299 SecondaryNameNode
3459 ResourceManager
3096 NameNode
3736 Jps
```

图 6-22 master 上 Hadoop 集群的进程

在 slave1 和 slave2 上执行如下命令，查看都启动了哪些进程。

```
#jps
```

结果如图 6-23 与图 6-24 所示，即表示配置均正确。

```
[root@slave1 ~]# jps          [root@slave2 ~]# jps
2945 DataNode                 3239 NodeManager
3207 Jps                      3432 Jps
8066 NodeManager              3145 DataNode
[root@slave1 ~]#              [root@slave2 ~]#
```

图 6-23 slave1 上 Hadoop 集群的进程   图 6-24 slave2 上 Hadoop 集群的进程

至此，Hadoop 分布式文件系统集群所有配置完成，进程启动完毕。

如果想停止 Hadoop 分布式文件系统集群，执行如下命令即可。

```
#stop-all.sh
```

停止集群后结果如图 6-25 所示。

```
[root@master ~]# stop-all.sh
This script is Deprecated. Instead use stop-dfs.sh and stop-yarn.sh
Stopping namenodes on [master]
master: stopping namenode
slave2: stopping datanode
slave1: stopping datanode
Stopping secondary namenodes [0.0.0.0]
0.0.0.0: stopping secondarynamenode
stopping yarn daemons
stopping resourcemanager
slave2: stopping nodemanager
slave1: stopping nodemanager
slave2: nodemanager did not stop gracefully after 5 seconds: killing with kill -9
slave1: nodemanager did not stop gracefully after 5 seconds: killing with kill -9
no proxyserver to stop
```

图 6-25 停止 Hadoop 集群

停止 Hadoop 之后，master 上的 NameNode、SecondaryNameNode、ResourceManager 进程以及两台 slave 上的 NodeManager、DataNode 进程都会被停止。

6.2 ZooKeeper 安装及配置

ZooKeeper 是一个分布式的、开放源码的分布式应用程序协调服务。它是集群的管理者，监视着集群中各个节点的状态并根据节点提交的反馈进行下一步合理操作，最终将简单易用的接口和性能高效、功能稳定的系统提供给用户。本书对 Hadoop 及其上的各个节点进行管理调控，因此使用 6.1 节配置好 Hadoop 的 3 台机器。

1. 准备 3 个节点

本书中 ZooKeeper 节点个数为 3 个（奇数）。ZooKeeper 默认对外提供服务的端口号为 2181。

特别强调的是，配置 ZooKeeper 服务需要 3 台机器都安装配置同样的 ZooKeeper 文件夹及其下的相关配置文件，只是有一些文件在这 3 台机器上的配置内容不同，这在后文会给出。因为 3 台机器创建同样的文件夹和文件，所以可以在 3 台机器上分别创建，也可以用 SSH 远程复制从 master 复制至 slave1 和 slave2 进行创建。

首先准备 3 台机器，每台机器都配好 JDK。ZooKeeper 集群内部 3 个节点之间通信默认使用的端口号是 2888 和 3888。ZooKeeper 集群使用的 3 台机器的 IP 地址分别为 192.168.1.21、192.168.1.22 和 192.168.1.23。IP 地址与机器名之间的对应关系写在每台机器的/etc/hosts 文件中，因此需要同时对 3 台机器的/etc/hosts 文件首添加如下 3 行内容，以保证机器名和 IP 地址相对应。

```
192.168.1.21 master
192.168.1.22 slave1
192.168.1.23 slave2
```

2. 解压缩安装文件，修改文件夹名字

在 master（IP 地址为 192.168.1.21）上执行如下命令，然后将解压缩后的文件 zookeeper-3.4.10 重命名为 zookeeper。

```
#tar -zxvf /home/software/zookeeper/zookeeper-3.4.6.tar.gz  -C  /opt/
#mv /opt/zookeeper-3.4.6/  /opt/zookeeper
```

3. 编辑配置文件

① 编辑/etc/profile。

编辑 ZooKeeper 的配置文件/etc/profile。

```
#vi /etc/profile
```

在文件中添加"export ZOOKEEPER_HOME=/opt/zookeeper"。

在 PATH 中添加"$ZOOKEEPER_HOME/bin:$ZOOKEEPER_HOME/conf"。

在 CLASSPATH 中添加"$ZOOKEEPER_HOME/lib"。

添加完成后部分截图如图 6-26 所示。

```
export JAVA_HOME=/usr/jdk
export HADOOP_HOME=/opt/hadoop
export HBASE_HOME=/opt/hbase
export ZOOKEEPER_HOME=/opt/zookeeper

export PATH=$JAVA_HOME/bin:$HADOOP_HOME/bin:$HADOOP_HOME/sbin:$HBASE_HOM
E/bin:$ZOOKEEPER_HOME/bin:$ZOOKEEPER_HOME/conf:$PATH
export CLASSPATH=.:$CLASSPATH:$ZOOKEEPER_HOME/lib:$JAVA_HOME/lib/dt.jar:
$JAVA_HOME/lib/tools.jar
```

图 6-26　编辑/etc/profile

使其生效。

```
#source /etc/profile
```

② 编辑/opt/zookeeper/conf/zoo.cfg。

输入如下命令将 conf 目录下的 zoo_sample.cfg 重命名为 zoo.cfg。

```
#mv /opt/zookeeper/conf/zoo_sample.cfg    /opt/zookeeper/conf/zoo.cfg
```

编辑 3 台机器中的 zoo.cfg 文件，将其中的 dataDir 目录（图 6-27 中黑框位置）修改为 /opt/zookeeper/data，并添加如下 3 行内容表示 3 个 ZooKeeper 节点的信息。

```
server.0=192.168.1.21: 2888: 3888
server.1=192.168.1.22: 2888: 3888
server.2=192.168.1.23: 2888: 3888
```

编辑完成后部分截图如图 6-27 所示。

```
# example sakes.
dataDir=/opt/zookeeper/data
# the port at which the clients will connect
clientPort=2181
# the maximum number of client connections.
# increase this if you need to handle more clients
#maxClientCnxns=60
#
# Be sure to read the maintenance section of the
# administrator guide before turning on autopurge.
#
# http://zookeeper.apache.org/doc/current/zookeeperAdmin.html#sc_maintenance
#
# The number of snapshots to retain in dataDir
#autopurge.snapRetainCount=3
# Purge task interval in hours
# Set to "0" to disable auto purge feature
#autopurge.purgeInterval=1
server.0=192.168.1.21:2888:3888
server.1=192.168.1.22:2888:3888
server.2=192.168.1.23:2888:3888
```

图 6-27　编辑 zoo.cfg 文件

③ 创建/opt/zookeeper/data 下的文件。

首先需要在 3 个 ZooKeeper 节点的 zookeeper 目录下创建 data 目录，然后在每台机器的 data 目录下创建 myid 文件，最后把它们的内容分别写成 0、1、2。图 6-28 所示为 master 上的 myid 文件的内容。

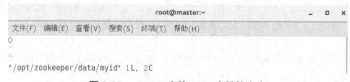

图 6-28　master 上的 myid 文件的内容

④ 复制/opt/zookeeper/至 slave1 和 slave2。

在保证 3 台机器之间能够 SSH 免密登录的情况下，将 master 上/opt 目录下配置好的包含 ZooKeeper 各个文件的整个 zookeeper 文件夹复制至 slave1 和 slave2 的/opt 目录下，命令及结果如图 6-29 与图 6-30 所示。

```
[root@master opt]# scp -r zookeeper/ slave1:/opt/
lastRevision.sh                          100%  946     878.8KB/s    00:00
zookeeper.jute                           100% 7172      6.5MB/s     00:00
missing                                  100%  10KB     8.4MB/s     00:00
ChangeLog                                100% 4343      4.6MB/s     00:00
load_gen.c                               100% 7847      6.7MB/s     00:00
winport.h                                100% 3946    297.9KB/s     00:00
zk_log.c                                 100% 4499      3.5MB/s     00:00
zookeeper.c                              100% 115KB    11.8MB/s     00:00
st_adaptor.c                             100% 2196      1.2MB/s     00:00
zk_hashtable.c                           100% 9434      2.1MB/s     00:00
zk_adaptor.h                             100% 8705      7.0MB/s     00:00
winport.c                                100% 9002      7.5MB/s     00:00
mt_adaptor.c                             100%  15KB    13.5MB/s     00:00
recordio.c                               100% 9745      8.5MB/s     00:00
zk_hashtable.h                           100% 2423      2.7MB/s     00:00
cli.c                                    100%  21KB    12.8MB/s     00:00
hashtable_itr.c                          100% 5392      5.5MB/s     00:00
hashtable.h                              100% 7512      4.4MB/s     00:00
hashtable_itr.h                          100% 4160    370.1KB/s     00:00
hashtable_private.h                      100% 2961      2.4MB/s     00:00
LICENSE.txt                              100% 1495      1.6MB/s     00:00
hashtable.c                              100% 9031      8.3MB/s     00:00
configure                                100% 607KB    23.7MB/s     00:00
```
root@master:/opt

图 6-29　远程复制 zookeeper 文件夹至 slave1

```
[root@master opt]# scp -r zookeeper/ slave2:/opt/
lastRevision.sh                          100%  946      1.2MB/s     00:00
zookeeper.jute                           100% 7172      8.7MB/s     00:00
missing                                  100%  10KB    11.4MB/s     00:00
ChangeLog                                100% 4343      6.1MB/s     00:00
load_gen.c                               100% 7847     10.0MB/s     00:00
winport.h                                100% 3946      6.0MB/s     00:00
zk_log.c                                 100% 4499      6.5MB/s     00:00
zookeeper.c                              100% 115KB    43.0MB/s     00:00
st_adaptor.c                             100% 2196      2.6MB/s     00:00
zk_hashtable.c                           100% 9434     11.5MB/s     00:00
zk_adaptor.h                             100% 8705      4.8MB/s     00:00
winport.c                                100% 9002     11.6MB/s     00:00
mt_adaptor.c                             100%  15KB    18.2MB/s     00:00
recordio.c                               100% 9745     11.2MB/s     00:00
zk_hashtable.h                           100% 2423    227.2KB/s     00:00
cli.c                                    100%  21KB    14.7MB/s     00:00
hashtable_itr.c                          100% 5392      7.0MB/s     00:00
hashtable.h                              100% 7512      8.9MB/s     00:00
hashtable_itr.h                          100% 4160      5.3MB/s     00:00
hashtable_private.h                      100% 2961      4.6MB/s     00:00
LICENSE.txt                              100% 1495      2.3MB/s     00:00
hashtable.c                              100% 9031      5.2MB/s     00:00
configure                                100% 607KB    46.9MB/s     00:00
```

图 6-30　远程复制 zookeeper 文件夹至 slave2

然后，向 slave1 和 slave2 的/opt/zookeeper/data 目录下的 myid 文件中分别写入 1 和 2。

⑤ 复制/etc/profile 至 slave1 和 slave2，并使其生效。

同样地，将 master 上/etc 目录下配置好的 profile 文件复制至 slave1 和 slave2 的/etc 目录下。

```
[root@master opt]# scp /etc/profile slave1:/etc/
[root@master opt]# scp /etc/profile slave2:/etc/
```

结果如图 6-31 所示。

```
[root@master opt]# scp  /etc/profile slave1:/etc/
profile                                            100% 2222    2.6MB/s   00:00
[root@master opt]# scp  /etc/profile slave2:/etc/
profile                                            100% 2222    2.9MB/s   00:00
```

图 6-31　远程复制/etc/profile 文件至 slave1、slave2

为了使其生效，分别在 slave1、slave2 执行如下命令。

```
#source /etc/profile
```

4. 启动 ZooKeeper 服务

① 启动 Hadoop 服务。

首先需要说明的是，DFS 和 YARN 服务实际上是 Hadoop 服务包含的两个子服务。启动 DFS 服务之后可以查看到的进程是 master 的 NameNode、SecondaryNameNoder 和每台 slave 中的 DataNode；启动 YARN 服务后可以查看到的进程是 master 的 ResourceManager 和每台 slave 中的 NodeManager。

在 master 启动 Hadoop 的 DFS 服务。

```
#start-dfs.sh
```

结果如图 6-32 所示。

```
[root@master ~]# start-dfs.sh
Starting namenodes on [master]
master: starting namenode, logging to /opt/hadoop/logs/hadoop-root-namenode-mast
er.out
slave1: starting datanode, logging to /opt/hadoop/logs/hadoop-root-datanode-slav
e1.out
slave2: starting datanode, logging to /opt/hadoop/logs/hadoop-root-datanode-slav
e2.out
Starting secondary namenodes [0.0.0.0]
0.0.0.0: starting secondarynamenode, logging to /opt/hadoop/logs/hadoop-root-sec
ondarynamenode-master.out
[root@master ~]# jps
3528 SecondaryNameNode
3353 NameNode
3678 Jps
```

图 6-32　启动 DFS 服务

在 master 启动 Hadoop 的 YARN 服务。

```
#start-yarn.sh
```

结果如图 6-33 所示。

```
[root@master ~]# start-yarn.sh
starting yarn daemons
starting resourcemanager, logging to /opt/hadoop/logs/yarn-root-resourcemanager-
master.out
slave2: starting nodemanager, logging to /opt/hadoop/logs/yarn-root-nodemanager-
slave2.out
slave1: starting nodemanager, logging to /opt/hadoop/logs/yarn-root-nodemanager-
slave1.out
[root@master ~]# jps
4690 Jps
3528 SecondaryNameNode
3353 NameNode
4591 ResourceManager
```

图 6-33　启动 YARN 服务

也可以直接用如下命令一起启动 DFS 和 YARN 服务。

```
#start-all.sh
```

② 启动 ZooKeeper 服务。

然后，在 3 个节点均需启动 ZooKeeper 并使用 jps 命令查看相应进程是否已经启动。

```
#zkServer.sh start
#jps
```

在 master 启动 ZooKeeper 服务并查看，如图 6-34 所示。

```
[root@master ~]# zkServer.sh start
JMX enabled by default
Using config: /opt/zookeeper/bin/../conf/zoo.cfg
Starting zookeeper ... STARTED
[root@master ~]# jps
3842 Jps
3092 NameNode
3269 SecondaryNameNode
3818 QuorumPeerMain
3419 ResourceManager
[root@master ~]#
```

图 6-34　master 启动 ZooKeeper 服务

在 slave1、slave2 启动 ZooKeeper 并查看，如图 6-35 与图 6-36 所示。

```
[root@slave1 ~]# zkServer.sh start
JMX enabled by default
Using config: /opt/zookeeper/bin/../conf/zoo.cfg
Starting zookeeper ... STARTED
[root@slave1 ~]# jps
3186 QuorumPeerMain
2837 DataNode
3221 Jps
2935 NodeManager
[root@slave1 ~]#
```

```
[root@slave2 ~]# zkServer.sh start
JMX enabled by default
Using config: /opt/zookeeper/bin/../conf/zoo.cfg
Starting zookeeper ... STARTED
[root@slave2 ~]# jps
2914 QuorumPeerMain
2565 DataNode
2935 Jps
2654 NodeManager
[root@slave2 ~]#
```

图 6-35　slave1 启动 ZooKeeper 服务　　　　图 6-36　slave2 启动 ZooKeeper 服务

每个节点都看到了 QuorumPeerMain 进程，它即是 ZooKeeper 服务的守护进程。

③ 查看 ZooKeeper 工作状态。

使用 zkServer.sh　status 命令查看每个节点的工作状态。

在 master 使用 zkServer.sh　status 命令查看。

```
#zkServer.sh status
```

结果如图 6-37 所示。

```
[root@master ~]# zkServer.sh status
JMX enabled by default
Using config: /opt/zookeeper/bin/../conf/zoo.cfg
Mode: follower
```

图 6-37　master 查看 ZooKeeper 工作状态

在 slave1 使用 zkServer.sh　status 命令查看，结果如图 6-38 所示。

在 slave2 使用 zkServer.sh　status 命令查看，结果如图 6-39 所示。

```
[root@slave1 ~]# zkServer.sh status
JMX enabled by default
Using config: /opt/zookeeper/bin/../conf/zoo.cfg
Mode: leader
```

```
[root@slave2 ~]# zkServer.sh status
JMX enabled by default
Using config: /opt/zookeeper/bin/../conf/zoo.cfg
Mode: follower
```

图 6-38　slave1 查看 ZooKeeper 工作状态　　　　图 6-39　slave2 查看 ZooKeeper 工作状态

由图 6-37、图 6-38、图 6-39 可见，3 个节点有的工作于 leader 模式，有的工作于 follower 模式。

至此，ZooKeeper 集群配置完成，进程启动完毕，然后就可以在其上进行相应的集群监控工作或配置更多的应用服务。

5. ZooKeeper 下常用命令的使用

下面介绍几个简单的查看 ZooKeeper 状态的命令。要学习 ZooKeeper 的复杂操作，可以使用 ZooKeeper 的 help 命令或查看相关的帮助文档。

使用 zkCli.sh 命令进入 ZooKeeper 命令提示符状态。

在 ZooKeeper 的任意一个节点都可以执行 zkCli.sh 命令。命令结果内容过长，部分截图如图 6-40 与图 6-41 所示。

```
[root@master opt]# zkCli.sh
Connecting to localhost:2181
2019-05-07 23:55:24,700 [myid:] - INFO  [main:Environment@100] - Client environm
ent:zookeeper.version=3.4.6-1569965, built on 02/20/2014 09:09 GMT
2019-05-07 23:55:24,703 [myid:] - INFO  [main:Environment@100] - Client environm
ent:host.name=master
2019-05-07 23:55:24,703 [myid:] - INFO  [main:Environment@100] - Client environm
ent:java.version=1.8.0_144
2019-05-07 23:55:24,704 [myid:] - INFO  [main:Environment@100] - Client environm
ent:java.vendor=Oracle Corporation
2019-05-07 23:55:24,704 [myid:] - INFO  [main:Environment@100] - Client environm
ent:java.home=/usr/jdk/jre
2019-05-07 23:55:24,704 [myid:] - INFO  [main:Environment@100] - Client environm
ent:java.class.path=/opt/zookeeper/bin/../build/classes:/opt/zookeeper/bin/../bu
ild/lib/*.jar:/opt/zookeeper/bin/../lib/slf4j-log4j12-1.6.1.jar:/opt/zookeeper/b
```

图 6-40　执行 zkCli.sh 命令结果 1

```
Welcome to ZooKeeper!
2019-06-10 15:40:00,256 [myid:] - INFO  [main-SendThread(localhost:2181):ClientC
nxn$SendThread@975] - Opening socket connection to server localhost/127.0.0.1:21
81. Will not attempt to authenticate using SASL (unknown error)
JLine support is enabled
2019-06-10 15:40:00,437 [myid:] - INFO  [main-SendThread(localhost:2181):ClientC
nxn$SendThread@852] - Socket connection established to localhost/127.0.0.1:2181,
 initiating session
2019-06-10 15:40:00,501 [myid:] - INFO  [main-SendThread(localhost:2181):ClientC
nxn$SendThread@1235] - Session establishment complete on server localhost/127.0.
0.1:2181, sessionid = 0x6b405359d00000, negotiated timeout = 30000

WATCHER::

WatchedEvent state:SyncConnected type:None path:null
[zk: localhost:2181(CONNECTED) 0]
```

图 6-41　执行 zkCli.sh 命令结果 2

输入 "ls /" 和 "ls /zookeeper" 命令。

```
[zk: localhost:2181(CONNECTED) 0] ls /
[zk: localhost:2181(CONNECTED) 1] ls /zookeeper
```

结果如图 6-42 所示。

```
WATCHER::

WatchedEvent state:SyncConnected type:None path:null
[zk: localhost:2181(CONNECTED) 0] ls /
[zookeeper, hbase]
[zk: localhost:2181(CONNECTED) 1] ls /zookeeper
[quota]
```

图 6-42　在 ZooKeeper 中查看目录内容

创建节点并赋值。

```
create /test bxf
```

获取指定节点的值。

```
get /test
```

结果如图 6-43 所示。

```
[zk: localhost:2181(CONNECTED) 1] create /test bxf
Created /test
[zk: localhost:2181(CONNECTED) 2] get /test
bxf
cZxid = 0x16
ctime = Wed May 08 00:03:37 CST 2019
mZxid = 0x16
mtime = Wed May 08 00:03:37 CST 2019
pZxid = 0x16
cversion = 0
dataVersion = 0
aclVersion = 0
ephemeralOwner = 0x0
dataLength = 3
numChildren = 0
```

图 6-43　在 ZooKeeper 中创建节点

设置节点。

```
set  /test  hlju
```

结果如图 6-44 所示。

再输入 "ls/" 命令以及 "get/test" 命令查看/test 节点的值，如图 6-45 所示。

```
[zk: localhost:2181(CONNECTED) 5] set /test hlju
cZxid = 0x500000002
ctime = Mon Jun 10 23:41:16 CST 2019
mZxid = 0x500000003
mtime = Mon Jun 10 23:43:28 CST 2019
pZxid = 0x500000002
cversion = 0
dataVersion = 1
aclVersion = 0
ephemeralOwner = 0x0
dataLength = 4
numChildren = 0
[zk: localhost:2181(CONNECTED) 6]
```

图 6-44　在 ZooKeeper 中设置节点

```
[zk: localhost:2181(CONNECTED) 6] ls /
[zookeeper, test, hbase]
[zk: localhost:2181(CONNECTED) 7] get /test
hlju
cZxid = 0x500000002
ctime = Mon Jun 10 23:41:16 CST 2019
mZxid = 0x500000003
mtime = Mon Jun 10 23:43:28 CST 2019
pZxid = 0x500000002
cversion = 0
dataVersion = 1
aclVersion = 0
ephemeralOwner = 0x0
dataLength = 4
numChildren = 0
```

图 6-45　查看设置结果

用 "rmr" 命令递归删除节点，发现 test 目录已经不见了。

```
[zk: localhost:2181(CONNECTED) 8] rmr /test
```

结果如图 6-46 所示。

```
[zk: localhost:2181(CONNECTED) 8] rmr /test
[zk: localhost:2181(CONNECTED) 9] ls /
[zookeeper, hbase]
[zk: localhost:2181(CONNECTED) 10]
```

图 6-46　递归删除节点

在 ZooKeeper 中获得帮助，如图 6-47 所示。

6. 停止 ZooKeeper 服务

按照启动 ZooKeeper 时的反向顺序停止所启动的各个服务，即先在 3 台机器均执行 zkServer.sh stop 停止 ZooKeeper 服务（3 台机器没有固定顺序），再在 master 上执行 stop-all.sh（或按先后顺序依次使用 stop-yarn.sh 和 stop-dfs.sh）停止 Hadoop 服务。

```
[zk: localhost:2181(CONNECTED) 12] help
ZooKeeper -server host:port cmd args
        stat path [watch]
        set path data [version]
        ls path [watch]
        delquota [-n|-b] path
        ls2 path [watch]
        setAcl path acl
        setquota -n|-b val path
        history
        redo cmdno
        printwatches on|off
        delete path [version]
        sync path
        listquota path
        rmr path
        get path [watch]
        create [-s] [-e] path data acl
        addauth scheme auth
        quit
        getAcl path
        close
        connect host:port
```

图 6-47　在 ZooKeeper 中获得帮助

6.3　HBase 安装及配置

6.3.1　HBase 完全分布环境搭建

HBase 的工作是基于 Hadoop 集群和 ZooKeeper 集群的，因此应先保证前面两个集群都已经搭建成功。下面仍然使用前面的 3 台机器搭建 HBase 环境。

1. 搭建部署 master

① 解压缩 HBase。

在 master 上，假设 HBase 压缩包 hbase-1.2.6-bin.tar.gz 目前保存在/home 目录下，现将其解压缩至/opt 目录下。

```
# tar -zxvf /home/software /hbase-1.2.6-bin.tar.gz  -C  /opt
```

② 解压缩后在/opt 目录下可见 hbase-1.2.6 文件夹，将其重命名为 hbase。

```
#mv  /opt/hbase-1.2.6   /opt/hbase
```

③ 编辑/opt/hbase/conf/hbase-site.xml 配置文件。

```
#vi  /opt/hbase/conf/hbase-site.xml
```

找到文档中的<configuration>和</configuration>，在它们之间添加如下代码（因为内容较多，这里标出了行号，输入文件中时不需要写行号）。

```
1    <property>
2        <name>hbase.rootdir</name>
3        <value>hdfs://master/hbase</value>
4    </property>
5    <property>
6        <name>hbase.master</name>
7        <value>master</value>
8    </property>
9
10   <property>
11       <name>hbase.cluster.distributed</name>
12       <value>true</value>
```

```
13      </property>
14
15      <property>
16          <name>hbase.zookeeper.property.clientPort</name>
17          <value>2181</value>
18      </property>
19      <property>
20        <name>hbase.zookeeper.quorum</name>
21        <value>master,slave1,slave2</value>
22      </property>
23
24      <property>
25          <name>zookeeper.session.timeout</name>
26          <value>60000000</value>
27      </property>
28
29      <property>
30          <name>dfs.support.append</name>
31          <value>true</value>
32      </property>
33
34      <property>
35        <name>hbase.zookeeper.property.dataDir</name>
36    #   <value>/opt/zkData</value>
37        <value>/opt/zookeeper/data</value>
38      </property>
```

结果如图 6-48 和图 6-49 所示。

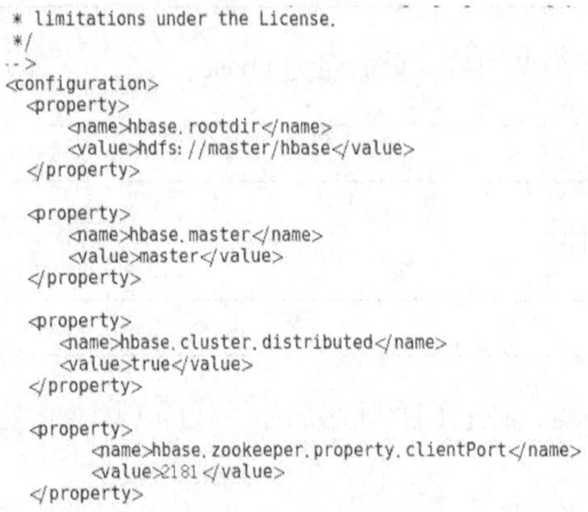

图 6-48   hbase-site.xml 配置文件的内容 1

图 6-49   hbase-site.xml 配置文件的内容 2

④ 编辑/opt/hbase/conf/regionservers 配置文件。

```
#vi  /opt/hbase/conf/regionservers
```

删除其原来所有的行，输入以下代码。

```
master
slave1
slave2
```

保存即可，如图 6-50 所示。

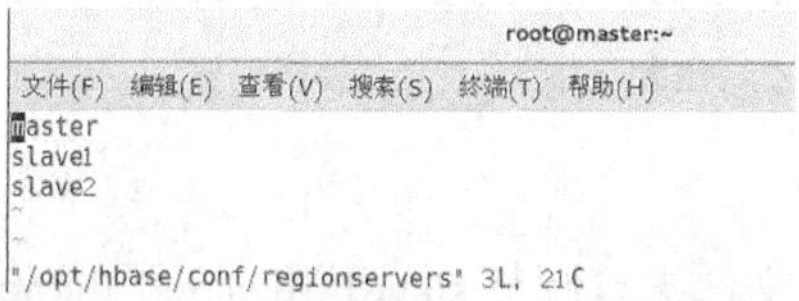

图 6-50　编辑 regionservers 配置文件

⑤ 编辑/opt/hbase/conf/hbase-env.sh 配置文件。

```
#vi  /opt/hbase/conf/hbase-env.sh
```

添加 "export JAVA_HOME=/usr/jdk"（注意，此处必须指定到本机配置好的 Java 工作目录）。
再添加 HBASE_CLASSPATH 和 HBASE_MANAGES_ZK 参数内容，分别指定 HBase 访问的
Hadoop 的路径，且不使用内置的 HBase 的 ZooKeeper 监视调度工具，而使用我们前面搭建好的
ZooKeeper。

```
export JAVA_HOME=/usr/jdk
export HBASE_CLASSPATH=/opt/hadoop/etc/hadoop/
export HBASE_MANAGES_ZK=false
```

编辑 hbase-env.sh 配置文件的部分截图如图 6-51 所示。

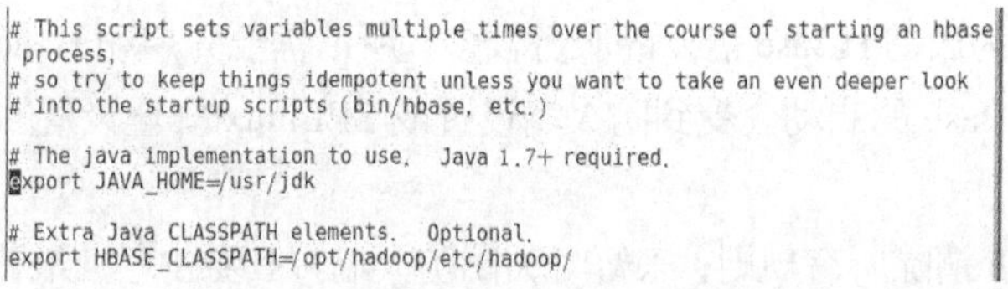

图 6-51　编辑 hbase-env.sh 配置文件

⑥ 编辑/etc/profile 配置环境变量。

```
#vi  /etc/profile
```

在该文档的最后添加如下代码。

```
export HBASE_HOME=/opt/hbase
export PATH=$HBASE_HOME/bin:$PATH
```

配置环境变量的部分截图如图 6-52 所示。

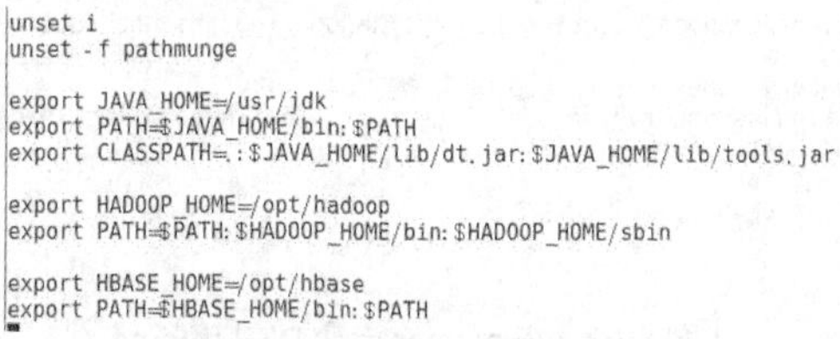

图 6-52　配置环境变量

刷新/etc/profile 文件，使环境变量生效。

```
#source /etc/profile
```

2. 搭建部署 slave1 和 slave2

① 将 master 下的/opt/hbase 文件夹复制至 slave1 和 slave2 的/opt/目录下。

```
#scp -r /opt/hbase/ slave1:/opt/
#scp -r /opt/hbase/ slave2:/opt/
```

② 将 master 下的/etc/profile 文件复制至 slave1 和 slave2 的/etc/目录下。

```
#scp /etc/profile  slave1:/etc/
#scp /etc/profile  slave2:/etc/
```

③ 在 slave1 和 slave2 上使/etc/profile 生效。

```
#source /etc/profile
```

3. 启动 HBase 的过程以及先后顺序

首先说明一下，HBase 启动之前必须保证 Hadoop 的 DFS 服务已经启动，YARN 服务不是必需的，可以启动也可以不启动。

还有一点提示，因为启动 HBase 需要的服务较多，所以需要先启动 Hadoop 和 ZooKeeper，再启动 HBase。如果担心 HBase 的启动会受到防火墙设置或 SELinux 安全设置的影响，可以考虑先关掉相关设置。

可以通过 iptables -F 清除所有规则，来暂时关闭防火墙，但要注意，如果已经配置过默认规则为 deny 的环境，此步骤将使系统的所有网络访问中断。使用 systemctl stop firewalld 命令关闭防火墙是比较安全的做法。

① 在 master 节点启动 DFS 服务。

```
#start-dfs.sh
```

在 master 启动 DFS 服务如图 6-53 所示。

```
[root@master ~]# start-dfs.sh
Starting namenodes on [master]
master: starting namenode, logging to /opt/hadoop/logs/hadoop-root-namenode-master.out
slave1: starting datanode, logging to /opt/hadoop/logs/hadoop-root-datanode-slave1.out
slave2: starting datanode, logging to /opt/hadoop/logs/hadoop-root-datanode-slave2.out
Starting secondary namenodes [0.0.0.0]
0.0.0.0: starting secondarynamenode, logging to /opt/hadoop/logs/hadoop-root-secondarynamenode-master.out
[root@master ~]# jps
3528 SecondaryNameNode
3353 NameNode
3678 Jps
```

图 6-53 在 master 启动 DFS 服务

② 启动 YARN 服务。

```
#start-yarn.sh
```

在 master 启动 YARN 服务如图 6-54 所示。

```
[root@master ~]# start-yarn.sh
starting yarn daemons
starting resourcemanager, logging to /opt/hadoop/logs/yarn-root-resourcemanager-
master.out
slave2: starting nodemanager, logging to /opt/hadoop/logs/yarn-root-nodemanager-
slave2.out
slave1: starting nodemanager, logging to /opt/hadoop/logs/yarn-root-nodemanager-
slave1.out
[root@master ~]# jps
4690 Jps
3528 SecondaryNameNode
3353 NameNode
4591 ResourceManager
```

图 6-54　在 master 启动 YARN 服务

此时，slave1 已启动的进程如图 6-55 所示。slave2 的情况与 slave1 相同。

```
[root@slave1 ~]# jps
3077 NodeManager
2534 DataNode
3212 Jps
```

图 6-55　slave1 已启动的进程

③ 在 master 启动 ZooKeeper。

```
#zkServer.sh start
```

结果如图 6-56 所示。

此时，master 已启动的进程如图 6-57 所示。

```
[root@master ~]# zkServer.sh start
JMX enabled by default
Using config: /opt/zookeeper/bin/../conf/zoo.cfg
Starting zookeeper ... STARTED
```

图 6-56　在 master 启动 ZooKeeper

```
[root@master ~]# jps
4608 Jps
3315 QuorumPeerMain
4326 SecondaryNameNode
4476 ResourceManager
4079 NameNode
```

图 6-57　master 已启动的进程

④ 在 slave1、slave2 启动 ZooKeeper。

在 slave1 启动 ZooKeeper，启动后 slave1 情况如图 6-58 所示。

```
[root@slave1 ~]# zkServer.sh start
JMX enabled by default
Using config: /opt/zookeeper/bin/../conf/zoo.cfg
Starting zookeeper ... STARTED
[root@slave1 ~]# jps
3280 Jps
3077 NodeManager
2534 DataNode
3256 QuorumPeerMain
```

图 6-58　在 slave1 启动 ZooKeeper

在 slave2 做与 slave1 同样的操作，启动后的情况与 slave1 相同。

⑤ 在 master 启动 HBase。

HBase 的启动命令只需在 master 发出即可。

需要了解的是，启动 HBase 服务会启动以下 2 种进程：HMaster、HRegionServer。在 HBase 的主服务器上（即 master）可见 HMaster、HRegionServer 进程，在从节点上（即 slave1、slave2）可见 HRegionServer 进程。

```
#start-hbase.sh
```

在 start-hbase.sh 中输入 yes，然后按 Enter 键，结果如图 6-59 所示。配置成功后，首次启动 HBase 会需要输入 yes 确认。

```
[root@master ~]# start-hbase.sh
The authenticity of host 'localhost (::1)' can't be established.
ECDSA key fingerprint is SHA256: dur75mG3fce2sUtmtHhtrXRDpeVXRDtoYbjux1OvCXM.
ECDSA key fingerprint is MD5:0e:65:75:4c:b2:dc:b2:63:ad:83:38:5b:31:6e:8d:11.
Are you sure you want to continue connecting (yes/no)? yes
localhost: Warning: Permanently added 'localhost' (ECDSA) to the list of known hosts.
localhost: starting zookeeper, logging to /opt/hbase/bin/../logs/hbase-root-zookeeper-master.out
starting master, logging to /opt/hbase/logs/hbase-root-master-master.out
```

图 6-59　在 master 启动 HBase

以后再启动就不需要输入 yes 确认了。启动成功如图 6-60 所示。

```
[root@master ~]# start-hbase.sh
starting master, logging to /opt/hbase/logs/hbase-root-master-master.out
Java HotSpot(TM) 64-Bit Server VM warning: ignoring option PermSize=128m; support was
 removed in 8.0
Java HotSpot(TM) 64-Bit Server VM warning: ignoring option MaxPermSize=128m; support
was removed in 8.0
slave1: starting regionserver, logging to /opt/hbase/bin/../logs/hbase-root-regionser
ver-slave1.out
slave2: starting regionserver, logging to /opt/hbase/bin/../logs/hbase-root-regionser
ver-slave2.out
master: starting regionserver, logging to /opt/hbase/bin/../logs/hbase-root-regionser
ver-master.out
slave1: Java HotSpot(TM) 64-Bit Server VM warning: ignoring option PermSize=128m; sup
port was removed in 8.0
slave1: Java HotSpot(TM) 64-Bit Server VM warning: ignoring option MaxPermSize=128m;
support was removed in 8.0
slave2: Java HotSpot(TM) 64-Bit Server VM warning: ignoring option PermSize=128m; sup
port was removed in 8.0
slave2: Java HotSpot(TM) 64-Bit Server VM warning: ignoring option MaxPermSize=128m;
support was removed in 8.0
master: Java HotSpot(TM) 64-Bit Server VM warning: ignoring option PermSize=128m; sup
port was removed in 8.0
master: Java HotSpot(TM) 64-Bit Server VM warning: ignoring option MaxPermSize=128m;
support was removed in 8.0
[root@master ~]#
```

图 6-60　HBase 启动成功

在 master 上用 jps 命令查看已经启动的进程，如图 6-61 所示。

```
[root@master ~]# jps
9425 HRegionServer
9489 Jps
6747 NameNode
6940 SecondaryNameNode
7116 ResourceManager
9276 HMaster
7295 QuorumPeerMain
```

图 6-61　HBase 启动成功的进程

其中，HRegionServer 和 HMaster 是 HBase 的守护进程。

然后，在 slave1 用 jps 命令查看在 ZooKeeper 和 HBase 启动后进程的情况，如图 6-62 所示，可见该机器在 ZooKeeper 工作中处于 leader 模式，而且 HRegionServer 已经启动。

在 slave2 用 jps 命令查看在 ZooKeeper 和 HBase 启动后进程的情况，如图 6-63 所示，可见该机器在 ZooKeeper 工作中处于 follower 模式，而且 HRegionServer 已经启动。

```
[root@slave1 ~]# jps                          [root@slave2 ~]# jps
3186 QuorumPeerMain                           2914 QuorumPeerMain
2837 DataNode                                 2565 DataNode
3221 Jps                                       2935 Jps
2935 NodeManager                              2654 NodeManager
[root@slave1 ~]# zkServer.sh status           [root@slave2 ~]# zkServer.sh status
JMX enabled by default                        JMX enabled by default
Using config: /opt/zookeeper/bin/../conf/zoo.cfg   Using config: /opt/zookeeper/bin/../conf/zoo.cfg
Mode: leader                                  Mode: follower
[root@slave1 ~]# jps                          [root@slave2 ~]# jps
3186 QuorumPeerMain                           2914 QuorumPeerMain
2837 DataNode                                 2565 DataNode
3510 Jps                                       3212 HRegionServer
2935 NodeManager                              2654 NodeManager
3479 HRegionServer                            3247 Jps
[root@slave1 ~]#                              [root@slave2 ~]#
```

图 6-62 ZooKeeper 和 HBase 启动后 slave1 的进程   图 6-63 ZooKeeper 和 HBase 启动后 slave2 的进程

至此，HBase 启动正常，可以在其上进行相应的工作了。

6.3.2 HBase 基本操作实例

1. 进入 HBase 交互模式

输入如下命令进入 HBase 交互模式，会出现 HBase 的命令提示符。

```
#hbase shell
```

HBase 交互模式启动后，结果如图 6-64 所示，可以在其中运行相关的 HBase 命令。

```
[root@master ~]# hbase shell
SLF4J: Class path contains multiple SLF4J bindings.
SLF4J: Found binding in [jar:file:/opt/hbase/lib/slf4j-log4j12-1.7.5.jar!/org
/slf4j/impl/StaticLoggerBinder.class]
SLF4J: Found binding in [jar:file:/opt/hadoop/share/hadoop/common/lib/slf4j-l
og4j12-1.7.10.jar!/org/slf4j/impl/StaticLoggerBinder.class]
SLF4J: See http://www.slf4j.org/codes.html#multiple_bindings for an explanati
on.
SLF4J: Actual binding is of type [org.slf4j.impl.Log4jLoggerFactory]
HBase Shell; enter 'help<RETURN>' for list of supported commands.
Type "exit<RETURN>" to leave the HBase Shell
Version 1.2.6, rUnknown, Mon May 29 02:25:32 CDT 2017

hbase(main):001:0>
```

图 6-64 HBase 交互模式启动

常用命令如下。

① 输入 status 命令查看 HBase 工作状态，结果如图 6-65 所示。

```
hbase(main):001:0> status
1 active master, 0 backup masters, 1 servers, 0 dead, 2.0000 average load
```

图 6-65 查看 HBase 工作状态

② 创建一个有 3 个 Column Family 的表 t1。

```
create 't1', {NAME => 'f1', VERSIONS => 1}, {NAME => 'f2', VERSIONS => 1}, {NAME => 'f3',
VERSIONS => 1}
```

定义表的时候只需要指定 Column Family 的名字，列名在插入数据的时候动态指定。

③ 向表中插入数据（此时没有指定 Column 的名字）。

```
put 't1', 'r1', 'f1', 'v1'
put 't1', 'r2', 'f2', 'v2'
put 't1', 'r3', 'f3', 'v3'
```

在插入数据时指定了 Column 的名字。

```
put 't1', 'r4', 'f1:c1', 'v1'
put 't1', 'r5', 'f2:c2', 'v2'
put 't1', 'r6', 'f3:c3', 'v3'
```

④ 查看表中数据。

```
scan 't1'
```

前面的命令结果如图 6-66 所示。

```
hbase(main):036:0> put 't1', 'r6', 'f3:c3', 'v3'
0 row(s) in 0.0590 seconds

hbase(main):037:0> scan 't1'
ROW                    COLUMN+CELL
 r1                    column=f1:, timestamp=1557394100200, value=v1
 r2                    column=f2:, timestamp=1557394108549, value=v2
 r3                    column=f3:, timestamp=1557394116564, value=v3
 r4                    column=f1:c1, timestamp=1557394124644, value=v1
 r5                    column=f2:c2, timestamp=1557394134697, value=v2
 r6                    column=f3:c3, timestamp=1557394141039, value=v3
6 row(s) in 0.0830 seconds
```

图 6-66　操作和查看表 t1

⑤ 返回表 t1 的详细信息。

```
describe 't1'
```

结果如图 6-67 所示。

```
hbase(main):046:0> describe 't1'
Table t1 is ENABLED
t1
COLUMN FAMILIES DESCRIPTION
{NAME => 'f1', BLOOMFILTER => 'ROW', VERSIONS => '1', IN_MEMORY => 'false', K
EEP_DELETED_CELLS => 'FALSE', DATA_BLOCK_ENCODING => 'NONE', TTL => 'FOREVER'
, COMPRESSION => 'NONE', MIN_VERSIONS => '0', BLOCKCACHE => 'true', BLOCKSIZE
 => '65536', REPLICATION_SCOPE => '0'}
{NAME => 'f2', BLOOMFILTER => 'ROW', VERSIONS => '1', IN_MEMORY => 'false', K
EEP_DELETED_CELLS => 'FALSE', DATA_BLOCK_ENCODING => 'NONE', TTL => 'FOREVER'
, COMPRESSION => 'NONE', MIN_VERSIONS => '0', BLOCKCACHE => 'true', BLOCKSIZE
 => '65536', REPLICATION_SCOPE => '0'}
{NAME => 'f3', BLOOMFILTER => 'ROW', VERSIONS => '1', IN_MEMORY => 'false', K
EEP_DELETED_CELLS => 'FALSE', DATA_BLOCK_ENCODING => 'NONE', TTL => 'FOREVER'
, COMPRESSION => 'NONE', MIN_VERSIONS => '0', BLOCKCACHE => 'true', BLOCKSIZE
 => '65536', REPLICATION_SCOPE => '0'}
3 row(s) in 0.1570 seconds
```

图 6-67　返回表 t1 的描述

⑥ 删除表。

输入命令查看 HBase 用户及当前表，如图 6-68 所示。

输入命令停用和删除表 t1，如图 6-69 所示，此后再用 scan 扫描表 t1 会报错，因为 t1 已经被删除了。

```
hbase(main):044:0> whoami
root (auth: SIMPLE)
    groups: root

hbase(main):045:0> list
TABLE
t1
1 row(s) in 0.0550 seconds
```

图 6-68　查看 HBase 用户及当前表

```
hbase(main):026:0> disable 't1'
0 row(s) in 2.4320 seconds

hbase(main):027:0> drop 't1'
0 row(s) in 1.3690 seconds

hbase(main):028:0> scan 't1'
ROW                    COLUMN+CELL

ERROR: Unknown table t1!
```

图 6-69　停用和删除表 t1

如果想退出 HBase 的 Shell 状态，可输入 quit 命令退出。

2. 停止 HBase 服务

停止 HBase 服务的步骤和启动时正好相反。

① 先停止 HBase 服务。

只需要在 master 发出停止 HBase 的命令，如图 6-70 所示。

```
[root@master ~]# stop-hbase.sh
stopping hbase.........................
[root@master ~]#
```

图 6-70　停止 HBase 服务

② 停止 ZooKeeper 服务。

因为 ZooKeeper 服务启动时需要在 3 台机器都执行，所以需要在 3 台机器都执行停止 ZooKeeper 命令，先后顺序不限。

ZooKeeper 服务的进程是 QuorumPeerMain，如图 6-71 所示。

发出停止 ZooKeeper 命令后再查看，QuorumPeerMain 进程已经不见了，如图 6-72 所示。

```
[root@master ~]# jps
3092 NameNode
3269 SecondaryNameNode
3818 QuorumPeerMain
3419 ResourceManager
10491 Jps
```

图 6-71　查看 QuorumPeerMain

```
[root@master ~]# zkServer.sh stop
JMX enabled by default
Using config: /opt/zookeeper/bin/../conf/zoo.cfg
Stopping zookeeper ... STOPPED
[root@master ~]# jps
3092 NameNode
3269 SecondaryNameNode
10585 Jps
3419 ResourceManager
[root@master ~]#
```

图 6-72　停止 ZooKeeper 服务

③ 停止 YARN 和 DFS 服务。

用 stop-yarn.sh 和 stop-dfs.sh 停止 YARN 和 DFS 服务，如图 6-73 所示。

```
[root@master ~]# stop-yarn.sh
stopping yarn daemons
stopping resourcemanager
slave1: no nodemanager to stop
slave2: no nodemanager to stop
no proxyserver to stop
[root@master ~]# stop-dfs.sh
Stopping namenodes on [master]
master: stopping namenode
slave2: stopping datanode
slave1: stopping datanode
Stopping secondary namenodes [0.0.0.0]
0.0.0.0: stopping secondarynamenode
```

图 6-73　停止 YARN 和 DFS 服务

因为 DataNode 运行在 slave1 和 slave2 上，所以没停掉 DFS 服务之前，slave1 如图 6-74 所示。

在 master 停掉 DFS 服务之后，slave1 的进程情况如图 6-75 所示。

```
[root@slave1 ~]# jps                    [root@slave1 ~]# jps
2976 DataNode                           6578 Jps
6503 Jps
```

图 6-74　查看 DataNode　　　　图 6-75　master 停掉 DFS 服务后 slave1 的进程情况

slave2 查看效果同 slave1。

这样，HBase 的整个启停过程就结束了。

6.4　Spark 安装及配置

Spark 工作中需要 Hadoop 集群和 Scala 环境。Hadoop 集群已经配置好，并且 Spark 的配置也基于前面的 Hadoop 集群，所以先配置 Scala，再配置 Spark。

1. 安装配置 Scala

假设 Scala 压缩包 scala-2.11.8.tgz 目前保存在/home/software/目录下，将其解压缩至/opt 目录下，如图 6-76 所示。

```
[root@master ~]# tar -zxvf /home/software/scala-2.11.8.tgz -C /opt/
scala-2.11.8/
scala-2.11.8/man/
scala-2.11.8/man/man1/
scala-2.11.8/man/man1/scala.1
scala-2.11.8/man/man1/scalap.1
```

图 6-76　解压缩 Scala 包至/opt

将/opt 下 scala-2.11.8 重命名为 scala，如图 6-77 所示。

编辑/etc 下的 profile 文件，配置 SCALA_HOME 参数并将其加入 PATH 路径，如图 6-78 所示。

```
[root@master ~]# cd /opt/
[root@master opt]# ls
hadoop  rh  scala-2.11.8  spark       export SCALA_HOME=/opt/scala
[root@master opt]# mv scala-2.11.8/ scala/   export PATH=.:$SCALA_HOME/bin:$PATH
```

图 6-77　重命名为 scala　　　　　　　图 6-78　编辑 profile 文件

使其生效。

```
#source /etc/profile
```

执行 scala – version 命令查看其版本，图 6-79 所示的报错是由于事先忘记导入 profile 文件使其生效，导入之后就能正常工作了。

```
[root@master opt]# scala -version
bash: scala: 未找到命令...
[root@master opt]# source /etc/profile
[root@master opt]# scala -version
Scala code runner version 2.11.8 -- Copyright 2002-2016, LAMP/EPFL
```

图 6-79　查看 Scala 版本

至此，Scala 配置完成。接下来按次序启动各个服务。

2. 启动 Hadoop

由于 Spark 工作中需要 Hadoop 集群,因此先将 Hadoop 启动,或者记得启动 Spark 之前将 Hadoop 启动。

在 master 上启动 Hadoop, 如图 6-80 所示。

```
[root@master home]# start-all.sh
This script is Deprecated. Instead use start-dfs.sh and start-yarn.sh
Starting namenodes on [master]
master: starting namenode, logging to /opt/hadoop/logs/hadoop-root-namenode-master.out
slave1: starting datanode, logging to /opt/hadoop/logs/hadoop-root-datanode-slave1.out
slave2: starting datanode, logging to /opt/hadoop/logs/hadoop-root-datanode-slave2.out
Starting secondary namenodes [0.0.0.0]
0.0.0.0: starting secondarynamenode, logging to /opt/hadoop/logs/hadoop-root-secondaryn
amenode-master.out
starting yarn daemons
starting resourcemanager, logging to /opt/hadoop/logs/yarn-root-resourcemanager-master.
out
slave2: starting nodemanager, logging to /opt/hadoop/logs/yarn-root-nodemanager-slave2.
out
slave1: starting nodemanager, logging to /opt/hadoop/logs/yarn-root-nodemanager-slave1.
out
```

图 6-80　在 master 上启动 Hadoop

在 master 上用 jps 命令查看 Hadoop 启动后的进程, 如图 6-81 所示。

在 slave1 用 jps 命令查看 Hadoop 启动后的进程, 如图 6-82 所示。

```
[root@master home]# jps
3814 Jps
3367 SecondaryNameNode
3543 ResourceManager
3183 NameNode
```

```
[root@slave1 ~]# jps
2946 NodeManager
2858 DataNode
3020 Jps
```

图 6-81　在 master 查看 Hadoop 启动后的进程　　　图 6-82　在 slave1 查看 Hadoop 启动后的进程

在 slave2 用 jps 命令查看 Hadoop 启动后的进程, 如图 6-83 所示。

```
[root@slave2 ~]# jps
2754 NodeManager
2666 DataNode
2844 Jps
```

图 6-83　在 slave2 查看 Hadoop 启动后的进程

3. 安装配置 Spark

本书的 Spark 只在 master 配置即可。

假设 spark-2.2.0-bin-hadoop2.7.tgz 目前保存在/home/software/目录下, 将其解压缩至/opt 目录下, 如图 6-84 所示。

```
[root@master opt]# tar -zxvf spark-2.2.0-bin-hadoop2.7.tgz
```

图 6-84　解压缩 Spark 包

将/opt 下 spark-2.2.0-bin-hadoop2.7 重命名为 spark, 如图 6-85 所示。

```
[root@master opt]# mv spark-2.2.0-bin-hadoop2.7/ spark
```

图 6-85　重命名为 spark

为了方便运行与维护, 通过 vi 命令打开配置环境变量文件/etc 下的 profile 文件。

```
#vi /etc/profile
```

配置 SPARK_HOME 参数并将其加入 PATH 路径。

```
export SPARK_HOME=/opt/spark
export PATH=$SPARK_HOME/bin:$PATH
```

使 profile 文件的更改生效。

```
#source /etc/profile
```

配置 spark-env.sh 文件，需要首先将模板文件/opt/spark/conf/spark-env.sh.template 复制成一个/opt/spark/conf/spark-env.sh 文件，然后编辑 spark-env.sh 文件。

```
#cp  /opt/spark/conf/spark-env.sh.template  /opt/spark/conf/spark-env.sh
```

在文件中配置 Hadoop 配置文件路径属性 HADOOP_CONF_DIR 的值，Java、Scala 及 Spark 所在目录等信息。如果有其他需要，也可以配置诸如 worker 节点可用最大内存 SPARK_WORKING_MEMORY 的环境变量等，具体代码如下。

```
export SCALA_HOME=/opt/scala
export JAVA_HOME=/usr/jdk
export HADOOP_HOME=/opt/hadoop
export HADOOP_CONF_DIR=$HADOOP_HOME/etc/hadoop
export SPARK_HOME=/opt/spark
export SPARK_MASTER_IP=master
export SPARK_EXECUTOR_MEMORY=1G
```

编辑 spark-env.sh 文件的部分截图如图 6-86 所示。

```
# - SPARK_NO_DAEMONIZE  Run the proposed command in the foreground. It will n
ot output a PID file.

export SCALA_HOME=/opt/scala
export JAVA_HOME=/usr/jdk
export HADOOP_HOME=/opt/hadoop
export HADOOP_CONF_DIR=$HADOOP_HOME/etc/hadoop
export SPARK_HOME=/opt/spark
export SPARK_MASTER_IP=master
export SPARK_EXECUTOR_MEMORY=1G
```

图 6-86　编辑 spark-env.sh 文件

4. 启动并使用 Spark 服务

（1）启动 Spark 服务

① 执行/opt/spark/sbin/start-all.sh 命令启动 Spark 服务，如图 6-87 所示。

```
[root@master ~]# /opt/spark/sbin/start-all.sh
starting org.apache.spark.deploy.master.Master, logging to /opt/spark/logs/spark-root-or
g.apache.spark.deploy.master.Master-1-master.out
master: starting org.apache.spark.deploy.worker.Worker, logging to /opt/spark/logs/spark
-root-org.apache.spark.deploy.worker.Worker-1-master.out
```

图 6-87　启动 spark 服务

② 在 master 中用 jps 命令查看进程，如图 6-88 所示。

```
[root@master ~]# jps
5764 Jps
5686 Worker
3367 SecondaryNameNode
3543 ResourceManager
5610 Master
3183 NameNode
```

图 6-88　启动 Spark 服务后看见 Worker 和 Master 进程

（2）检验 Spark 配置是否正确

① 打开浏览器，地址栏输入 http://localhost:8080，通过网页浏览 Spark 信息，如图 6-89 所示。

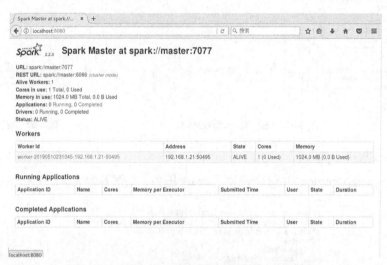

图 6-89　启动 Spark 服务后通过网页浏览 Spark 信息

② 也可以用 Spark 命令求 Pi 的值，检查 Spark 是否可用。

```
#/opt/spark/bin/run-example SparkPi
```

结果如图 6-90 所示。

```
[root@master opt]# /opt/spark/bin/run-example SparkPi
19/05/11 22:44:51 INFO spark.SparkContext: Running Spark version 2.2.0
19/05/11 22:44:52 WARN util.NativeCodeLoader: Unable to load native-hadoop lib
rary for your platform... using builtin-java classes where applicable
19/05/11 22:44:53 INFO spark.SparkContext: Submitted application: Spark Pi
```

图 6-90　用 Spark 命令求 Pi 的值

由于结果内容比较多，因此可以用命令查找一下结果中的"Pi is"行。

```
# /opt/spark/bin/run-example SparkPi  2>&1|grep "Pi is"
```

结果如图 6-91 所示。

```
[root@master opt]# /opt/spark/bin/run-example SparkPi  2>&1|grep "Pi is"
Pi is roughly 3.135955679778399
```

图 6-91　查看 Pi 的值

③ 也可以执行 spark-shell 命令进入 Spark 编程环境。

```
# /opt/spark/bin/spark-shell
```

结果如图 6-92 所示。

在 scala>提示符下就可以使用 Scala 来编程了。

若想退出 Scala，输入 ":q" 命令即可，如图 6-93 所示。

```
Spark context Web UI available at http://192.168.1.21:4040
Spark context available as 'sc' (master = local[*], app id = local-15575861884
92).
Spark session available as 'spark'.
Welcome to
```
```
version 2.2.0
```
```
Using Scala version 2.11.8 (Java HotSpot(TM) 64-Bit Server VM, Java 1.8.0_144)
Type in expressions to have them evaluated.
Type :help for more information.

scala>
```

```
scala> :q
[root@master opt]#
```

图 6-92　进入 Spark 编程环境　　　　　　　　　　图 6-93　退出 Scala

5. 停止 Spark 服务

① 执行/opt/spark/sbin/stop-all.sh 命令停止 Spark 服务，如图 6-94 所示。

```
[root@master opt]# /opt/spark/sbin/stop-all.sh
master: stopping org.apache.spark.deploy.worker.Worker
stopping org.apache.spark.deploy.master.Master
[root@master opt]# jps
5045 NameNode
5221 SecondaryNameNode
5434 ResourceManager
7311 Jps
[root@master opt]#
```

图 6-94　停止 Spark 服务

② 停止 YARN 服务，如图 6-95 所示。

```
[root@master opt]# /opt/hadoop/sbin/stop-yarn.sh
stopping yarn daemons
stopping resourcemanager
slave1: stopping nodemanager
slave2: stopping nodemanager
slave1: nodemanager did not stop gracefully after 5 seconds: killing with kill
-9
slave2: nodemanager did not stop gracefully after 5 seconds: killing with kill
-9
no proxyserver to stop
```

图 6-95　停止 YARN 服务

③ 停止 DFS 服务，如图 6-96 所示。

```
[root@master opt]# /opt/hadoop/sbin/stop-dfs.sh
Stopping namenodes on [master]
master: stopping namenode
slave2: stopping datanode
slave1: stopping datanode
Stopping secondary namenodes [0.0.0.0]
0.0.0.0: stopping secondarynamenode
[root@master opt]# jps
7794 Jps
```

图 6-96　停止 DFS 服务

6.5　Hive 安装及配置

6.5.1　安装配置 MySQL

1. 配置 MySQL

大多数 Linux 操作系统中都默认安装了 MySQL，其守护进程为 mysqld，所以本书使用默认安装 MySQL 的 Linux。首先查找其 RPM 软件包以确定系统已经安装了 MySQL。

```
#rpm -qa|grep mysql
```

结果如图 6-97 所示。

```
[root@master usr]# rpm -qa|grep mysql
mysql-community-server-5.7.19-1.el7.x86_64
mysql-community-common-5.7.19-1.el7.x86_64
qt-mysql-4.8.5-13.el7.x86_64
mysql-community-libs-5.7.19-1.el7.x86_64
mysql-community-client-5.7.19-1.el7.x86_64
mysql-community-libs-compat-5.7.19-1.el7.x86_64
akonadi-mysql-1.9.2-4.0.1.el7.x86_64
```

图 6-97　查找已经安装了的 MySQL 软件包

再查找其 RPM 软件包安装后所处的目录位置。

```
#find /usr /var -name mysql
```

/usr/share/mysql 是 MySQL 文件夹所在目录；/usr/bin/mysql 是 MySQL 命令所在目录；/var/lib/mysql 是 MySQL 库文件所在目录；而/var/lib/mysql/mysql 是 MySQL 默认数据库所在目录，如图 6-98 所示。

```
[root@master ~]# find /usr /var -name mysql
/usr/bin/mysql
/usr/lib64/mysql
/usr/share/mysql
/var/lib/mysql
/var/lib/mysql/mysql
/var/lib/pcp/config/pmlogconf/mysql
[root@master ~]# ▮
```

图 6-98　查找 MySQL 软件包安装路径

输入如下命令启动 MySQL。

```
#systemctl enable mysqld
```

输入如下命令查看 MySQL 状态。

```
#systemctl status mysqld
```

结果如图 6-99 所示，表示 MySQL 服务已启动。

```
[root@master ~]# systemctl enable mysqld
[root@master ~]# systemctl status mysqld
● mysqld.service - MySQL Server
   Loaded: loaded (/usr/lib/systemd/system/mysqld.service; enabled; vendor prese
t: disabled)
   Active: active (running) since 二 2019-05-07 09:30:33 CST; 1h 33min ago
     Docs: man:mysqld(8)
           http://dev.mysql.com/doc/refman/en/using-systemd.html
 Main PID: 1460 (mysqld)
   CGroup: /system.slice/mysqld.service
           └─1460 /usr/sbin/mysqld --daemonize --pid-file=/var/run/mysqld/mys...

5月 07 09:30:13 master systemd[1]: Starting MySQL Server...
5月 07 09:30:33 master systemd[1]: Started MySQL Server.
```

图 6-99　MySQL 服务已启动

使用默认的 MySQL，需要知道默认的临时密码，使用如下命令查看临时密码。

```
#grep 'temporary password' /var/log/mysqld.log
```

查看到临时密码如图 6-100 所示，本书后文会将其修改成自己需要的密码。

```
[root@master ~]# grep 'temporary password' /var/log/mysqld.log
2019-04-29T14:17:18.519239Z 1 [Note] A temporary password is generated
for root@localhost: w1tsPXPwZo_e
```

图 6-100　查看临时密码

输入如下命令进入 MySQL 命令行状态（注意需要输入刚才得到的临时密码才能进入）。

```
#mysql  -uroot  -p
```

结果如图 6-101 所示，表示正确登录 MySQL。

```
[root@master ~]# mysql -uroot -p
Enter password:
Welcome to the MySQL monitor.  Commands end with ; or \g.
Your MySQL connection id is 11
Server version: 5.7.19 MySQL Community Server (GPL)

Copyright (c) 2000, 2017, Oracle and/or its affiliates. All rights reserved.

Oracle is a registered trademark of Oracle Corporation and/or its
affiliates. Other names may be trademarks of their respective
owners.

Type 'help;' or '\h' for help. Type '\c' to clear the current input statement.

mysql>
```

图 6-101　正确登录 MySQL

特别提醒注意的是，在配置 MySQL 过程中如果出现权限不够或类似的报错提示信息，应该考虑修改默认的 MySQL 库文件夹的用户使用权限（即赋予想对 MySQL 数据库进行操作的用户足够的读写权限），再进行配置。

为了方便使用，在 MySQL 命令行输入如下命令修改 root 用户登录 MySQL 的密码。

```
mysql> ALTER USER 'root'@'localhost' IDENTIFIED BY '123456';
```

执行以上命令可能报错，因为密码太简单。遇到这样的报错应先修改密码的保护级别和长度等参数。输入如下命令设置密码的保护级别为 0、最小长度为 6。

```
mysql>set global validate_password_policy=0;
mysql>set global validate_password_length=6;
```

再修改密码为"123456"就可以了。修改 MySQL 密码的结果如图 6-102 所示。

```
mysql> ALTER USER 'root'@'localhost' IDENTIFIED BY '123456';
ERROR 1819 (HY000): Your password does not satisfy the current policy requirements
mysql> set global validate_password_policy=0;
Query OK, 0 rows affected (0.00 sec)

mysql> set global validate_password_length=6;
Query OK, 0 rows affected (0.00 sec)

mysql> ALTER USER 'root'@'localhost' IDENTIFIED BY '123456';
Query OK, 0 rows affected (0.06 sec)

mysql>
```

图 6-102　修改 MySQL 密码

2. 使用 MySQL 数据库

① 显示已有的数据库，如图 6-103 所示。

② 使用 MySQL 数据库，如图 6-104 所示。

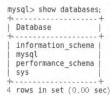

图 6-103　显示已有的数据库　　　　　图 6-104　使用 MySQL 数据库

③ 显示数据库中的表，如图 6-105 所示。

④ 查询 user 表中的 host 及 user 两个字段的内容，如图 6-106 所示。

图 6-105　显示数据库中的表　　图 6-106　查询 user 表中内容

至此，MySQL 调试配置完毕。

6.5.2　Hive 本地模式安装配置

Hive 的 3 种运行模式中，本地模式的工作方式是：元数据信息被存储在 MySQL 数据库中；MySQL 数据库与 Hive 运行在同一台物理机器上。本地模式多用于开发和测试。

1. 在 MySQL 中创建 Hive 的相应用户和库文件

如果安装成内嵌模式，元数据保存在内嵌的 Derby 数据库中，只能允许一个会话连接。而如果安装成本地模式，支持多用户多会话，则需要一个独立的元数据库，本书采用 MySQL 作为元数据库，

Hive 内部对 MySQL 5.5 以上版本提供了很好的支持。配置一个独立的元数据库需要以下几个步骤。

① 在已经安装配置好 MySQL 服务的情况下，启动 MySQL 服务，如图 6-107 所示。

```
[root@master ~]# mysql -uroot -p
Enter password:
Welcome to the MySQL monitor.  Commands end with ; or \g.
Your MySQL connection id is 7
Server version: 5.7.19 MySQL Community Server (GPL)

Copyright (c) 2000, 2017, Oracle and/or its affiliates. All rights reserved.

Oracle is a registered trademark of Oracle Corporation and/or its
affiliates. Other names may be trademarks of their respective
owners.

Type 'help;' or '\h' for help. Type '\c' to clear the current input statement.
```

图 6-107　启动 MySQL 服务

② 为 Hive 创建相应的 MySQL 账户，并赋予足够的权限。

下面以创建新"hive"用户、密码为"123456"为例演示过程。首先创建 hive 用户，登录密码指定为"123456"。

```
mysql>create user 'hive' identified by '123456';
```

结果如图 6-108 所示。

```
mysql> create user 'hive' identified by '123456';
Query OK, 0 rows affected (0.00 sec)
```

图 6-108　创建 hive 用户

在 Linux 操作系统中以本地用户 localhost 登录，并在 MySQL 数据库中赋予用户 hive 操作 Hive 数据库的所有权限（后面将会创建该数据库）。

```
mysql>GRANT ALL PRIVILEGES ON hive.* TO 'hive'@'localhost' IDENTIFIED BY '123456';
mysql>FLUSH PRIVILEGES;
```

结果如图 6-109 所示。

```
mysql> GRANT ALL PRIVILEGES ON hive.* TO 'hive'@'localhost' IDENTIFIED BY '123456';
Query OK, 0 rows affected, 1 warning (0.00 sec)

mysql> FLUSH PRIVILEGES;
Query OK, 0 rows affected (0.00 sec)
```

图 6-109　为 hive 用户赋权 1

在 Linux 操作系统中以任何用户名登录，并在 MySQL 数据库中赋予用户 hive 操作 Hive 数据库的所有权限。

```
mysql>GRANT ALL PRIVILEGES ON hive.* TO 'hive'@'%' IDENTIFIED BY '123456';
FLUSH PRIVILEGES;
```

结果如图 6-110 所示。

```
mysql> grant all privileges on hive.* to 'hive'@'%' IDENTIFIED BY '123456';
Query OK, 0 rows affected, 1 warning (0.31 sec)

mysql> FLUSH PRIVILEGES;
Query OK, 0 rows affected (0.18 sec)
```

图 6-110　为 hive 用户赋权 2

③ 以刚才创建的 hive 用户登录 MySQL。

```
#mysql -uhive -p
```

结果如图 6-111 所示。

```
[root@master ~]# mysql -uhive -p
Enter password:
Welcome to the MySQL monitor.  Commands end with ; or \g.
Your MySQL connection id is 8
Server version: 5.7.19 MySQL Community Server (GPL)

Copyright (c) 2000, 2017, Oracle and/or its affiliates. All rights reserved.

Oracle is a registered trademark of Oracle Corporation and/or its
affiliates. Other names may be trademarks of their respective
owners.

Type 'help;' or '\h' for help. Type '\c' to clear the current input statement.
```

图 6-111 以 hive 用户登录 MySQL

为配置 Hive 服务创建专用的元数据库 hive，如图 6-112 所示。

2. 安装配置 Hive 本地模式

配置 Hive 需要 Hive 包 apache-hive-2.1.1-bin.tar.gz 和一个 MySQL 依赖包 mysql-connector-java- 5.1.42.jar。

（1）安装 Hive 包

目前，apache-hive-2.1.1-bin.tar.gz 存放在/home/software/hive 下，切换至该目录之后，执行如下命令将该文件解压缩至/opt/目录下。

```
mysql> create database hive;
Query OK, 1 row affected (0.00 sec)

mysql> show databases;
+--------------------+
| Database           |
+--------------------+
| information_schema |
| hive               |
+--------------------+
2 rows in set (0.01 sec)
```

图 6-112 创建专用的元数据库 hive

```
# cd /home/software
# tar -zxvf ./hive/apache-hive-2.1.1-bin.tar.gz -C /opt/
```

然后将解压缩之后的文件夹 apache-hive-2.1.1-bin 重命名为 hive。

```
#mv /opt/apache-hive-2.1.1-bin /opt/hive
```

（2）安装 MySQL 依赖包

复制 Hive 需要的 MySQL 依赖包 mysql-connector-java-5.1.42.jar（存放在/home/software/目录下）至 hive/lib 目录下。

```
#cp /home/software/mysql-connector-java-5.1.42.jar /opt/hive/lib/
```

（3）编辑/etc/profile 文件

配置 Hive 的环境变量，在文件中加入如下内容。

```
export HIVE_HOME=/opt/hive
export HIVE_CONF_DIR=/opt/hive/conf
export PATH=$HIVE_HOME/bin:$PATH
```

配置 Hive 的环境变量的部分截图如图 6-113 所示。

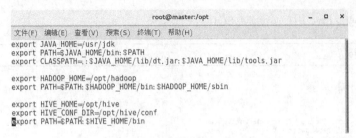

图 6-113　配置 Hive 的环境变量

使 profile 文件配置生效。

```
#source /etc/profile
```

（4）配置 Hive 的 conf 目录下的相关配置文件的参数

切换到 Hive 安装目录，编辑 conf 目录下的 3 个配置文件。

```
#cd /opt/hive
```

① 编辑 hive-site.xml 配置文件。

将 Hive 安装目录的 conf 目录下的 hive-default.xml.template 复制成一个名为 hive-site.xml 的新文件，并用 vi 命令进入编辑该文件的模式。

```
#cp ./conf/hive-default.xml.template   ./conf/hive-site.xml
#vi ./conf/hive-site.xml
```

编辑 hive-site.xml 配置文件，如图 6-114 所示。

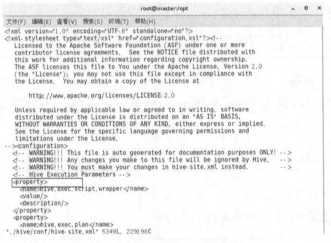

图 6-114　编辑 hive-site.xml 配置文件

删除图 6-114 所示的 hive-site.xml 文件中标签\<configuration\>与\</configuration\>之间的所有内容时，可以通过系统本身的文本工具如 KWrite 等打开 hive-site.xml 文件，然后删除，也可以通过命令删除。

用命令删除的方法：在打开文档的命令模式下，将光标放置在图 6-114 中黑框所在行，输入"5327dd"命令（即删除光标所在行之后的 5327 行，具体删除行数依据你的文档来定，最终目的是删除标签\<configuration\>与\</configuration\>之间的所有内容），然后按 Enter 键。注意，界面上看不到"5327dd"，这样操作就可以了。删除之后该文件内容如图 6-115 所示。

```
-->#<configuration>
<!-- WARNING!!! This file is auto generated for documentation purposes ONLY! -->
<!-- WARNING!!! Any changes you make to this file will be ignored by Hive.  -->
<!-- WARNING!!! You must make your changes in hive-site.xml instead.         -->
<!-- Hive Execution Parameters -->
█

</configuration>
```

图 6-115　用命令删除指定行

下面需要将配置参数写入 hive-site.xml 文件中的\<configuration\>与\</configuration\>标签之间。因为内容较多，这里标出了行号，输入文件中时不需要写行号。

```
1    <property>
2        <name>hive.metastore.warehouse.dir</name>
3        <value>/data/hive/warehouse</value>
4    </property>
5    <property>
6        <name>hive.metastore.local</name>
7        <value>true</value>
8    </property>
9    <property>
10       <name>javax.jdo.option.ConnectionURL</name>
11   <value>jdbc:mysql://master/hive?createDatabaseIfNotExist=true&amp;useSSL=false</value>
12   </property>
13   <property>
14       <name>javax.jdo.option.ConnectionDriverName</name>
15       <value>com.mysql.jdbc.Driver</value>
16   </property>
17   <property>
18       <name>javax.jdo.option.ConnectionUserName</name>
19       <value>hive</value>
20   </property>
21   <property>
22       <name>javax.jdo.option.ConnectionPassword</name>
23       <value>123456</value>
24   </property>
25   <property>
26       <name>hive.metastore.schema.verification</name>
27       <value>false</value>
28   </property>
29   <property>
30       <name>hive.server2.logging.operation.log.location</name>
31       <value>/tmp/hive/operation_logs</value>
32   </property>
```

编辑后该配置文件内容如图 6-116 所示。

```
--><configuration>
<!-- WARNING!!! This file is auto generated for documentation purposes ONLY! -->
<!-- WARNING!!! Any changes you make to this file will be ignored by Hive.  -->
<!-- WARNING!!! You must make your changes in hive-site.xml instead.         -->
<!-- Hive Execution Parameters -->

<property>
    <name>hive.metastore.warehouse.dir</name>
    <value>/data/hive/warehouse</value>
</property>
<property>
    <name>hive.metastore.local</name>
    <value>true</value>
</property>
<property>
    <name>javax.jdo.option.ConnectionURL</name>
    <value>jdbc: mysql: //master/hive?createDatabaseIfNotExist=true&amp; useSSL=false</value>
</property>
<property>
    <name>javax.jdo.option.ConnectionDriverName</name>
    <value>com.mysql.jdbc.Driver</value>
</property>
<property>
    <name>javax.jdo.option.ConnectionUserName</name>
    <value>hive</value>
</property>
<property>
    <name>javax.jdo.option.ConnectionPassword</name>
    <value>123456</value>
</property>
<property>
    <name>hive.metastore.schema.verification</name>
    <value>false</value>
</property>
<property>
    <name>hive.server2.logging.operation.log.location</name>
    <value>/tmp/hive/operation_logs</value>
</property>

</configuration>
```

图 6-116　编辑后 hive-site.xml 配置文件的内容

② 编辑 hive-env.sh 配置文件。

将 Hive 安装目录的 conf 目录下的 hive-env.sh.template 复制成一个名为 hive-env.sh 的新文件并编辑它。

```
[root@master hive]# cp ./conf/hive-env.sh.template ./conf/hive-env.sh
[root@master hive]# vi ./conf/hive-env.sh
```

在该文件中添加环境变量。

```
HADOOP_HOME=/opt/hadoop
export HIVE_CONF_DIR=/opt/hive/conf
```

结果如图 6-117 所示。

```
# appropriate for hive server (hwi etc).

# Set HADOOP_HOME to point to a specific hadoop install directory
HADOOP_HOME=/opt/hadoop

# Hive Configuration Directory can be controlled by:
export HIVE_CONF_DIR=/opt/hive/conf
```

图 6-117　编辑 hive-env.sh 配置文件

③ 编辑 hive-log4j2.properties 配置文件。

将 Hive 安装目录的 conf 目录下的 hive-log4j2.properties.template 复制成一个名为 hive-log4j2.properties 的新文件并编辑它。

```
[root@master hive]# cp ./conf/hive-log4j2.properties.template  ./conf/hive-log4j2.properties
[root@master hive]#vi ./conf/hive-log4j2.properties
```

在该文件中添加环境变量。

```
log4j2.appender.EventCounter=org.apache.hadoop.log.metrics.EventCounter
```

编辑 hive-log4j2.properties 配置文件，如图 6-118 所示。

```
logger.JPOX.name = JPOX
logger.JPOX.level = ERROR

logger.PerfLogger.name = org.apache.hadoop.hive.ql.log.PerfLogger
logger.PerfLogger.level = ${sys:hive.perflogger.log.level}

# root logger
rootLogger.level = ${sys:hive.log.level}
rootLogger.appenderRefs = root
rootLogger.appenderRef.root.ref = ${sys:hive.root.logger}

log4j2.appender.EventCounter=org.apache.hadoop.log.metrics.EventCounter
```

图 6-118　编辑 hive-log4j2.properties 配置文件

至此，Hive 配置完成。

3. 初始化并启动 Hive

Hive 服务是基于 Hadoop 服务的，所以要注意各服务的启动顺序。

（1）启动 Hadoop 服务

首先启动已经配置好的 Hadoop 服务，在 master 上分别输入如下命令启动之。

```
[root@master ~]# start-dfs.sh
[root@master ~]# start-yarn.sh
```

或者用 start-all.sh 命令代替以上 2 条命令。

在 3 台机器上用 jps 命令查看启动 Hadoop 后的进程情况，如图 6-119、图 6-120、图 6-121 所示。

```
[root@master opt] # jps
7714 SecondaryNameNode
7532 NameNode
7996 Jps
7919 ResourceManager
```

图 6-119　启动 Hadoop 后 master 上的进程

```
[root@slave1 ~] # jps
2804 NodeManager
3175 Jps
2716 DataNode
```
```
[root@slave2 ~] # jps
3107 Jps
2710 NodeManager
2622 DataNode
```

图 6-120　启动 Hadoop 后 slave1 上的进程　　　图 6-121　启动 Hadoop 后 slave2 上的进程

如果系统运行着其他程序，进程数可能更多，但不影响运行，只要在 3 台机器上进程 NameNode、SecondaryNameNode、ResourceManager、NodeManager、DataNode 都存在即可。

（2）初始化 Hive 元数据

本书安装配置了 Hive 的本地运行模式，所以需要初始化数据仓库的元数据。

在保证 MySQL 服务已经启动的情况下，执行以下命令进行元数据初始化。

```
#schematool -dbType mysql -initSchema
```

初始化成功后，会看到"schemaTool completed"，此时在前面创建好的 Hive 数据库里会看到很多用于装载 Hive 元数据的表，如图 6-122 所示。

```
[root@master opt] # schematool -dbType mysql -initSchema
which: no hbase in (/usr/jdk/bin:/usr/jdk/bin:/usr/lib64/qt-3.3/bin:/usr/local/bin:/usr/loc
al/sbin:/usr/bin:/usr/sbin:/bin:/sbin:/opt/hadoop/bin:/opt/hadoop/sbin:/root/bin:/opt/hadoo
p/bin:/opt/hadoop/sbin:/opt/hive/bin)
SLF4J: Class path contains multiple SLF4J bindings.
SLF4J: Found binding in [jar:file:/opt/hive/lib/log4j-slf4j-impl-2.4.1.jar!/org/slf4j/impl/
StaticLoggerBinder.class]
SLF4J: Found binding in [jar:file:/opt/hadoop/share/hadoop/common/lib/slf4j-log4j12-1.7.10.
jar!/org/slf4j/impl/StaticLoggerBinder.class]
SLF4J: See http://www.slf4j.org/codes.html#multiple_bindings for an explanation.
SLF4J: Actual binding is of type [org.apache.logging.slf4j.Log4jLoggerFactory]
Metastore connection URL:        jdbc:mysql://master/hive?createDatabaseIfNotExist=true&use
SSL=false
Metastore Connection Driver :    com.mysql.jdbc.Driver
Metastore connection User:       hive
Starting metastore schema initialization to 2.1.0
Initialization script hive-schema-2.1.0.mysql.sql
Initialization script completed
schemaTool completed
```

图 6-122　在 Hive 中初始化元数据

（3）启动 Hive 服务端

输入 hive 命令启动服务端。

```
#hive
```

Hive 服务成功启动，如图 6-123 所示，然后可在其中执行相应的 hive 命令。

```
[root@master opt] # hive
which: no hbase in (/usr/jdk/bin:/usr/jdk/bin:/usr/lib64/qt-3.3/bin:/usr/local/bin:/usr/loc
al/sbin:/usr/bin:/usr/sbin:/bin:/sbin:/opt/hadoop/bin:/opt/hadoop/sbin:/root/bin:/opt/hadoo
p/bin:/opt/hadoop/sbin:/opt/hive/bin)
SLF4J: Class path contains multiple SLF4J bindings.
SLF4J: Found binding in [jar:file:/opt/hive/lib/log4j-slf4j-impl-2.4.1.jar!/org/slf4j/impl/
StaticLoggerBinder.class]
SLF4J: Found binding in [jar:file:/opt/hadoop/share/hadoop/common/lib/slf4j-log4j12-1.7.10.
jar!/org/slf4j/impl/StaticLoggerBinder.class]
SLF4J: See http://www.slf4j.org/codes.html#multiple_bindings for an explanation.
SLF4J: Actual binding is of type [org.apache.logging.slf4j.Log4jLoggerFactory]

Logging initialized using configuration in file:/opt/hive/conf/hive-log4j2.properties Async
: true
Hive-on-MR is deprecated in Hive 2 and may not be available in the future versions. Conside
r using a different execution engine (i.e. spark, tez) or using Hive 1.X releases.
hive>
```

图 6-123　Hive 服务成功启动

在 master 上使用 jps 命令查看 Hive 服务端启动情况，如果看见 RunJar 进程，表示 Hive 已经启动成功，如图 6-124 所示。

```
[root@master ~] # jps
7714 SecondaryNameNode
13474 RunJar
13560 Jps
7532 NameNode
12958 ResourceManager
```

图 6-124　查看 Hive 服务的 RunJar 进程

4. 使用 Hive 数据仓库

创建数据库 dbbian，并显示有哪些数据库。

```
hive> create database dbbian;
```

结果如图 6-125 所示。

```
hive> CREATE DATABASE dbbian;
OK
Time taken: 1.943 seconds
hive> show databases;
OK
dbbian
default
Time taken: 0.678 seconds, Fetched: 2 row(s)
hive>
```

图 6-125　创建数据库 dbbian

使用数据库 dbbian。

```
hive> use dbbian;
```

结果如图 6-126 所示。

```
hive> USE dbbian;
OK
Time taken: 57.558 seconds
```

图 6-126　使用数据库 dbbian

设置命令提示符，显示数据库名字。

```
hive> set hive.cli.print.current.db=true;
```

结果如图 6-127 所示。

```
hive (dbbian)> set hive.cli.print.current.db=true;
hive (dbbian)>
```

图 6-127　设置命令提示符，显示数据库名字

查询当前正在使用的数据库。

```
hive> SELECT current_database();
```

结果如图 6-128 所示。

```
hive> set hive.cli.print.current.db=true;
hive (dbbian)> select current_database();
```

图 6-128　查询当前正在使用的数据库

设置命令提示符，不显示数据库的名字。

```
hive (dbbian)> set hive.cli.print.current.db=false;
```

结果如图 6-129 所示。

```
hive (dbbian)> set hive.cli.print.current.db=false;
hive>
```

图 6-129　设置命令提示符，不显示数据库名字

显示当前数据库中的表。

```
hive (dbbian)> show tables;
```

结果如图 6-130 所示。

```
hive (dbbian)> show tables;
OK
Time taken: 1.264 seconds
```

图 6-130　显示当前数据库中的表

在 Hive 中查询本地磁盘上的文件路径及指定目录下的文件。

```
hive> !pwd;
hive> !ls /opt/hive/conf/;
```

结果如图 6-131 所示。

```
hive> !pwd;
/opt
hive> !ls /opt/hive/conf/;
beeline-log4j2.properties.template
hive-default.xml.template
hive-env.sh
hive-env.sh.template
hive-exec-log4j2.properties.template
hive-log4j2.properties
hive-log4j2.properties.template
hive-site.xml
ivysettings.xml
llap-cli-log4j2.properties.template
llap-daemon-log4j2.properties.template
parquet-logging.properties
hive>
```

图 6-131　查询本地磁盘上的文件路径及指定目录下的文件

在 Hive 中查询 HDFS。

```
hive> dfs -ls /;
```

结果如图 6-132 所示。

```
hive> dfs -ls /;
Found 2 items
drwxr-xr-x   - root supergroup          0 2019-06-01 16:18 /data
drwx-wx-wx   - root supergroup          0 2019-06-01 16:14 /tmp
hive>
```

图 6-132　在 Hive 中查询 HDFS

在某个 Konsole 终端执行 Hadoop 中查询 HDFS 的命令。

提示：这里不是在 Hive 环境下了，而是在本地系统环境下。打开一个 Konsole 终端，即命令窗口，在其中输入"hadoop　dfs　-ls　/"命令。

```
#hadoop dfs -ls /
```

结果如图 6-133 所示。

```
[root@master ~]# hadoop dfs -ls /
DEPRECATED: Use of this script to execute hdfs command is deprecated.
Instead use the hdfs command for it.

Found 2 items
drwxr-xr-x  - root supergroup        0 2019-06-01 16:18 /data
drwx-wx-wx  - root supergroup        0 2019-06-01 16:14 /tmp
```

图 6-133　在 Konsole 终端查询 HDFS

此处查看到的结果与在 Hive 环境中查看的结果一致，表示 Hadoop 和 Hive 均运行正常。

退出 Hive，如图 6-134 所示。

```
hive (dbbian)> quit;
[root@master opt]# █
```

图 6-134　退出 Hive

5. HBase 与 Hive 比较

第 5 章已经讲过 HBase 的原理与配置，现在将 HBase 与 Hive 进行对比，帮助读者理解二者之间的区别。

二者之间的共同点：HBase 与 Hive 都是架构在 Hadoop 之上的，都是用 Hadoop 作为底层存储的。二者之间的区别如下。

① Hive 是建立在 Hadoop 之上，为了减小 MapReduce Job 编写工作量而出现的批处理系统；HBase 是为了弥补 Hadoop 实时操作方面的缺陷而出现的项目。

② 在操作 RMDB 数据库时，如果是全表扫描，就用 Hive 和 Hadoop；如果是索引访问，就用 HBase 和 Hadoop。

③ Hive query 其实就是 MapReduce jobs 操作，运行时间从 5 分钟到数小时不等，在 query 查询方面，HBase 是非常高效的，比 Hive 高效得多。

④ Hive 本身不存储和计算数据，它完全依赖于 HDFS 和 MapReduce，Hive 中的表是纯逻辑的。Hive 借用 Hadoop 的 MapReduce 来完成一些命令的执行。

⑤ HBase 是物理表，不是逻辑表，它提供一个超大的内存 Hash 表，搜索引擎通过它来存储索引，方便查询操作。

⑥ HBase 是列存储，HDFS 作为其底层存储系统，负责存放文件，而 HBase 负责组织文件。

6.6　MongoDB 安装及配置

配置 MongoDB 用到的包文件有 mongodb-org-shell-3.4.6-1.el7.x86_64.rpm、mongodb-org-tools-3.4.6-1.el7.x86_64.rpm、mongodb-org-server-3.4.6-1.el7.x86_64.rpm、mongodb-org-mongos-3.6.5-1.el7.x86_64.rpm、mongodb-org-3.4.6-1.el7.x86_64.rpm，需要先下载。

1. 安装 MongoDB

假设 MongoDB 压缩包文件均存放在/home/software/mongodb 目录下，切换至该目录之后，按照下面的命令顺序分别安装这些 RPM 包。

```
[root@master mongodb]#rpm -ivh mongodb-org-shell-3.4.6-1.el7.x86_64.rpm
[root@master mongodb]#rpm -ivh mongodb-org-tools-3.4.6-1.el7.x86_64.rpm
[root@master mongodb]#rpm -ivh mongodb-org-server-3.4.6-1.el7.x86_64.rpm
[root@master mongodb]#rpm -ivh mongodb-org-mongos-3.6.5-1.el7.x86_64.rpm
[root@master mongodb]#rpm -ivh mongodb-org-3.4.6-1.el7.x86_64.rpm
```

安装结果如图 6-135、图 6-136 所示。如果出现图 6-136 中的报错，可以忽略，不会影响 MongoDB 的运行。

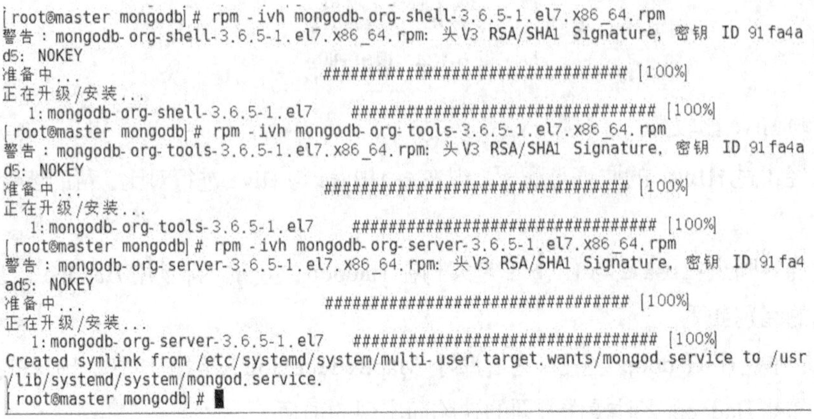

```
[root@master mongodb]# rpm -ivh mongodb-org-shell-3.6.5-1.el7.x86_64.rpm
警告：mongodb-org-shell-3.6.5-1.el7.x86_64.rpm: 头V3 RSA/SHA1 Signature, 密钥 ID 91fa4a
d5: NOKEY
准备中...                          ################################# [100%]
正在升级/安装...
   1:mongodb-org-shell-3.6.5-1.el7      ################################# [100%]
[root@master mongodb]# rpm -ivh mongodb-org-tools-3.6.5-1.el7.x86_64.rpm
警告：mongodb-org-tools-3.6.5-1.el7.x86_64.rpm: 头V3 RSA/SHA1 Signature, 密钥 ID 91fa4a
d5: NOKEY
准备中...                          ################################# [100%]
正在升级/安装...
   1:mongodb-org-tools-3.6.5-1.el7      ################################# [100%]
[root@master mongodb]# rpm -ivh mongodb-org-server-3.6.5-1.el7.x86_64.rpm
警告：mongodb-org-server-3.6.5-1.el7.x86_64.rpm: 头V3 RSA/SHA1 Signature, 密钥 ID 91fa4
ad5: NOKEY
准备中...                          ################################# [100%]
正在升级/安装...
   1:mongodb-org-server-3.6.5-1.el7     ################################# [100%]
Created symlink from /etc/systemd/system/multi-user.target.wants/mongod.service to /usr
/lib/systemd/system/mongod.service.
[root@master mongodb]#
```

图 6-135　依次安装 MongoDB 包

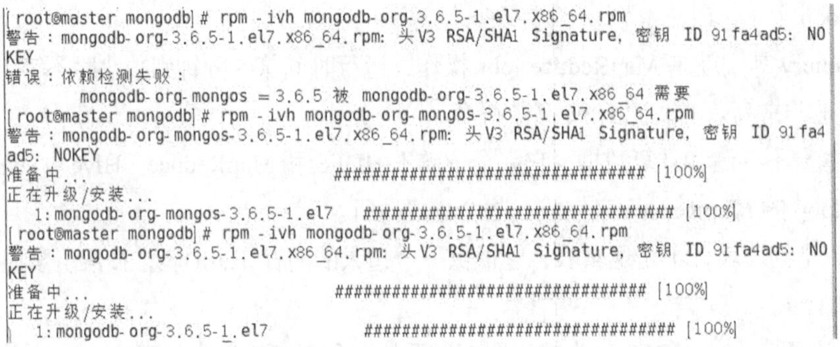

```
[root@master mongodb]# rpm -ivh mongodb-org-3.6.5-1.el7.x86_64.rpm
警告：mongodb-org-3.6.5-1.el7.x86_64.rpm: 头V3 RSA/SHA1 Signature, 密钥 ID 91fa4ad5: NO
KEY
错误：依赖检测失败：
        mongodb-org-mongos = 3.6.5 被 mongodb-org-3.6.5-1.el7.x86_64 需要
[root@master mongodb]# rpm -ivh mongodb-org-mongos-3.6.5-1.el7.x86_64.rpm
警告：mongodb-org-mongos-3.6.5-1.el7.x86_64.rpm: 头V3 RSA/SHA1 Signature, 密钥 ID 91fa4
ad5: NOKEY
准备中...                          ################################# [100%]
正在升级/安装...
   1:mongodb-org-mongos-3.6.5-1.el7     ################################# [100%]
[root@master mongodb]# rpm -ivh mongodb-org-3.6.5-1.el7.x86_64.rpm
警告：mongodb-org-3.6.5-1.el7.x86_64.rpm: 头V3 RSA/SHA1 Signature, 密钥 ID 91fa4ad5: NO
KEY
准备中...                          ################################# [100%]
正在升级/安装...
   1:mongodb-org-3.6.5-1.el7            ################################# [100%]
```

图 6-136　安装 MongoDB 包有报错

2. 使用 MongoDB

① 启动 MongoDB 服务进程。

```
[root@master mongodb]# systemctl start mongod.service
```

② 查看 MongoDB 进程状态。

```
[root@master mongodb]# systemctl status mongod.service
```

结果如图 6-137 所示，表示 MongoDB 启动正常。

```
[root@master mongodb]# systemctl status mongod.service
● mongod.service - High-performance, schema-free document-oriented database
   Loaded: loaded (/usr/lib/systemd/system/mongod.service; enabled; vendor preset: disa
bled)
   Active: active (running) since 三 2019-06-05 11:04:10 CST; 33s ago
     Docs: https://docs.mongodb.org/manual
  Process: 3050 ExecStart=/usr/bin/mongod $OPTIONS (code=exited, status=0/SUCCESS)
  Process: 3047 ExecStartPre=/usr/bin/chmod 0755 /var/run/mongodb (code=exited, status=
0/SUCCESS)
  Process: 3044 ExecStartPre=/usr/bin/chown mongod:mongod /var/run/mongodb (code=exited
, status=0/SUCCESS)
  Process: 3043 ExecStartPre=/usr/bin/mkdir -p /var/run/mongodb (code=exited, status=0/
SUCCESS)
 Main PID: 3055 (mongod)
   CGroup: /system.slice/mongod.service
           └─3055 /usr/bin/mongod -f /etc/mongod.conf

6月 05 11:04:09 master systemd[1]: Starting High-performance, schema-free docume......
6月 05 11:04:09 master mongod[3050]: about to fork child process, waiting until s...s.
6月 05 11:04:09 master mongod[3050]: forked process: 3055
6月 05 11:04:10 master systemd[1]: Started High-performance, schema-free documen...se.
Hint: Some lines were ellipsized, use -l to show in full.
```

图 6-137　MongoDB 启动正常

③ 进入 MongoDB 命令行状态。

```
[root@master mongodb]# mongo
```

结果如图 6-138 所示，可以用 mongo 命令进入 MongoDB。

图 6-138　用 mongo 命令进入 MongoDB

④ 几个常用的 MongoDB 命令示例。

这里列举几个常用的 MongoDB 命令，运行截图如图 6-139 所示。

- show dbs：显示所有数据库。
- use db_name：选中数据库。
- db：显示当前数据库。
- show tables：显示当前数据库中的表。
- show collections：显示当前数据集。
- quit()：退出 MongoDB。

```
2019-07-06T16:57:17.119+0800 I CONTROL  [initandlisten]
> show dbs;
admin   0.000GB
config  0.000GB
local   0.000GB
> use admin
switched to db admin
> db
admin
> show tables
system.version
> show collections
system.version
> quit()
[root@master ~]# 
```

图 6-139　几个常用的 MongoDB 命令示例

读者如果希望查找帮助信息，可在 MongoDB 中使用 help 命令，如图 6-140 所示，然后根据提示信息进行相应的操作或查找相关资料。

```
> help
        db.help()                    help on db methods
        db.mycoll.help()             help on collection methods
        sh.help()                    sharding helpers
        rs.help()                    replica set helpers
        help admin                   administrative help
        help connect                 connecting to a db help
        help keys                    key shortcuts
        help misc                    misc things to know
        help mr                      mapreduce

        show dbs                     show database names
        show collections             show collections in current database
        show users                   show users in current database
        show profile                 show most recent system.profile entr
ies with time >= 1ms
        show logs                    show the accessible logger names
        show log [name]              prints out the last segment of log i
n memory, 'global' is default
        use <db_name>                set current database
        db.foo.find()                list objects in collection foo
        db.foo.find( { a : 1 } )     list objects in foo where a == 1
```

图 6-140　在 MongoDB 中使用 help 命令

6.7　Kafka 安装及配置

6.7.1　Kafka 安装

Kafka 需要的环境是 Linux，已安装好 JDK 和 ZooKeeper 服务。本书用到的 Kafka 压缩包文件是 kafka_2.10-0.10.0.1.tgz，假设其存储在/home/software/kafka 目录下，执行下面的命令将其解压缩到/opt 目录下。

```
#tar -zxvf  /home/software/kafka/kafka_2.10-0.10.0.1.tgz -C /opt
```

切换到/opt 目录下，重命名解压后的目录 kafka_2.10-.0.10.0.1 为 kafka，然后切换到 kafka 目录下。

```
#cd /opt
#mv kafka_2.10-0.10.0.1 kafka
#cd kafka
```

6.7.2　Kafka 启动

1. 启动 ZooKeeper 服务

使用如下命令启动 ZooKeeper 服务。

```
#bin/zookeeper-server-start.sh config/zookeeper.properties &
```

启动 ZooKeeper 服务的部分截图如图 6-141 所示。

```
[root@master kafka]# bin/zookeeper-server-start.sh config/zookeeper.properties &
[1] 3331
[root@master kafka]# [2019-05-13 16:21:06,912] INFO Reading configuration from: config/
zookeeper.properties (org.apache.zookeeper.server.quorum.QuorumPeerConfig)
[2019-05-13 16:21:06,918] INFO autopurge.snapRetainCount set to 3 (org.apache.zookeeper
.server.DatadirCleanupManager)
[2019-05-13 16:21:06,919] INFO autopurge.purgeInterval set to 0 (org.apache.zookeeper.s
erver.DatadirCleanupManager)
[2019-05-13 16:21:06,919] INFO Purge task is not scheduled. (org.apache.zookeeper.serve
r.DatadirCleanupManager)
[2019-05-13 16:21:06,919] WARN Either no config or no quorum defined in config, running
 in standalone mode (org.apache.zookeeper.server.quorum.QuorumPeerMain)
[2019-05-13 16:21:06,988] INFO Reading configuration from: config/zookeeper.properties
(org.apache.zookeeper.server.quorum.QuorumPeerConfig)
```

图 6-141　启动 ZooKeeper 服务

用 jps 命令查看进程，看到 ZooKeeper 的进程 QuorumPeerMain 即表示 ZooKeeper 服务启动正确，如图 6-142 所示。

```
[root@master kafka]# jps
3331 QuorumPeerMain
3573 Jps
```

图 6-142　看到 ZooKeeper 的进程 QuorumPeerMain

2. 启动 Kafka 进程

使用如下命令启动 Kafka 进程。

```
#bin/kafka-server-start.sh config/server.properties &
```

启动 Kafka 进程的部分截图如图 6-143 所示。

```
[root@master kafka]# bin/kafka-server-start.sh config/server.properties &
[2] 3601
[root@master kafka]# [2019-05-13 16:22:46,346] INFO KafkaConfig values:
        advertised.host.name = null
        metric.reporters = []
        quota.producer.default = 9223372036854775807
        offsets.topic.num.partitions = 50
        log.flush.interval.messages = 9223372036854775807
        auto.create.topics.enable = true
        controller.socket.timeout.ms = 30000
        log.flush.interval.ms = null
        principal.builder.class = class org.apache.kafka.common.security.auth.DefaultPr
incipalBuilder
```

图 6-143　启动 Kafka 进程

用 jps 命令查看到有 Kafka 进程即表示其启动正确，如图 6-144 所示。

```
[root@master kafka]# jps
3601 Kafka
3331 QuorumPeerMain
3868 Jps
```

图 6-144　看到 Kafka 进程

3. 使用 Kafka 创建 mytopic 主题

切换到/opt/kafka 目录下，并使用如下 Kafka 命令创建一个名为 mytopic 的主题。

```
[root@master]cd /opt/kafka
[root@master kafka]# bin/kafka-topics.sh --create --zookeeper localhost:2181
--replication-factor 1 --partions 1 topic mytopic
```

创建一个名为 mytopic 的主题的部分截图如图 6-145 所示。

```
[root@master kafka]# bin/kafka-topics.sh --create --zookeeper localhost:2181 --replicat
ion-factor 1 --partitions 1 --topic mytopic
[2019-05-13 16:26:46,696] INFO Accepted socket connection from /0:0:0:0:0:0:0:1:53250 (
org.apache.zookeeper.server.NIOServerCnxnFactory)
[2019-05-13 16:26:46,696] INFO Client attempting to establish new session at /0:0:0:0:0
:0:0:1:53250 (org.apache.zookeeper.server.ZooKeeperServer)
[2019-05-13 16:26:46,700] INFO Established session 0x16ab047f5a80001 with negotiated ti
meout 30000 for client /0:0:0:0:0:0:0:1:53250 (org.apache.zookeeper.server.ZooKeeperSer
ver)
[2019-05-13 16:26:46,964] INFO Got user-level KeeperException when processing sessionid
:0x16ab047f5a80001 type:setData cxid:0x4 zxid:0x19 txntype:-1 reqpath:n/a Error Path:/c
onfig/topics/mytopic Error:KeeperErrorCode = NoNode for /config/topics/mytopic (org.apa
che.zookeeper.server.PrepRequestProcessor)
[2019-05-13 16:26:46,971] INFO Got user-level KeeperException when processing sessionid
:0x16ab047f5a80001 type:create cxid:0x6 zxid:0x1a txntype:-1 reqpath:n/a Error Path:/co
nfig/topics Error:KeeperErrorCode = NodeExists for /config/topics (org.apache.zookeeper
.server.PrepRequestProcessor)
Created topic "mytopic".
```

图 6-145　创建一个名为 mytopic 的主题

4. 查看 Kafka 中的主题

使用如下 Kafka 命令查看本地的主题。

```
[root@master kafka]# bin/kafka-topics.sh --list --zookeeper localhost:2181
```

用 Kafka 命令查看本地主题的部分截图如图 6-146 所示。

```
[root@master kafka]# bin/kafka-topics.sh --list --zookeeper localhost:2181
[2019-05-13 16:58:05,793] INFO Accepted socket connection from /0:0:0:0:0:0:0:1:53252 (
org.apache.zookeeper.server.NIOServerCnxnFactory)
[2019-05-13 16:58:05,794] INFO Client attempting to establish new session at /0:0:0:0:0
:0:0:1:53252 (org.apache.zookeeper.server.ZooKeeperServer)
[2019-05-13 16:58:05,796] INFO Established session 0x16ab047f5a80003 with negotiated ti
meout 30000 for client /0:0:0:0:0:0:0:1:53252 (org.apache.zookeeper.server.ZooKeeperSer
ver)
mytopic
[2019-05-13 16:58:05,834] INFO Processed session termination for sessionid: 0x16ab047f5
a80003 (org.apache.zookeeper.server.PrepRequestProcessor)
[2019-05-13 16:58:05,837] INFO Closed socket connection for client /0:0:0:0:0:0:0:1:532
52 which had sessionid 0x16ab047f5a80003 (org.apache.zookeeper.server.NIOServerCnxn)
```

图 6-146　用 Kafka 命令查看本地主题

从图 6-146 黑框中可见，在 ZooKeeper 服务器节点上建立了名为 mytopic 的主题。

5. 生产者生产数据

使用如下 Kafka 命令让生产者 producer 为 mytopic 主题生产数据。

```
[root@master kafka]#bin/kafka-console-producer.sh --broker-list localhost:9092 --topic
mytopic
```

输入命令后按 Enter 键，然后输入一些文本，如“I like kafka,are you?”，如图 6-147 所示。

```
[root@master kafka]# bin/kafka-console-producer.sh --broker-list localhost:9092 --to
pic mytopic
I like kafka,are you?
```

图 6-147　让生产者 producer 为 mytopic 主题生产数据

此时这个命令行窗口（或叫作终端）被占用，想要执行命令，需要启动另外一个命令行窗口，即在桌面上单击 Konsole 图标。

6. 启动消费者，消费生产者生产的数据

仍然是先切换到/opt/kafka 目录下，并使用如下 Kafka 命令让消费者 consumer 来消费生产者生产的数据。

```
[root@master kafka]# bin/kafka-console-consumer.sh --zookeeper localhost:2181
--from-beginning --topic mytopic
```

让消费者 consumer 来消费生产者生产的数据，如图 6-148 所示。

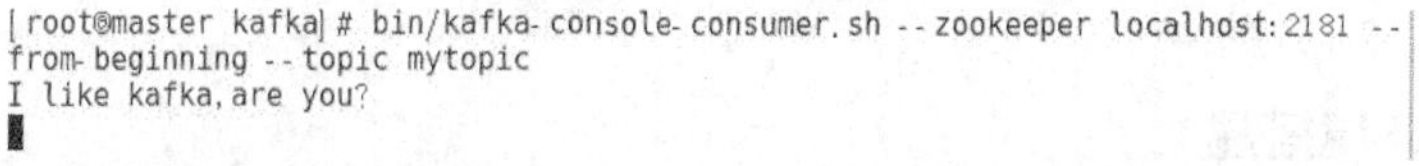

图 6-148　让消费者 consumer 来消费生产者生产的数据

由图 6-148 可以看到，消费者已经在消费生产者生产的数据，当然此时这个命令行窗口也处于被占用状态。

要综合查看生产和消费数据的过程，可以再打开一个命令行窗口，使用 jps 命令，如图 6-149 所示。

图 6-149　综合查看生产和消费数据的过程

在图 6-149 中可以看见 ZooKeeper 的 QuorumPeerMain 进程和 Kafka 的 Kafka、ConsoleProducer、ConsoleConsumer 进程。

7. 停止 Kafka 服务

如果想停掉 ConsoleProducer 和 ConsoleConsumer 进程，关闭这两个服务所在的命令行窗口即可。

用 jps 命令查看当前的进程，如果存在 Kafka 进程或 ZooKeeper 进程，则需要用命令或操作去结束进程或停止服务。先用 kill 命令结束 Kafka 进程，如图 6-150 所示。

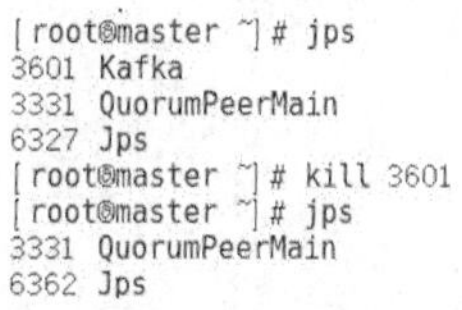

图 6-150　用 kill 命令结束 Kafka 进程

再用命令结束 ZooKeeper 进程，结果如图 6-151 所示。

```
#bin/zookeeper-server-stop.sh config/zookeeper.properties &
```

```
[root@master kafka] # jps
3331 QuorumPeerMain
6490 Jps
[root@master kafka] # bin/zookeeper-server-stop.sh config/zookeeper.properties &
[2] 6514
[root@master kafka] # jps
6529 Jps
[1]-  退出 143              bin/zookeeper-server-start.sh config/zookeeper.propertie
s
[2]+  完成                 bin/zookeeper-server-stop.sh config/zookeeper.properties
[root@master kafka] # jps
6545 Jps
```

图 6-151   用命令结束 ZooKeeper 进程

6.8   Storm 安装及配置

6.8.1   Storm 环境搭建

本书的 Storm 环境为 Oracle Linux 7.4、JDK1.8.0_144、zookeeper-3.4.9，使用的软件包为 apache-Storm-0.9.6。

假设 Storm 软件包位于/home/software/storm/目录下，如图 6-152 所示。

```
[root@master ~] # ls /home/software/storm/
apache-storm-0.9.6.tar.gz
[root@master ~] #
```

图 6-152   查看 Storm 软件包

1. 配置 Storm 环境

① 解压缩 Storm 软件包至/opt 目录下。

```
#tar zxvf /home/software/storm/apache-storm-0.9.6.tar.gz -C /opt/
#ls -l /opt/
```

② 进入/opt 目录，将解压缩后的 apache-storm-0.9.6 文件夹重命名为 storm。

```
#cd /opt/
#mv apache-storm-0.9.6 storm
#ll
```

③ 进入 Storm 的配置文件目录 storm/conf，查看下面的文件列表。

```
#cd storm/conf/
#ll
```

可以看见 Storm 的配置文件如图 6-153 所示。

```
[root@master bin] # cd /opt/
[root@master opt] # cd storm/conf/
[root@master conf] # ll
总用量 40
-rw-r--r-- 1 root root  1128 10月 29 2015 storm_env.ini
-rw-r--r-- 1 root root  1676 5月  14 23:05 storm.yaml
-rw-r--r-- 1 root root 29897 6月  29 10:19 zookeeper.out
```

图 6-153   Storm 的配置文件

④ 通过 vi 命令编辑文件 storm.yaml。

```
#vi storm.yaml
```

配置 Storm 相应的环境参数，至少要修改两项：一个是 ZooKeeper 地址 storm.zookeeper.servers，另一个是 Nimbus 地址 nimbus.host。

具体做法：将光标下移，去掉 storm.zookeeper.servers 和 nimbus.host 属性前的 "#" 号，值设置为 "master"。编辑 storm.yaml 文件，如图 6-154 所示。

```
########### These MUST be filled in for a storm configuration
storm.zookeeper.servers:
    - "master"
# storm.zookeeper.servers:
#     - "server1"
#     - "server2"
#
# nimbus.host: "nimbus"
nimbus.host: "master"
#
```

图 6-154 编辑 storm.yaml 文件

保存对 storm.yaml 文件的更改。

2. 启动 Storm 服务

（1）启动 ZooKeeper 服务

由于 Storm 应用了 ZooKeeper 服务，因此在启动 Storm 服务前，需要先将 ZooKeeper 服务启动起来。（注意，如果平台还有其他应用服务启动，实际显示页面可能与截图不完全一致，但只要 QuorumPeerMain 守护进程存在，就证明 ZooKeeper 启动成功。）

启动 ZooKeeper 服务。

```
#/opt/zookeeper/bin/zkServer.sh start
#jps
```

启动 ZooKeeper 服务后的进程如图 6-155 所示。

```
[root@master conf]# /opt/zookeeper/bin/zkServer.sh start
JMX enabled by default
Using config: /opt/zookeeper/bin/../conf/zoo.cfg
Starting zookeeper ... STARTED
[root@master conf]# jps
2998 QuorumPeerMain
3022 Jps
```

图 6-155 启动 ZooKeeper 服务后的进程

（2）启动 Nimbus 后台进程

先切换至 Storm 的命令所在的 bin 目录，查看其内容列表。

```
#cd /opt/storm/bin/
#ll
```

可见 Storm 相应命令，如图 6-156 所示。

```
[root@master conf]# cd /opt/storm/bin/
[root@master bin]# ll
总用量 32
-rwxr-xr-x 1 root root 18300 10月 29 2015 storm
-rw-r--r-- 1 root root 7720 10月 29 2015 storm.cmd
-rw-r--r-- 1 root root 3204 10月 29 2015 storm-config.cmd
drwxr-xr-x 4 root root   38 5月  14 23:10 storm-local
[root@master bin]#
```

图 6-156 切换至 Storm 命令所在 bin 目录

231

然后用如下命令启动 Nimbus 后台进程。

```
#./storm nimbus &
```

用 Storm 命令启动 Nimbus 后台进程，如图 6-157 所示。

```
[root@master bin]# ./storm nimbus &
[1] 4373
[root@master bin]# Running: /usr/jdk/bin/java -server -Dstorm.options= -Dstor
m.home=/opt/storm -Dstorm.log.dir=/opt/storm/logs -Djava.library.path=/usr/lo
cal/lib:/opt/local/lib:/usr/lib -Dstorm.conf.file= -cp /opt/storm/lib/storm-c
ore-0.9.6.jar:/opt/storm/lib/clojure-1.5.1.jar:/opt/storm/lib/clj-time-0.4.1.
jar:/opt/storm/lib/joda-time-2.0.jar:/opt/storm/lib/compojure-1.1.3.jar:/opt/
storm/lib/core.incubator-0.1.0.jar:/opt/storm/lib/tools.macro-0.1.0.jar:/opt/
storm/lib/clout-1.0.1.jar:/opt/storm/lib/ring-core-1.1.5.jar:/opt/storm/lib/c
ommons-codec-1.6.jar:/opt/storm/lib/commons-io-2.4.jar:/opt/storm/lib/commons
-fileupload-1.2.1.jar:/opt/storm/lib/servlet-api-2.5.jar:/opt/storm/lib/hiccu
p-0.3.6.jar:/opt/storm/lib/ring-devel-0.3.11.jar:/opt/storm/lib/clj-stacktrac
e-0.2.2.jar:/opt/storm/lib/ring-jetty-adapter-0.3.11.jar:/opt/storm/lib/ring-
servlet-0.3.11.jar:/opt/storm/lib/jetty-6.1.26.jar:/opt/storm/lib/jetty-util-
6.1.26.jar:/opt/storm/lib/tools.logging-0.2.3.jar:/opt/storm/lib/math.numeric
-tower-0.0.1.jar:/opt/storm/lib/tools.cli-0.2.4.jar:/opt/storm/lib/commons-ex
ec-1.1.jar:/opt/storm/lib/commons-lang-2.5.jar:/opt/storm/lib/json-simple-1.1
.jar:/opt/storm/lib/carbonite-1.4.0.jar:/opt/storm/lib/kryo-2.21.jar:/opt/sto
rm/lib/reflectasm-1.07-shaded.jar:/opt/storm/lib/asm-4.0.jar:/opt/storm/lib/m
inlog-1.2.jar:/opt/storm/lib/objenesis-1.2.jar:/opt/storm/lib/chill-java-0.3.
5.jar:/opt/storm/lib/snakeyaml-1.11.jar:/opt/storm/lib/commons-logging-1.1.3.
jar:/opt/storm/lib/disruptor-2.10.4.jar:/opt/storm/lib/jgrapht-core-0.9.0.jar
:/opt/storm/lib/logback-classic-1.0.13.jar:/opt/storm/lib/logback-core-1.0.13
.jar:/opt/storm/lib/slf4j-api-1.7.5.jar:/opt/storm/lib/log4j-over-slf4j-1.6.6
.jar:/opt/storm/lib/jline-2.11.jar:/opt/storm/conf -Xmx1024m -Dlogfile.name=n
imbus.log -Dlogback.configurationFile=/opt/storm/logback/cluster.xml backtype
.storm.daemon.nimbus
```

图 6-157　用 Storm 命令启动 Nimbus 后台进程

（3）启动 Supervisor 后台进程

启动 Nimbus 后台进程后，终端被该进程占用。因此，双击桌面 Konsole 图标，打开另一个命令行终端，然后执行如下命令启动 Supervisor 后台进程。

```
#/opt/storm/bin/storm supervisor &
```

用 Storm 命令启动 Supervisor 后台进程，如图 6-158 所示。

```
[root@master bin]# ./storm supervisor &
[2] 4471
[1]   退出 13                ./storm nimbus
[root@master bin]# Running: /usr/jdk/bin/java -server -Dstorm.options= -Dstor
m.home=/opt/storm -Dstorm.log.dir=/opt/storm/logs -Djava.library.path=/usr/lo
cal/lib:/opt/local/lib:/usr/lib -Dstorm.conf.file= -cp /opt/storm/lib/storm-c
ore-0.9.6.jar:/opt/storm/lib/clojure-1.5.1.jar:/opt/storm/lib/clj-time-0.4.1.
jar:/opt/storm/lib/joda-time-2.0.jar:/opt/storm/lib/compojure-1.1.3.jar:/opt/
storm/lib/core.incubator-0.1.0.jar:/opt/storm/lib/tools.macro-0.1.0.jar:/opt/
storm/lib/clout-1.0.1.jar:/opt/storm/lib/ring-core-1.1.5.jar:/opt/storm/lib/c
ommons-codec-1.6.jar:/opt/storm/lib/commons-io-2.4.jar:/opt/storm/lib/commons
-fileupload-1.2.1.jar:/opt/storm/lib/servlet-api-2.5.jar:/opt/storm/lib/hiccu
p-0.3.6.jar:/opt/storm/lib/ring-devel-0.3.11.jar:/opt/storm/lib/clj-stacktrac
e-0.2.2.jar:/opt/storm/lib/ring-jetty-adapter-0.3.11.jar:/opt/storm/lib/ring-
servlet-0.3.11.jar:/opt/storm/lib/jetty-6.1.26.jar:/opt/storm/lib/jetty-util-
6.1.26.jar:/opt/storm/lib/tools.logging-0.2.3.jar:/opt/storm/lib/math.numeric
-tower-0.0.1.jar:/opt/storm/lib/tools.cli-0.2.4.jar:/opt/storm/lib/commons-ex
ec-1.1.jar:/opt/storm/lib/commons-lang-2.5.jar:/opt/storm/lib/json-simple-1.1
.jar:/opt/storm/lib/carbonite-1.4.0.jar:/opt/storm/lib/kryo-2.21.jar:/opt/sto
rm/lib/reflectasm-1.07-shaded.jar:/opt/storm/lib/asm-4.0.jar:/opt/storm/lib/m
inlog-1.2.jar:/opt/storm/lib/objenesis-1.2.jar:/opt/storm/lib/chill-java-0.3.
5.jar:/opt/storm/lib/snakeyaml-1.11.jar:/opt/storm/lib/commons-logging-1.1.3.
jar:/opt/storm/lib/disruptor-2.10.4.jar:/opt/storm/lib/jgrapht-core-0.9.0.jar
:/opt/storm/lib/logback-classic-1.0.13.jar:/opt/storm/lib/logback-core-1.0.13
.jar:/opt/storm/lib/slf4j-api-1.7.5.jar:/opt/storm/lib/log4j-over-slf4j-1.6.6
.jar:/opt/storm/lib/jline-2.11.jar:/opt/storm/conf -Xmx256m -Dlogfile.name=su
pervisor.log -Dlogback.configurationFile=/opt/storm/logback/cluster.xml backt
ype.storm.daemon.supervisor
```

图 6-158　用 Storm 命令启动 Supervisor 后台进程

（4）查看当前启动的进程

启动 Supervisor 后台进程后，终端也被该进程占用。因此，双击桌面 Konsole 图标，打开另一个命令行终端，通过 jps 命令查看当前启动的进程。

查看当前启动的进程。

```
#jps
```

查看由 Storm 启动的进程，如图 6-159 所示。

```
[root@master ~]# jps
4705 nimbus
4307 QuorumPeerMain
4758 supervisor
4860 Jps
[root@master ~]#
```

图 6-159　查看由 Storm 启动的进程

平台上如果还在运行其他应用程序，实际页面与截图可能有差异，但只要图 6-159 黑框内的这 2 个进程存在，就表示进程启动成功。

可通过 kill -9 命令停止已经启动的 Nimbus 和 Supervisor 进程。

```
#kill -9 4705
#kill -9 4758
```

进程前的数据（如 4705）不是每次都一样，所以在结束进程时，请先用 jps 命令查看当前启动的进程对应的数字，例如，图 6-159 中 Supervisor 进程前的数字为 4758，那么结束这个进程所用的命令是 "kill -9 4758"。

6.8.2　安装 IDEA 编程环境及配置 Maven 环境

IDEA 全称 IntelliJ IDEA，是 JetBrains 公司的产品，在业界被认为是当前 Java 开发效率最高的集成环境之一。IDEA 支持 Git、SVN、GitHub 等版本控制工具，整合了智能代码助手、代码自动提示等功能，尤其在重构、J2EE 支持、JUnit、CVS 整合、代码分析、创新的 GUI 设计等方面功能非常完善。通过它，用户几乎可以不用鼠标完成要做的任何事情，最大程度地加快开发速度。与其他一些繁冗而复杂的 IDE 工具相比，IDEA 操作简单而又功能强大。

Maven 是一个项目构建工具，使用 POM（Project Object Model）文件对项目进行构建、打包、文档化等操作。Maven 简化了项目环境搭建、测试、打包、部署的过程，还很好地解决了项目依赖的问题。

1. 安装 IDEA

假设 IDEA 软件包位于/sdb/software/目录下，软件包名为 ideaIC-2018.1.3.tar.gz。将该软件包解压缩至/sdb/目录下。

```
[root@master ~]#tar -zxvf /sdb/software/ideaIC-2018.1.3.tar.gz -C /sdb/
```

解压缩后的软件包名为/sdb/idea-IC-181.4892.42/，将该文件夹名重命名为/sdb/idea。

```
[root@master ~]#mv /sdb/idea-IC-181.4892.42/ /sdb/idea
```

运行其 bin 目录下的 idea.sh 可执行文件即可启动 IDEA 环境。

2. 配置 Maven

（1）解压缩 Maven 软件包

假设 Maven 软件包位于/sdb/software/目录下，软件包名为 apache-maven-3.5.0-bin.tar.gz。将该软件包解压缩至/sdb/目录下。

```
#tar -zxvf /sdb/software/apache-maven-3.5.0-bin.tar.gz -C /sdb/
```

在/sdb/目录下可见 apache-maven-3.5.0，将其重命名为 maven，如图 6-160 所示。

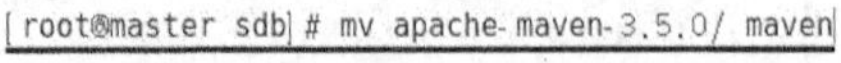

```
[root@master sdb] # mv apache-maven-3.5.0/ maven
```

图 6-160　将文件夹重命名为 maven

（2）配置 setting.xml 文件

然后配置本地仓库路径，进入/sdb/maven/conf 目录，编辑其中的 setting.xml 配置文件。

```
[root@master ~]cd /sdb/maven/conf/
[root@localhost conf]# vi setting.xml
```

找到<localRepository>和/<localRepository>这一对参数，在其中加入如下内容。

```
<localRepository>/sdb/maven/repository</localRepository>
```

（3）配置环境参数

接着还需要配置 Maven 环境参数，编辑/etc/profile 配置文件。

```
[root@localhost conf]# vi /etc/profile
```

在其中添加如下有关 Maven 的配置，并保存退出。

```
export MAVEN_HOME=/sdb/maven
export PATH=${PATH}:${MAVEN_HOME}/bin
```

使/profile 文件生效。

```
[root@master sdb]# source /etc/profile
```

（4）测试 Maven

最后使用 mvn –v 命令测试 Maven 配置是否成功，Maven 配置过程及测试结果截图如图 6-161 所示。

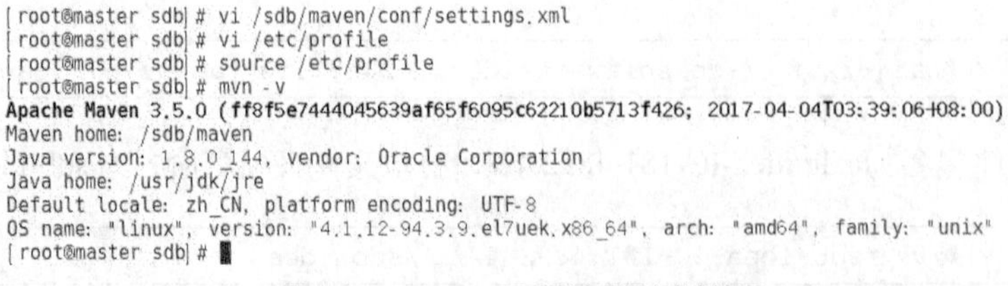

```
[root@master sdb] # vi /sdb/maven/conf/settings.xml
[root@master sdb] # vi /etc/profile
[root@master sdb] # source /etc/profile
[root@master sdb] # mvn -v
Apache Maven 3.5.0 (ff8f5e7444045639af65f6095c62210b5713f426; 2017-04-04T03:39:06+08:00)
Maven home: /sdb/maven
Java version: 1.8.0_144, vendor: Oracle Corporation
Java home: /usr/jdk/jre
Default locale: zh_CN, platform encoding: UTF-8
OS name: "linux", version: "4.1.12-94.3.9.el7uek.x86_64", arch: "amd64", family: "unix"
[root@master sdb] #
```

图 6-161　Maven 配置过程及测试结果

能看见 Maven 的版本号等信息，说明 Maven 配置成功。

6.8.3　IDEA 下创建 Maven 项目

1. IDEA 下创建 Maven 项目

Maven 项目的创建基于已经搭建好的 Oracle Linux 7.4、JDK1.8.0_144、zookeeper-3.4.9、apache-Storm-0.9.6 及配置好的 IDEA 和 Maven。下面创建 Maven 项目，用于创建和编写相应的 Storm 程序。

首先进入 IDEA 命令所在目录，并查看可执行命令，然后执行 idea.sh 命令启动 IDEA，如图 6-162 所示。

```
[root@master conf]# cd /sdb/idea/bin/
[root@master bin]# ls
appletviewer.policy   fsnotifier-arm    idea.sh           printenv.py
format.sh             idea64.vmoptions  idea.vmoptions    restart.py
fsnotifier            idea.png          inspect.sh
fsnotifier64          idea.properties   log.xml
[root@master bin]# ./idea.sh
```

图 6-162　用 Shell 命令启动 IDEA

IDEA 启动界面如图 6-163 所示。

图 6-163　IDEA 启动界面

首次使用 IDEA 时，初始界面如图 6-164 所示，需要选择 UI 界面主题风格。

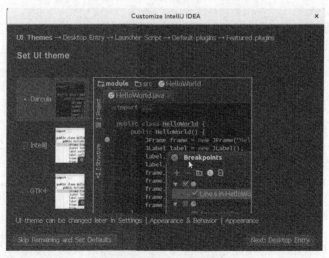

图 6-164　IDEA 的初始界面

选择第二种 UI 界面主题风格"IntelliJ"后，进入下一个界面，弹出"Welcome to IntelliJ IDEA"窗口，如图 6-165 所示。

图 6-165　"Welcome to IntelliJ IDEA"窗口

选择"Create New Project"，新建 Maven 项目，如图 6-166 所示。

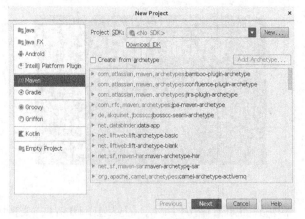

图 6-166　新建 Maven 项目

进入选择 JDK 所在安装位置对话框，如图 6-167 所示。

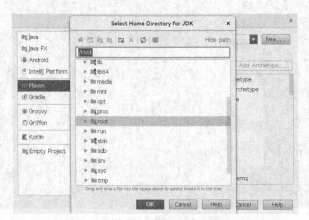

图 6-167　进入选择 JDK 所在安装位置对话框

此处需要选择已安装并测试正确的 JDK 所在的安装位置，本书中 JDK 安装在/usr/jdk 下，如图 6-168 所示。

图 6-168　选择已安装并测试正确的 JDK 所在的安装位置

选择 JDK 位置后界面如图 6-169 所示。

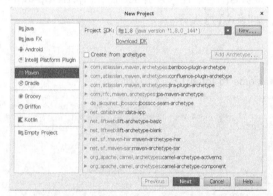

图 6-169　选择 JDK 位置后界面

单击图 6-169 所示界面中的"Next"按钮，弹出"New Project"对话框，在 GroupId 对应的文本框中输入"storm"，在 ArtifactId 对应的文本框中输入"project"，如图 6-170 所示，然后单击"Next"按钮。

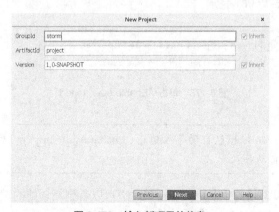

图 6-170　输入新项目的信息

在弹出的"New Project"对话框中会显示新创建的项目的名称（Project name），及项目的存储位置（Project location）。本书中项目的名称为"project_bian"，项目存储在/sdb/IdeaProjects/project_bian目录下，如图 6-171 所示。单击"Finish"按钮，完成项目的初始创建。

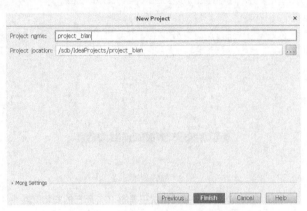

图 6-171　新项目的名称和存储位置

此时会进入 IDEA 的开发界面。如果在开发界面的上方弹出"Tip of the Day"对话框，单击"Close"按钮，关闭该对话框即可，如图 6-172 所示。

图 6-172　IDEA 中"Tip of the Day"对话框

如果此时界面的右下角弹出对话框，则单击对话框中的"Enable Auto-Import"（如未弹出该对话框请忽略此步骤），如图 6-173 所示。

图 6-173　单击"Enable Auto-Import"

　　选择了 Maven 依赖包自动导入功能（Enable Auto-Import）后，需要连接外网，Maven 依赖包才可能自动导入。

此时显示 IDEA 开发环境的主窗口。在窗口左边可以看到新创建的"project_bian"项目。其中 pom.xml 里记录了 Maven 项目的依赖等，如图 6-174 所示。

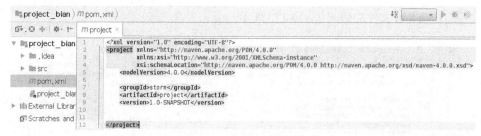

图 6-174 Maven 项目的 pom.xml 文件

2. 配置 pom.xml 文件

下面配置 pom.xml 文件来设置 Maven 项目的依赖关系。配置 pom.xml 文件后文件内容如下。(因为内容较多,这里标出了行号,输入文件中不需要写行号。)

```
1    <?xml version="1.0" encoding="UTF-8"?>
2    <project xmlns="http://maven.apache.org/POM/4.0.0"
3        xmlns:xsi="http://www.w3.org/2001/XMLSchema-instance"
4        xsi:schemaLocation="http://maven.apache.org/POM/4.0.0 http://maven.apache.org/xsd/maven-4.0.0.xsd">
5      <modelVersion>4.0.0</modelVersion>
6
7      <groupId>storm</groupId>
8      <artifactId>project</artifactId>
9      <version>1.0-SNAPSHOT</version>
10   <packaging>jar</packaging>
11   <name>storm</name>
12   <url>http://maven.apache.org</url>
13   <properties>
14     <project.build.sourceEncoding>UTF-8</project.build.sourceEncoding>
15   </properties>
16   <dependencies>
17       <dependency>
18         <groupId>junit</groupId>
19         <artifactId>junit</artifactId>
20         <version>4.12</version>
21         <scope>test</scope>
22       </dependency>
23       <dependency>
24         <groupId>org.apache.storm</groupId>
25         <artifactId>storm-core</artifactId>
26         <version>0.9.6</version>
27       </dependency>
28       <dependency>
29         <groupId>log4j</groupId>
30         <artifactId>log4j</artifactId>
31         <version>1.2.17</version>
32       </dependency>
33   </dependencies>
34
35   </project>
```

配置后的 pom.xml 文件的截图如图 6-175 所示。

```xml
1  <?xml version="1.0" encoding="UTF-8"?>
2  <project xmlns="http://maven.apache.org/POM/4.0.0"
3           xmlns:xsi="http://www.w3.org/2001/XMLSchema-instance"
4           xsi:schemaLocation="http://maven.apache.org/POM/4.0.0 http://maven.apache.org/xsd/maven-4.0.0.xsd">
5      <modelVersion>4.0.0</modelVersion>
6
7      <groupId>storm</groupId>
8      <artifactId>project</artifactId>
9      <version>1.0-SNAPSHOT</version>
10     <packaging>jar</packaging>
11     <name>storm</name>
12     <url>http://maven.apache.org</url>
13     <properties>
14         <project.build.sourceEncoding>UTF-8</project.build.sourceEncoding>
15     </properties>
16     <dependencies>
17         <dependency>
18             <groupId>junit</groupId>
19             <artifactId>junit</artifactId>
20             <version>4.12</version>
21             <scope>test</scope>
22         </dependency>
23         <dependency>
24             <groupId>org.apache.storm</groupId>
25             <artifactId>storm-core</artifactId>
26             <version>0.9.6</version>
27         </dependency>
28         <dependency>
29             <groupId>log4j</groupId>
30             <artifactId>log4j</artifactId>
31             <version>1.2.17</version>
32         </dependency>
33     </dependencies>
34
35 </project>
```

图 6-175　配置后的 pom.xml 文件

3. 查看 Hadoop 工程的 Maven 依赖包

依赖包导入完成后，会在 IDEA 左侧窗口中看到新导入的依赖包，图 6-176 中只显示了部分依赖包。

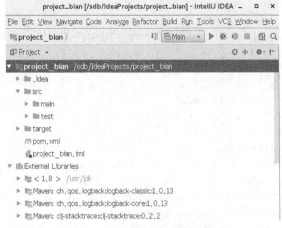

图 6-176　新导入的 Maven 依赖包

4. 在项目下新建包及类文件

（1）创建 example 包

在已经建立好的项目 project_bian 中，依次找到 src →main→java 文件夹，右键单击，在弹出的菜单上选择 "New"，然后选择 "Package" 建立包文件，输入包名为 example，如图 6-177 所示，后面将会在该包下编写相应

图 6-177　创建一个名为 example 的包

的 Storm 程序。

同样地，在已经创建好的 example 包下，再创建两个包，分别是 spouts 包和 bolts 包，后文将会在这两个包下编写 Java 源程序，如图 6-178、图 6-179 所示。

图 6-178　创建一个名为 spouts 的包

图 6-179　创建一个名为 bolts 的包

（2）在 spouts 包中创建 Reader.jave 类文件

在 spouts 包单击鼠标右键，在弹出的 "Create New Class" 对话框中输入要创建的文件名 "Reader" 和类型 "Class"，然后单击 "OK" 按钮，完成类文件 Reader.java 的创建，如图 6-180 所示。

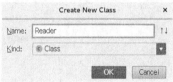

图 6-180　创建 Reader.java 类文件

此时在 IDEA 工具左侧窗口的项目 Project 中，spouts 包下会显示新创建的类文件 Reader.java，IDEA 工具的中央窗口会显示新创建的类文件的内容，在该窗口中编写 Reader.java 的代码。具体代码如下。

```java
package example.spouts;

import java.io.BufferedReader;
import java.io.FileNotFoundException;
import java.io.FileReader;
import java.util.Map;
import backtype.storm.spout.SpoutOutputCollector;
import backtype.storm.task.TopologyContext;
import backtype.storm.topology.OutputFieldsDeclarer;
import backtype.storm.topology.base.BaseRichSpout;
import backtype.storm.tuple.Fields;
import backtype.storm.tuple.Values;

public class Reader extends BaseRichSpout {
    private SpoutOutputCollector collector;
    private FileReader fileReader;
    private boolean completed = false;

    public void ack(Object msgId) {
        System.out.println("OK:" + msgId);
    }

    public void close() {
    }

    public void fail(Object msgId) {
        System.out.println("FAIL:" + msgId);
    }
```

```
    public void nextTuple() {

        if (completed) {
            try {
                Thread.sleep(1000);
            } catch (InterruptedException e) {
                //无动作
            }
            return;
        }
        String str;
        //打开 reader
        BufferedReader reader = new BufferedReader(fileReader);
        try {
            //读各行
            while ((str = reader.readLine()) != null) {
                /**
                 * By each line emmit a new value with the line as a their
                 */

                this.collector.emit(new Values(str), str);
            }
        } catch (Exception e) {
            throw new RuntimeException("Error reading tuple", e);
        } finally {
            completed = true;
        }
    }


    /**
     * We will create the file and get the collector object
     */
    public void open(Map conf, TopologyContext context, SpoutOutputCollector collector) {
        try {
            this.fileReader = new FileReader(conf.get("wordsFile").toString());
            } catch (FileNotFoundException e) {
                throw new RuntimeException("Error reading file [" + conf.get("wordFile") + "]");
            }
            this.collector = collector;
    }

    /**
     * Declare the output field "word"
     */
    public void declareOutputFields(OutputFieldsDeclarer declarer) {
        declarer.declare(new Fields("line"));
    }
}
```

Reader.java 文件内容如图 6-181、图 6-182 所示。

```
1    package example.spouts;
2
3    import java.io.BufferedReader;
4    import java.io.FileNotFoundException;
5    import java.io.FileReader;
6    import java.util.Map;
7
8    import backtype.storm.spout.SpoutOutputCollector;
9    import backtype.storm.task.TopologyContext;
10   import backtype.storm.topology.OutputFieldsDeclarer;
11   import backtype.storm.topology.base.BaseRichSpout;
12   import backtype.storm.tuple.Fields;
13   import backtype.storm.tuple.Values;
14
15   public class Reader extends BaseRichSpout {
16       private SpoutOutputCollector collector;
17       private FileReader fileReader;
18       private boolean completed = false;
19
20       public void ack(Object msgId) { System.out.println("OK:" + msgId); }
23
24       public void close() {
25       }
26
27       public void fail(Object msgId) { System.out.println("FAIL:" + msgId); }
30
31       public void nextTuple() {
32
33           if (completed) {
34               try {
35                   Thread.sleep( millis: 1000);
36               } catch (InterruptedException e) {
37                   //Do nothing
38               }
39               return;
40           }
```

图 6-181　Reader.java 文件内容（上）

```
41           String str;
42           //Open the reader
43           BufferedReader reader = new BufferedReader(fileReader);
44           try {
45               //Read all lines
46               while ((str = reader.readLine()) != null) {
47                   /**
48                    * By each line emmit a new value with the line as a their
49                    */
50
51                   this.collector.emit(new Values(str), str);
52               }
53           } catch (Exception e) {
54               throw new RuntimeException("Error reading tuple", e);
55           } finally {
56               completed = true;
57           }
58       }
59
60       /**
61        * We will create the file and get the collector object
62        */
63       public void open(Map conf, TopologyContext context, SpoutOutputCollector collector) {
64           try {
65               this.fileReader = new FileReader(conf.get("wordsFile").toString());
66           } catch (FileNotFoundException e) {
67               throw new RuntimeException("Error reading file [" + conf.get("wordFile") + "]");
68           }
69           this.collector = collector;
70       }
71
72       /**
73        * Declare the output field "word"
74        */
75       public void declareOutputFields(OutputFieldsDeclarer declarer) { declarer.declare(new Fields("line")); }
78
79
```

图 6-182　Reader.java 文件内容（下）

（3）在 bolts 包中创建 Counter.java 类文件

在 bolts 包单击鼠标右键，在弹出的 "Create New Class" 中输入要创建的文件名 "Counter" 和类型 "Class"，然后单击 "OK" 按钮，完成类文件 Counter.java 的创建，如图 6-183 所示。然后输入如下代码。

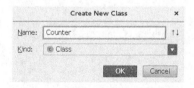

图 6-183　创建 Counter.java 类文件

```
package example.bolts;
import backtype.storm.task.TopologyContext;
import backtype.storm.topology.BasicOutputCollector;
import backtype.storm.topology.OutputFieldsDeclarer;
import backtype.storm.topology.base.BaseBasicBolt;
import backtype.storm.tuple.Tuple;
import java.util.HashMap;
import java.util.Map;
```

```java
public class Counter extends BaseBasicBolt{
    Integer id;
    String name;
    Map<String, Integer> counters;
    /**
     * At the end of the spout (when the cluster is shutdown
     * We will show the word counters
     */
    @Override
    public void cleanup() {
        System.out.println("-- Word Counter [" + name + "-" + id + "] --");
        for (Map.Entry<String, Integer> entry : counters.entrySet()) {
            System.out.println(entry.getKey() + ": " + entry.getValue());
        }
    }
    @Override
    public void prepare(Map stormConf, TopologyContext context) {
        this.counters = new HashMap<String, Integer>();
        this.name = context.getThisComponentId();
        this.id = context.getThisTaskId();
    }
    public void declareOutputFields(OutputFieldsDeclarer declarer) {
    }
    public void execute(Tuple input, BasicOutputCollector collector) {
        String str = input.getString(0);

        if (!counters.containsKey(str)) {
            counters.put(str, 1);
        } else {
            Integer c = counters.get(str) + 1;
            counters.put(str, c);
        }
    }
}
```

Counter.java 文件内容如图 6-184 所示。

图 6-184　Counter.java 文件内容

（4）在 bolts 包中创建 Normalizer.java 类文件

在 bolts 包单击鼠标右键，在弹出的 "Create New Class" 对话框中输入要创建的文件名 "Normalizer" 和类型 "Class"，然后单击 "OK" 按钮，完成类文件 Normalizer.java 的创建，如图 6-185 所示。

此时在 IDEA 工具左侧窗口项目 Project 中，spouts 包下会显示新创建的类文件 Normalizer.java，IDEA 工具的右侧窗口中会显示新创建的类文件的内容，在该窗口中编写 Normalizer.java 的代码。具体代码如下。

图 6-185　创建 Normalizer.java 类文件

```
package example.bolts;
import backtype.storm.topology.BasicOutputCollector;
import backtype.storm.topology.OutputFieldsDeclarer;
import backtype.storm.topology.base.BaseBasicBolt;
import backtype.storm.tuple.Fields;
import backtype.storm.tuple.Tuple;
import backtype.storm.tuple.Values;

public class Normalizer extends BaseBasicBolt{
    public void cleanup() {
    }

    public void execute(Tuple input, BasicOutputCollector collector) {
        String sentence = input.getString(0);
        String[] words = sentence.split(" ");
        for (String word : words) {
          word = word.trim();
        // if (!word.isEmpty()) {
            word = word.toLowerCase();
            collector.emit(new Values(word));
        //}
        }
    }

    public void declareOutputFields(OutputFieldsDeclarer declarer) {
        declarer.declare(new Fields("word"));
    }
}
```

Normalizer.java 文件内容如图 6-186 所示。

（5）创建 Main.java 类文件

在 example 包单击鼠标右键，在弹出的 "Create New Class" 对话框中输入要创建的文件名 "Main" 和类型 "Class"，然后单击 "OK" 按钮，完成类文件 Main.java 的创建，如图 6-187 所示。

```
1    package example.bolts;
2    import backtype.storm.topology.BasicOutputCollector;
3    import backtype.storm.topology.OutputFieldsDeclarer;
4    import backtype.storm.topology.base.BaseBasicBolt;
5    import backtype.storm.tuple.Fields;
6    import backtype.storm.tuple.Tuple;
7    import backtype.storm.tuple.Values;
8
9    public class Normalizer extends BaseBasicBolt{
10       public void cleanup() {
11       }
12
13       public void execute(Tuple input, BasicOutputCollector collector) {
14           String sentence = input.getString(0);
15           String[] words = sentence.split(" ");
16           for (String word : words) {
17               word = word.trim();
18               // if (!word.isEmpty()) {
19                   word = word.toLowerCase();
20                   collector.emit(new Values(word));
21               //}
22           }
23       }
24
25       public void declareOutputFields(OutputFieldsDeclarer declarer) {
26           declarer.declare(new Fields("word"));
27       }
28   }
```

图 6-186　Normalizer.java 文件内容

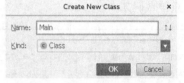

图 6-187　创建 Main.java 类文件

然后输入如下代码。

```
package example;
import backtype.storm.Config;
import backtype.storm.LocalCluster;
import backtype.storm.topology.TopologyBuilder;
import backtype.storm.tuple.Fields;
import example.bolts.Counter;
import example.bolts.Normalizer;
import example.spouts.Reader;

public class Main {
    public static void main(String[] args) throws InterruptedException {
        TopologyBuilder builder = new TopologyBuilder();
        builder.setSpout("word-reader", new Reader());
        builder.setBolt("word-normalizer", new Normalizer()).shuffleGrouping("word-reader");
        builder.setBolt("word-counter", new Counter(), 1).fieldsGrouping("word-
normalizer", new Fields("word"));
        Config conf = new Config();
        //conf.put("wordsFile", args[0]);
        conf.put("wordsFile", "/opt/storm/NOTICE");
        conf.setDebug(false);
        conf.put(Config.TOPOLOGY_MAX_SPOUT_PENDING, 1);
        LocalCluster cluster = new LocalCluster();
        cluster.submitTopology("Getting-Started-Toplogie", conf, builder.
createTopology());
        Thread.sleep(10000);
        cluster.shutdown();
    }
}
```

Main.java 文件内容如图 6-188 所示。

```
 1    package example;
 2    import backtype.storm.Config;
 3    import backtype.storm.LocalCluster;
 4    import backtype.storm.topology.TopologyBuilder;
 5    import backtype.storm.tuple.Fields;
 6    import example.bolts.Counter;
 7    import example.bolts.Normalizer;
 8    import example.spouts.Reader;
 9
10    public class Main {
11        public static void main(String[] args) throws InterruptedException {
12            TopologyBuilder builder = new TopologyBuilder();
13            builder.setSpout( id: "word-reader", new Reader());
14            builder.setBolt( id: "word-normalizer", new Normalizer()).shuffleGrouping("word-reader");
15            builder.setBolt( id: "word-counter", new Counter(),  parallelism_hint: 1).fieldsGrouping( s: "word-normalizer", new Fields("word"));
16            Config conf = new Config();
17            //conf.put("wordsFile", args[0]);
18            conf.put("wordsFile", "/opt/storm/NOTICE");
19            conf.setDebug(false);
20            conf.put(Config.TOPOLOGY_MAX_SPOUT_PENDING, 1);
21            LocalCluster cluster = new LocalCluster();
22            cluster.submitTopology( s: "Getting-Started-Toplogie", conf, builder.createTopology());
23            Thread.sleep( millis: 10000);
24            cluster.shutdown();
25        }
26    }
```

图 6-188　Main.java 文件内容

（6）项目的层次结构

添加完各个包文件及类文件后，项目的层次结构如图 6-189 所示。

（7）通过主函数文件 Main 运行程序

选中 Main 文件，在窗口中的空白处单击右键鼠标，在弹出的菜单中选择"Run Main.main()"命令，程序会开始运行，如图 6-190 所示。

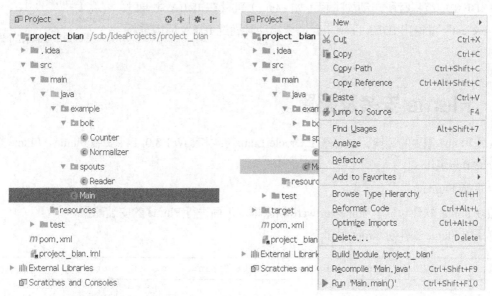

图 6-189　项目的层次结构　　　　图 6-190　运行 Main 程序

编写这个项目就是为了按照 Storm 的拓扑结构，来实现原本用于 MapReduce 的经典测试示例 WordCount。Main 程序运行之后的结果窗口中会滚动显示很多内容，其中的关键信息如图 6-191、图 6-192 所示。在图 6-191 中可见，Apache Storm 运行成功；在图 6-192 中可见，已经实现了 Storm 下的 WordCount 功能。

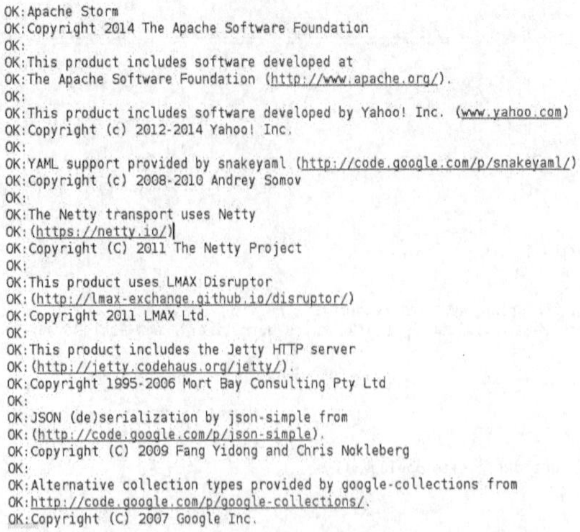

```
OK:Apache Storm
OK:Copyright 2014 The Apache Software Foundation
OK:
OK:This product includes software developed at
OK:The Apache Software Foundation (http://www.apache.org/).
OK:
OK:This product includes software developed by Yahoo! Inc. (www.yahoo.com)
OK:Copyright (c) 2012-2014 Yahoo! Inc.
OK:
OK:YAML support provided by snakeyaml (http://code.google.com/p/snakeyaml/).
OK:Copyright (c) 2008-2010 Andrey Somov
OK:
OK:The Netty transport uses Netty
OK:(https://netty.io/)
OK:Copyright (C) 2011 The Netty Project
OK:
OK:This product uses LMAX Disruptor
OK:(http://lmax-exchange.github.io/disruptor/)
OK:Copyright 2011 LMAX Ltd.
OK:
OK:This product includes the Jetty HTTP server
OK:(http://jetty.codehaus.org/jetty/).
OK:Copyright 1995-2006 Mort Bay Consulting Pty Ltd
OK:
OK:JSON (de)serialization by json-simple from
OK:(http://code.google.com/p/json-simple)
OK:Copyright (C) 2009 Fang Yidong and Chris Nokleberg
OK:
OK:Alternative collection types provided by google-collections from
OK:http://code.google.com/p/google-collections/.
OK:Copyright (C) 2007 Google Inc.
```

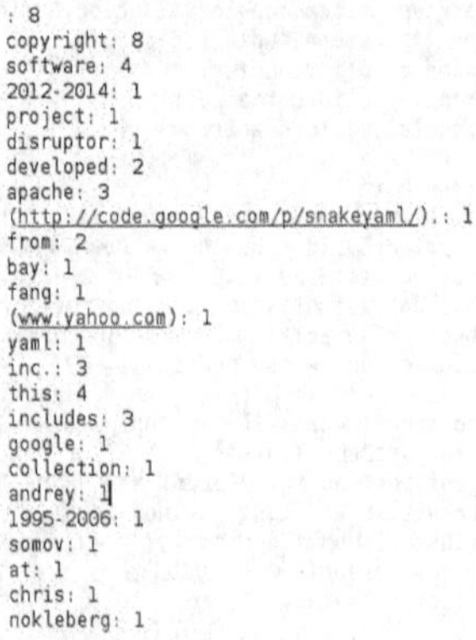

```
: 8
copyright: 8
software: 4
2012-2014: 1
project: 1
disruptor: 1
developed: 2
apache: 3
(http://code.google.com/p/snakeyaml/).: 1
from: 2
bay: 1
fang: 1
(www.yahoo.com): 1
yaml: 1
inc.: 3
this: 4
includes: 3
google: 1
collection: 1
andrey: 1
1995-2006: 1
somov: 1
at: 1
chris: 1
nokleberg: 1
```

图 6-191 在 IDEA 中检验 Storm 服务启动的进程   图 6-192 在 IDEA 中实现 Storm 的 WordCount 功能

（8）查看运行的各个进程

双击桌面 Konsole 图标，打开一个命令行终端，通过 jps 命令查看运行的各个进程，结果如图 6-193 所示。在图中可见 ZooKeeper 的进程、Storm 的进程和 IDEA 编写的 Main 等进程。

如果想终止 Storm 的进程，可通过 kill 命令将 Storm 的两个进程 Nimbus 和 Supervisor 结束，需要的时候再启动。

在 IDEA 中编程时所启动的进程（如 Main）可以在 IDEA 中通过 "close project" 或退出 IDEA 而结束，需要启动时通过 IDEA 环境重新启动即可。

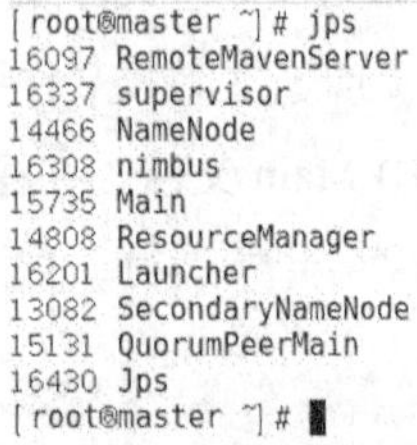

```
[root@master ~]# jps
16097 RemoteMavenServer
16337 supervisor
14466 NameNode
16308 nimbus
15735 Main
14808 ResourceManager
16201 Launcher
13082 SecondaryNameNode
15131 QuorumPeerMain
16430 Jps
[root@master ~]#
```

图 6-193 查看各个进程

6.9 Flume 安装及配置

安装 Flume 需要的环境，本书基于 Oracle Linux 7.4 和 Java1.8.0_144 安装 Flume。Flume 软件包为 apache-flume-1.6.0。

1. 安装 Flume

假设 Flume 软件包位于/home/software/目录下。下面进行 Flume 的安装配置。

解压缩 Flume 软件包至/opt 目录下。

```
#tar zxvf  /home/software/apache-flume-1.6.0-bin.tar.gz  -C  /opt/
```

进入/opt 目录，将解压缩后的 apache-flume-1.6.0-bin 重命名为 flume。

```
#cd /opt/
#mv apache-flume-1.6.0-bin flume
#ls -l
```

如果 flume 文件夹的所属用户和组不是 root，最好修改为 root。可用如下命令实现。

```
#chown -R root:root  /opt/flume
```

2. 配置 Flume

进入 Flume 的配置文件所在目录 flume/conf。

```
#cd flume/conf/
```

使用如下命令，通过复制文件 flume-conf.properties.template 的方式，创建新的用于 Flume 环境配置的文件 example-conf.properties。

```
#cp  flume-conf.properties.template  example-conf.properties
```

用 vi 编辑器打开文件 example-conf.properties。

```
#vi example-conf.properties
```

编辑文件 example-conf.properties，将光标移动到文件 example-conf.properties 底部，输入要配置的参数。具体参数内容如下。（因为内容较多，这里标出了行号，输入文件中不需要写行号。）

```
1    # example.conf: A single-node Flume configuration
2    # Name the components on this agent
3    agent.sources = r1
4    agent.sinks = k1
5    agent.channels = c1
6    # Describe/configure the source
7    agent.sources.r1.type = netcat
8    agent.sources.r1.bind = master
9    agent.sources.r1.port = 44444
10   # Describe the sink
11   agent.sinks.k1.type = logger
12   # Use a channel which buffers events in memory
13   agent.channels.c1.type = memory
14   agent.channels.c1.capacity = 1000
15   agent.channels.c1.transactionCapacity = 100
16   # Bind the source and sink to the channel
17   agent.sources.r1.channels = c1
18   agent.sinks.k1.channel = c1
```

文件 example-conf.properties 配置完后如图 6-194 所示。

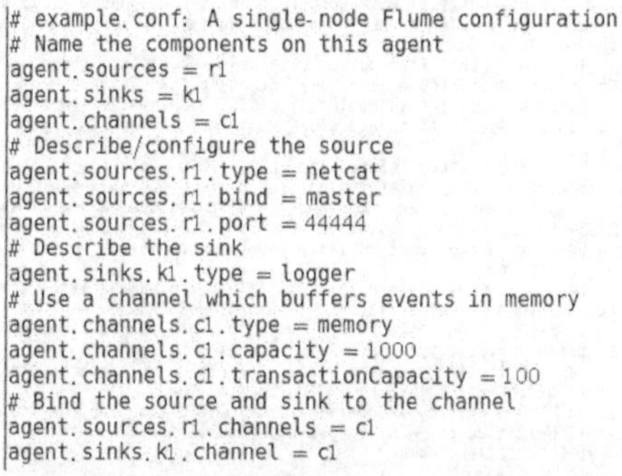

图 6-194　文件 example-conf.properties 配置完成

3. Flume 环境启动、验证与停止

① 切换到上一级目录或重输命令保证进入/opt/flume 目录，然后输入如下 Flume 命令启动一个单节点的 agent。

```
#cd  /opt/flume
#bin/flume-ng agent --conf conf --conf-file conf/example-conf.properties --name agent
-Dflume.root.logger=INFO,console
```

用 Flume 命令启动一个单节点的 agent 的部分截图如图 6-195。

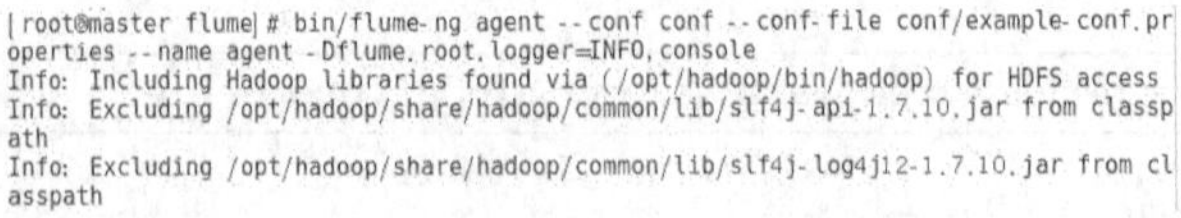

```
[root@master flume]# bin/flume-ng agent --conf conf --conf-file conf/example-conf.pr
operties --name agent -Dflume.root.logger=INFO,console
Info: Including Hadoop libraries found via (/opt/hadoop/bin/hadoop) for HDFS access
Info: Excluding /opt/hadoop/share/hadoop/common/lib/slf4j-api-1.7.10.jar from classp
ath
Info: Excluding /opt/hadoop/share/hadoop/common/lib/slf4j-log4j12-1.7.10.jar from cl
asspath
```

图 6-195 用 Flume 命令启动一个单节点的 agent

运行结果分别如图 6-196、图 6-197 所示。

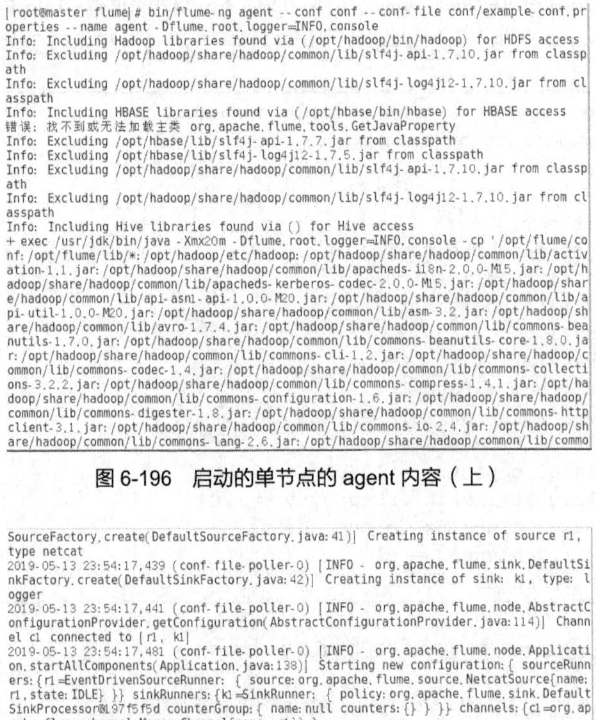

```
[root@master flume]# bin/flume-ng agent --conf conf --conf-file conf/example-conf.pr
operties --name agent -Dflume.root.logger=INFO,console
Info: Including Hadoop libraries found via (/opt/hadoop/bin/hadoop) for HDFS access
Info: Excluding /opt/hadoop/share/hadoop/common/lib/slf4j-api-1.7.10.jar from classp
ath
Info: Excluding /opt/hadoop/share/hadoop/common/lib/slf4j-log4j12-1.7.10.jar from cl
asspath
Info: Including HBASE libraries found via (/opt/hbase/bin/hbase) for HBASE access
错误: 找不到或无法加载主类 org.apache.flume.tools.GetJavaProperty
Info: Excluding /opt/hbase/lib/slf4j-api-1.7.7.jar from classpath
Info: Excluding /opt/hbase/lib/slf4j-log4j12-1.7.5.jar from classpath
Info: Excluding /opt/hadoop/share/hadoop/common/lib/slf4j-api-1.7.10.jar from classp
ath
Info: Excluding /opt/hadoop/share/hadoop/common/lib/slf4j-log4j12-1.7.10.jar from cl
asspath
Info: Including Hive libraries found via () for Hive access
+ exec /usr/jdk/bin/java -Xmx20m -Dflume.root.logger=INFO,console -cp '/opt/flume/co
nf:/opt/flume/lib/*:/opt/hadoop/etc/hadoop:/opt/hadoop/share/hadoop/common/lib/activ
ation-1.1.jar:/opt/hadoop/share/hadoop/common/lib/apacheds-i18n-2.0.0-M15.jar:/opt/h
adoop/share/hadoop/common/lib/apacheds-kerberos-codec-2.0.0-M15.jar:/opt/hadoop/shar
e/hadoop/common/lib/api-asn1-api-1.0.0-M20.jar:/opt/hadoop/share/hadoop/common/lib/a
pi-util-1.0.0-M20.jar:/opt/hadoop/share/hadoop/common/lib/asm-3.2.jar:/opt/hadoop/sh
are/hadoop/common/lib/avro-1.7.4.jar:/opt/hadoop/share/hadoop/common/lib/commons-bea
nutils-1.7.0.jar:/opt/hadoop/share/hadoop/common/lib/commons-beanutils-core-1.8.0.ja
r:/opt/hadoop/share/hadoop/common/lib/commons-cli-1.2.jar:/opt/hadoop/share/hadoop/c
ommon/lib/commons-codec-1.4.jar:/opt/hadoop/share/hadoop/common/lib/commons-collecti
ons-3.2.2.jar:/opt/hadoop/share/hadoop/common/lib/commons-compress-1.4.1.jar:/opt/ha
doop/share/hadoop/common/lib/commons-configuration-1.6.jar:/opt/hadoop/share/hadoop/
common/lib/commons-digester-1.8.jar:/opt/hadoop/share/hadoop/common/lib/commons-http
client-3.1.jar:/opt/hadoop/share/hadoop/common/lib/commons-io-2.4.jar:/opt/hadoop/sh
are/hadoop/common/lib/commons-lang-2.6.jar:/opt/hadoop/share/hadoop/common/lib/commo
```

图 6-196 启动的单节点的 agent 内容（上）

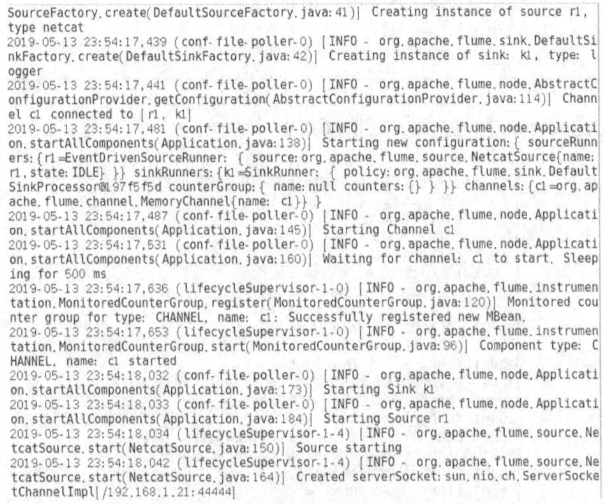

```
SourceFactory.create(DefaultSourceFactory.java:41)] Creating instance of source r1,
type netcat
2019-05-13 23:54:17,439 (conf-file-poller-0) [INFO - org.apache.flume.sink.DefaultSi
nkFactory.create(DefaultSinkFactory.java:42)] Creating instance of sink: k1, type: l
ogger
2019-05-13 23:54:17,441 (conf-file-poller-0) [INFO - org.apache.flume.node.AbstractC
onfigurationProvider.getConfiguration(AbstractConfigurationProvider.java:114)] Chann
el c1 connected to [r1, k1]
2019-05-13 23:54:17,481 (conf-file-poller-0) [INFO - org.apache.flume.node.Applicati
on.startAllComponents(Application.java:138)] Starting new configuration:{ sourceRunn
ers:{r1=EventDrivenSourceRunner: { source:org.apache.flume.source.NetcatSource{name:
r1,state:IDLE} }} sinkRunners:{k1=SinkRunner: { policy:org.apache.flume.sink.Default
SinkProcessor@197f5f5d counterGroup:{ name:null counters:{} } }} channels:{c1=org.ap
ache.flume.channel.MemoryChannel{name: c1}} }
2019-05-13 23:54:17,487 (conf-file-poller-0) [INFO - org.apache.flume.node.Applicati
on.startAllComponents(Application.java:145)] Starting Channel c1
2019-05-13 23:54:17,531 (conf-file-poller-0) [INFO - org.apache.flume.node.Applicati
on.startAllComponents(Application.java:160)] Waiting for channel: c1 to start. Sleep
ing for 500 ms
2019-05-13 23:54:17,636 (lifecycleSupervisor-1-0) [INFO - org.apache.flume.instrumen
tation.MonitoredCounterGroup.register(MonitoredCounterGroup.java:120)] Monitored cou
nter group for type: CHANNEL, name: c1: Successfully registered new MBean.
2019-05-13 23:54:17,653 (lifecycleSupervisor-1-0) [INFO - org.apache.flume.instrumen
tation.MonitoredCounterGroup.start(MonitoredCounterGroup.java:96)] Component type: C
HANNEL, name: c1 started
2019-05-13 23:54:18,032 (conf-file-poller-0) [INFO - org.apache.flume.node.Applicati
on.startAllComponents(Application.java:173)] Starting Sink k1
2019-05-13 23:54:18,033 (conf-file-poller-0) [INFO - org.apache.flume.node.Applicati
on.startAllComponents(Application.java:184)] Starting Source r1
2019-05-13 23:54:18,034 (lifecycleSupervisor-1-4) [INFO - org.apache.flume.source.Ne
tcatSource.start(NetcatSource.java:150)] Source starting
2019-05-13 23:54:18,042 (lifecycleSupervisor-1-4) [INFO - org.apache.flume.source.Ne
tcatSource.start(NetcatSource.java:164)] Created serverSocket:sun.nio.ch.ServerSocke
tChannelImpl[/192.168.1.21:44444]
```

图 6-197 启动的单节点的 agent 内容（下）

② 双击 Konsole 图标，新打开一个终端，输入命令 curl telnet://master:44444 后按 Enter 键。然后输入"Hello World!"，向 agent 的 Source 输入数据流，等待窗口显示"OK"，结果如图 6-198 所示。

```
[root@master ~]# curl telnet: //master: 44444
Hello World!
OK
```

图 6-198　向 agent 的 Source 输入数据流

③ 回到先前启动 agent 的窗口，在窗口的底部能够看到输入的"Hello World!"，即可见 agent 的 Sink 输出数据流，结果如图 6-199 所示。

```
2019-05-14 00:00:41,539 (SinkRunner-PollingRunner-DefaultSinkProcessor) [INFO - or
g.apache.flume.sink.LoggerSink.process(LoggerSink.java:94)] Event: { headers:{} bo
dy: 48 65 6C 6C 6F 20 57 6F 72 6C 64 21                Hello World! }
```

图 6-199　agent 的 Sink 输出数据流

④ 回到新打开的终端，输入"Again!!!"，如图 6-200 所示。

```
[root@master ~]# curl telnet: //master: 44444
Hello World!
OK
Again!!!
OK
```

图 6-200　再次向 agent 的 Source 输入数据流

⑤ 再次回到先前启动 agent 的窗口，在窗口的底部看到"Again!!!"，如图 6-201 所示。

```
2019-05-13 23:54:18,042 (lifecycleSupervisor-1-4) [INFO - org.apache.flume.source.Ne
tcatSource.start(NetcatSource.java:164)] Created serverSocket: sun.nio.ch.ServerSocke
tChannelImpl[/192.168.1.21:44444]
2019-05-14 00:00:41,539 (SinkRunner-PollingRunner-DefaultSinkProcessor) [INFO - org.
apache.flume.sink.LoggerSink.process(LoggerSink.java:94)] Event: { headers:{} body:
48 65 6C 6C 6F 20 57 6F 72 6C 64 21                Hello World! }
2019-05-14 01:04:26,399 (SinkRunner-PollingRunner-DefaultSinkProcessor) [INFO - org.
apache.flume.sink.LoggerSink.process(LoggerSink.java:94)] Event: { headers:{} body:
41 67 61 69 6E 21 21 21                             Again!!! }
```

图 6-201　agent 的 Sink 再次输出数据流

⑥ 在启动的 agent 窗口，按 Ctrl+C 组合键，即可关闭已经启动了的 agent。

CTRL+C

关闭刚才的 agent，如图 6-202 所示。

```
^C2019-05-14 01:08:05,396 (agent-shutdown-hook) [INFO - org.apache.flume.lifecycle.LifecycleSupe
rvisor.stop(LifecycleSupervisor.java 79)] Stopping lifecycle supervisor 10
2019-05-14 01:08:05,400 (agent-shutdown-hook) [INFO - org.apache.flume.source.NetcatSource.stop(
NetcatSource.java:190)] Source stopping
2019-05-14 01:08:05,902 (agent-shutdown-hook) [INFO - org.apache.flume.node.PollingPropertiesFil
eConfigurationProvider.stop(PollingPropertiesFileConfigurationProvider.java:83)] Configuration p
rovider stopping
2019-05-14 01:08:05,904 (agent-shutdown-hook) [INFO - org.apache.flume.instrumentation.Monitored
CounterGroup.stop(MonitoredCounterGroup.java:150)] Component type: CHANNEL, name: c1 stopped
2019-05-14 01:08:05,905 (agent-shutdown-hook) [INFO - org.apache.flume.instrumentation.Monitored
CounterGroup.stop(MonitoredCounterGroup.java:156)] Shutdown Metric for type: CHANNEL, name: c1.
channel.start.time == 1557762857653
2019-05-14 01:08:05,905 (agent-shutdown-hook) [INFO - org.apache.flume.instrumentation.Monitored
CounterGroup.stop(MonitoredCounterGroup.java:162)] Shutdown Metric for type: CHANNEL, name: c1.
channel.stop.time == 1557767285903
2019-05-14 01:08:05,906 (agent-shutdown-hook) [INFO - org.apache.flume.instrumentation.Monitored
CounterGroup.stop(MonitoredCounterGroup.java:178)] Shutdown Metric for type: CHANNEL, name: c1.
channel.capacity == 1000
2019-05-14 01:08:05,906 (agent-shutdown-hook) [INFO - org.apache.flume.instrumentation.Monitored
CounterGroup.stop(MonitoredCounterGroup.java:178)] Shutdown Metric for type: CHANNEL, name: c1.
channel.current.size == 0
2019-05-14 01:08:05,907 (agent-shutdown-hook) [INFO - org.apache.flume.instrumentation.Monitored
CounterGroup.stop(MonitoredCounterGroup.java:178)] Shutdown Metric for type: CHANNEL, name: c1.
channel.event.put.attempt == 2
2019-05-14 01:08:05,907 (agent-shutdown-hook) [INFO - org.apache.flume.instrumentation.Monitored
CounterGroup.stop(MonitoredCounterGroup.java:178)] Shutdown Metric for type: CHANNEL, name: c1.
channel.event.put.success == 2
2019-05-14 01:08:05,907 (agent-shutdown-hook) [INFO - org.apache.flume.instrumentation.Monitored
CounterGroup.stop(MonitoredCounterGroup.java:178)] Shutdown Metric for type: CHANNEL, name: c1.
channel.event.take.attempt == 559
2019-05-14 01:08:05,907 (agent-shutdown-hook) [INFO - org.apache.flume.instrumentation.Monitored
CounterGroup.stop(MonitoredCounterGroup.java:178)] Shutdown Metric for type: CHANNEL, name: c1.
channel.event.take.success == 2
```

图 6-202　关闭刚才的 agent

这样两个终端都退出了 Flume 的工作状态。

6.10　本章小结

本章介绍了大数据运维工具 Hadoop、ZooKeeper、HBase、Spark、Hive、MongoDB、Kafka、Storm、Flume 的安装和配置过程，重点讲解了 Hadoop、ZooKeeper、HBase 的配置过程及启动的先后顺序。

Hadoop 集群是配置在 3 台机器上的，分别为主节点(master)、从节点 1(slave1)、从节点 2(slave2)。第 5 章已经介绍了 Hadoop 2.0 主要由 HDFS、MapReduce 和 YARN 这 3 个分支构成，因此启动 Hadoop 集群实际上涉及两条启动命令：start-dfs.sh 和 start-yarn.sh 命令。

而 ZooKeeper 是工作于 Hadoop 平台之上的集群的管理者，因此需要利用 Hadoop 配置好并正确启动集群。

HBase 的工作是基于 Hadoop 集群和 ZooKeeper 集群的，而 Spark、Hive、MongoDB、Kafka、Storm、Flume，有的与 HBase 一样需要基于 Hadoop 和 ZooKeeper 两个集群，有的只需要基于 Hadoop 集群。

6.11　习题

1. 启动 Hadoop 集群可以使用一条命令，也可以使用两条命令，它们分别是什么？

2. Hadoop 启动成功之后，使用 jps 命令，在 master 和 slave 端至少需要看到哪几个服务进程已经启动才表示 Hadoop 正确启动？

3. ZooKeeper 正确启动之后，它的守护进程是什么？

4. HBase 启动成功之后，分别在 master 和 slave 端可见的守护进程是什么？

5. 如果需要 HBase 正常工作，HBase、ZooKeeper、Hadoop 三者启动的先后顺序是什么？

6. 在安装 Hive 之前，必须在 Linux 上事先安装什么数据库软件？

7. 在安装 Kafka 之前，必须在 Linux 上事先安装什么软件或服务？

07 第7章 大数据运维监控

　　大数据平台运行起来之后，需要有效监控，才能使其正常、平稳、安全运行。运维行业有句话："无监控，不运维。"如果没有监控，基础运维、业务运维等就都没有了根基。

　　目前运维监控工具也有很多，各有特点，需要根据系统自身的需求合理选择。本章介绍 Hadoop 自身工具、Nagios 工具、Ganglia 工具。

　　Hadoop 自身也可监控集群运行情况，使用 Shell 命令以及网页方式，均可进行监控。如果想要对集群运行情况进行更细致的监控，还需要安装其他功能强大的工具。

　　Nagios 是开源的免费网络监控工具，它能有效地监控 Linux、UNIX、Windows 的主机和交换机、路由器等网络设备以及打印机等的状态。Nagios 能够实现自动化运维，可以协助运维人员监控服务器的运行状况，并且具有报警功能。

　　Ganglia 也是一个开源集群监控工具，是一个可扩展的分布式监控系统。它使用精心设计的数据结构和算法来实现非常低的每节点开销和高并发性，目前正在世界各地的数千个集群上使用，可用于监控数以千计的集群节点。Ganglia 主要用来监控各个节点的系统性能，如 CPU、mem、硬盘利用率、I/O 负载、网络流量情况等，用户通过图形中的各种曲线能比较直观地看到每个节点的工作状态。

　　知识地图

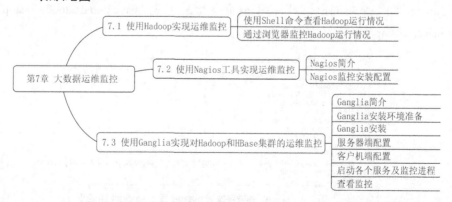

7.1 使用 Hadoop 实现运维监控

Hadoop 服务本身有一些可以监控 Hadoop 运行情况的 Shell 命令，也可以通过浏览器监控 Hadoop 服务运行情况及集群使用情况。

7.1.1 使用 Shell 命令查看 Hadoop 运行情况

在 master 上使用 start.all 命令启动 Hadoop 集群服务，相当于分别使用 start.dfs 和 start.yarn 启动 Hadoop 集群相应的服务，结果如图 7-1 所示。

```
[root@master ~]# start-all.sh
This script is Deprecated. Instead use start-dfs.sh and start-yarn.sh
Starting namenodes on [master]
master: starting namenode, logging to /opt/hadoop/logs/hadoop-root-namenode-master.out
slave1: starting datanode, logging to /opt/hadoop/logs/hadoop-root-datanode-slave1.out
slave2: starting datanode, logging to /opt/hadoop/logs/hadoop-root-datanode-slave2.out
Starting secondary namenodes [0.0.0.0]
0.0.0.0: starting secondarynamenode, logging to /opt/hadoop/logs/hadoop-root-secondaryname
node-master.out
starting yarn daemons
starting resourcemanager, logging to /opt/hadoop/logs/yarn-root-resourcemanager-master.out
slave1: starting nodemanager, logging to /opt/hadoop/logs/yarn-root-nodemanager-slave1.out
slave2: starting nodemanager, logging to /opt/hadoop/logs/yarn-root-nodemanager-slave2.out
[root@master ~]#
```

图 7-1　启动 Hadoop 集群服务

Hadoop 集群服务启动以后，会启动 NameNode、SecondaryNameNode、ResourceManager、NodeManager、DataNode 等进程。其中，和 DFS 服务相关的进程是 SecondaryNameNode、NameNode 和 DataNode；和 YARN 服务相关的进程是 ResourceManager 和 NodeManager。按照 Hadoop 的配置文件，这些进程会分别运行在不同的节点上，这些由图 7-1 可以看出。

可以利用 jps 命令在不同的机器上查看都启动了哪些进程。图 7-2 是在 master 上用 jps 命令查看已启动的进程。

图 7-3 是在 slave1 上用 jps 命令查看已启动的进程。

在 slave2 上用 jps 命令查看的结果同 slave1。

可见，master 上运行着 NameNode、SecondaryNameNode、ResourceManager 进程，而每台 slave 中运行着 DataNode 和 NodeManager 进程。

```
[root@master ~]# jps
6569 NameNode
6746 SecondaryNameNode
6894 ResourceManager
7215 Jps
```

图 7-2　在 master 上查看已启动的进程

```
[root@slave1 ~]# jps
4997 Jps
4744 DataNode
4825 NodeManager
```

图 7-3　在 slave1 上查看已启动的进程

当停止 Hadoop 集群服务时，如果某一从节点先停掉（例如，slave2 先意外关闭或死机了），在主节点 master 发出 stop-all.sh 命令后，用 jps 命令查看，可见 "slave2:no datanode to stop" 和 "slave2:no nodemanager to stop" 信息，如图 7-4 所示。

```
[root@master ~]# stop-all.sh
This script is Deprecated. Instead use stop-dfs.sh and stop-yarn.sh
Stopping namenodes on [master]
master: stopping namenode
slave1: stopping datanode
slave2: no datanode to stop
Stopping secondary namenodes [0.0.0.0]
0.0.0.0: stopping secondarynamenode
stopping yarn daemons
stopping resourcemanager
slave2: no nodemanager to stop
slave1: stopping nodemanager
slave1: nodemanager did not stop gracefully after 5 seconds: killing with kill -9
no proxyserver to stop
[root@master ~]#
```

图 7-4　slave2 先被停掉时 master 发出 stop-all.sh 命令

而当各个节点均正常时，停止 Hadoop 的过程如图 7-5 所示。

```
[root@master ~]# stop-all.sh
This script is Deprecated. Instead use stop-dfs.sh and stop-yarn.sh
Stopping namenodes on [master]
master: stopping namenode
slave1: stopping datanode
slave2: stopping datanode
Stopping secondary namenodes [0.0.0.0]
0.0.0.0: stopping secondarynamenode
stopping yarn daemons
stopping resourcemanager
slave2: stopping nodemanager
slave1: stopping nodemanager
slave2: nodemanager did not stop gracefully after 5 seconds: killing with kill -9
slave1: nodemanager did not stop gracefully after 5 seconds: killing with kill -9
no proxyserver to stop
[root@master ~]#
```

图 7-5　正常情况下 master 发出 stop-all.sh 命令

7.1.2　通过浏览器监控 Hadoop 运行情况

1. 使用 50070 端口查看

因为本书中 Hadoop 集群配置使用了 192.168.1.21~192.168.1.23，所以打开 http://192.168.1.21:50070 或 http://127.0.0.1:50070 均可访问到有 Hadoop 运行状况的网页。查看其中的"Overview"页面，如图 7-6 所示。

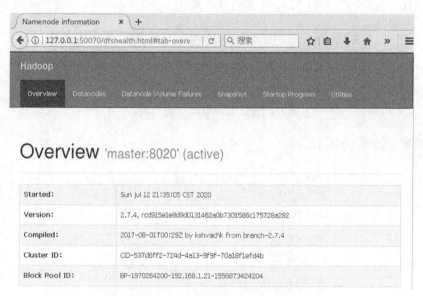

图 7-6　打开 50070 端口的 Hadoop 监控首页

页面显示了 Hadoop 的情况概览，包括 Hadoop 的运行开始时间、版本号、最后编译时间和集群 ID 号等信息；有可供选择的选项，如 Datanodes、Datanode Volume Failures、Utilities 等。

单击"Startup Progress"可以查看已经启动的进程占用分布式磁盘空间的情况，如图 7-7 所示。需要说明的是，由于只是搭建并运行了 Hadoop 分布式集群，并未在其上进行大量的数据读写，因此监控到的磁盘空间使用情况及运行情况的图表数据不会像企业级运行结果图表那样丰富。

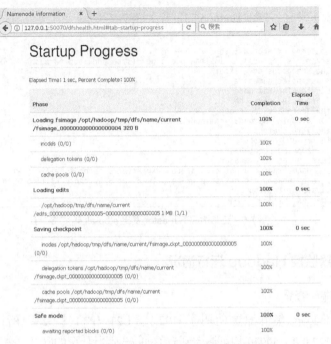

图 7-7　查看已经启动的进程占用磁盘空间的情况

还可以选择"Utilities"下的"Logs"查看分布式系统运行日志文件，如图 7-8 所示。

图 7-8　选择"Utilities"下的"Logs"

日志文件列表如图 7-9 所示。

图 7-9　日志文件列表

2. 使用 8088 端口查看

也可以打开 http://192.168.1.21:8088 或 http://127.0.0.1:8088，以另一种方式访问有 Hadoop 运行状况的网页。首先查看到的"Cluster"页面如图 7-10 所示。

图 7-10　打开 8088 端口的 Hadoop 监控首页

也可以在"Cluster"和"Scheduler"的下拉菜单中选择要查看的内容，具体页面如图 7-11 所示。

（a）　　　　　　　　　　　　　　（b）

图 7-11　"Cluster"和"Scheduler"的下拉菜单

7.2　使用 Nagios 工具实现运维监控

7.2.1　Nagios 简介

1. Nagios 工具介绍

前面已经提过，Nagios 是一款开源的自动化运维工具，能有效监控网络上的各个主机和服务器状态，以及监控各种网络设备、打印机等的工作状态。它的特点是发现主机或服务状态异常时可发出邮件或短信报警，在状态恢复后也可发出通知。Nagios 的主要目标系统是在 Linux 下使用的，但在 UNIX 下也能够很好地工作。

Nagios 监控功能主要包括以下几个方面。

① 监控本地资源：包括对系统负载、CPU 和内存的利用率，磁盘使用情况，以及 I/O、RAID 磁盘阵列、CPU 温度、用户 passwd 文件变化等的监控。

② 监控网络服务：包括对端口、URL、丢包、进程、网络流量等的监控。

③ 监控其他设备：包括对交换机、打印机、Windows 等的监控。

④ 监控业务数据：包括对用户登录失败次数、用户登录网站次数、输入验证码失败次数、某个 API 接口流量并发情况、电商网站订单支付交易数量等的监控。

2. Nagios 工作原理

Nagios 的功能是监控服务和主机，但是它自身并不具备这部分功能，所有的监控、检测功能都是通过各种插件来完成的。

启动 Nagios 后，它会周期性地自动调用插件去检测服务器状态，同时 Nagios 会维持一个队列，所有插件返回的状态信息都进入该队列，Nagios 每次都从队首开始读取信息，处理后把状态结果通过 Web 显示出来。

Nagios 提供了许多插件，利用这些插件可以方便地监控很多服务状态。安装完成后，在 Nagios 主目录下的/libexec 里放有 Nagios 自带的可以使用的所有插件，例如，check_disk 是检查磁盘空间的插件，check_load 是检查 CPU 负载的插件，等等。每个插件都可以通过执行./check_××× –h 来查看其使用方法和功能。

Nagios 在进行监控时，可以识别 4 种状态返回信息，即 0（OK）表示状态正常/绿色、1（WARNING）表示出现警告/黄色、2（CRITICAL）表示严重错误/红色、3（UNKNOWN）表示未知错误/深黄色。Nagios 根据插件返回的值来判断监控对象的状态，并通过 Web 显示出来，以供管理员及时发现故障。

4 种监控状态如表 7-1 所示。

表 7-1　　　　　　　　　　　　　　Nagios 的 4 种监控状态

状态	颜色	代码
正常	绿色	OK
警告	黄色	WARNING
严重错误	红色	CRITICAL
未知错误	深黄色	UNKNOWN

另外，Nagios 具有报警功能，但是 Nagios 自身没有报警部分的代码，甚至没有插件，而是交给用户或者其他相关开源项目组去完成。

3. 安装 Nagios 的前提条件

安装 Nagios 是指安装基本平台，即安装 Nagios 软件包，Nagios 是监控体系的框架，也是所有监控的基础。查看 Nagios 官方文档，可见 Nagios 基本上没有什么依赖包，只要求系统必须是 Linux 或者其他 Nagios 支持的系统。

但是，为了可以用直观的界面来查看监控信息，需要安装 Apache（即 HTTP 服务），所以安装 Apache 应该算是一个前提条件。

弄清楚 Nagios 是如何通过插件来管理服务器对象后，还需要了解它是如何管理远端服务器对象的。Nagios 还提供了一个插件 NRPE，Nagios 通过周期性地运行这个插件来获得远端服务器的各种状态信息。

Nagios 通过 NRPE 监控远端服务，实现的方法是：首先 Nagios 服务器端执行安装在自身的 check_nrpe 插件，并用它来指明 check_nrpe 插件需要检测哪些服务；然后服务器端通过 SSL、check_nrpe 连接远端计算机上的 NRPE daemon；接着 NRPE daemon 运行本地的各种插件去检测本地的服务和状态；下一步 NRPE daemon 把检测的结果传给服务器端的 check_nrpe，check_nrpe 再把结果送到 Nagios 状态队列中；最后 Nagios 依次读取队列中的信息，再把结果显示出来。

7.2.2　Nagios 监控安装配置

1. Nagios 的安装方式选择

Nagios 采用 YUM 方式安装比较好，因为 YUM 安装方式方便快捷，特别是不用考虑包依赖。如果 YUM 源里面没有，就应该采用源码方式安装软件包。

2. Nagios 基础支持软件安装

Nagios 的基础支持软件包括 GCC、glibc、glibc-common、gd、gd-devel、xinetd、openssl-devel 等。使用如下命令安装。

```
[root@master ~]# yum install gcc glibc glibc-common gd gd-devel xinetd openssl-devel  -y
```

图 7-12 所示为开始安装各个软件包。

```
[root@master ~]# yum install gcc glibc glibc-common gd gd-devel xinetd open
ssl-devel -y
已加载插件：langpacks, ulninfo
ol7_UEKR4                                          | 2.5 kB    00:00
ol7_latest                                         | 2.7 kB    00:00
(1/5): ol7_UEKR4/x86_64/updateinfo                 |  80 kB    00:15
ol7_UEKR4/x86_64/primary_db       FAILED

http://yum.oracle.com/repo/OracleLinux/OL7/UEKR4/x86_64/repodata/f21e1ae02a
d0adbd748c75231605900b3d4bf742-primary.sqlite.bz2: [Errno 12] Timeout on ht
tp://yum.oracle.com/repo/OracleLinux/OL7/UEKR4/x86_64/repodata/f21e1ae02ad0
adbd748c75231605900b3d4bf742-primary.sqlite.bz2: (28, 'Connection timed out
 after 30003 milliseconds')
正在尝试其它镜像。
(2/5): ol7_latest/x86_64/group                     | 810 kB    00:44
```

图 7-12　开始安装各个软件包

执行命令后会显示哪些软件包已安装、作为依赖被安装、更新完毕、作为依赖被升级等信息。

然后，创建 nagios 用户和 nagios 用户组，并创建 nagios 目录，将其授权给 nagios 用户。

```
[root@master ~]# useradd -s /sbin/nologin  nagios
[root@master ~] #mkdir  /usr/local/nagios
[root@master ~] #chown -R  nagios:nagios  /usr/local/nagios
```

使用如下命令查看授权是否成功。

```
[root@ master ~]# ll -d /usr/local/nagios/
```

3. Nagios 软件包安装配置

（1）Nagios 软件包安装

进入 Nagios 官方网站下载 Nagios 的压缩包，它是开源的 Nagios Core。

使用如下命令下载。

```
[root@master ~]# wget https://assets.nagios.com/downloads/nagioscore/releases/nagios-4.4.3.tar.gz#_ga=2.261504205.1512090010.1552467729-531967639.1552467729
```

下载 Nagios Core 的结果如图 7-13 所示。

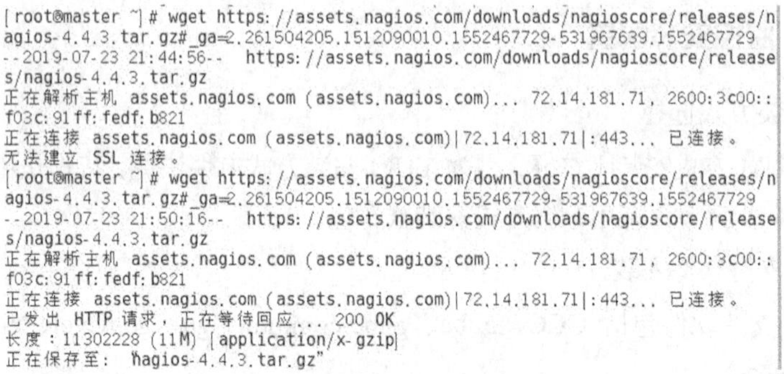

```
[root@master ~]# wget https://assets.nagios.com/downloads/nagioscore/releases/n
agios-4.4.3.tar.gz#_ga=2.261504205.1512090010.1552467729-531967639.1552467729
--2019-07-23 21:44:56--  https://assets.nagios.com/downloads/nagioscore/release
s/nagios-4.4.3.tar.gz
正在解析主机 assets.nagios.com (assets.nagios.com)... 72.14.181.71, 2600:3c00::
f03c:91ff:fedf:b821
正在连接 assets.nagios.com (assets.nagios.com)|72.14.181.71|:443... 已连接。
无法建立 SSL 连接。
[root@master ~]# wget https://assets.nagios.com/downloads/nagioscore/releases/n
agios-4.4.3.tar.gz#_ga=2.261504205.1512090010.1552467729-531967639.1552467729
--2019-07-23 21:50:16--  https://assets.nagios.com/downloads/nagioscore/release
s/nagios-4.4.3.tar.gz
正在解析主机 assets.nagios.com (assets.nagios.com)... 72.14.181.71, 2600:3c00::
f03c:91ff:fedf:b821
正在连接 assets.nagios.com (assets.nagios.com)|72.14.181.71|:443... 已连接。
已发出 HTTP 请求，正在等待回应... 200 OK
长度：11302228 (11M) [application/x-gzip]
正在保存至: "nagios-4.4.3.tar.gz"
```

图 7-13　下载 Nagios Core 的结果

在软件包所在目录解压缩并切换至该目录，查看文件。

```
[root@master ~]# tar  -zxvf  nagios-4.4.3.tar.gz
[root@master ~]# cd  nagios-4.4.3/
```

解压缩 nagios-4.4.3 后查看到的文件如图 7-14 所示。

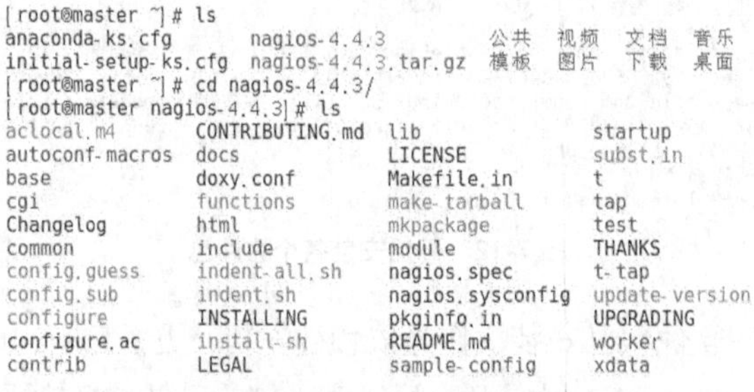

```
[root@master ~]# ls
anaconda-ks.cfg       nagios-4.4.3          公共  视频  文档  音乐
initial-setup-ks.cfg  nagios-4.4.3.tar.gz   模板  图片  下载  桌面
[root@master ~]# cd nagios-4.4.3/
[root@master nagios-4.4.3]# ls
aclocal.m4        CONTRIBUTING.md  lib                startup
autoconf-macros   docs             LICENSE            subst.in
base              doxy.conf        Makefile.in        t
cgi               functions        make-tarball       tap
Changelog         html             mkpackage          test
common            include          module             THANKS
config.guess      indent-all.sh    nagios.spec        t-tap
config.sub        indent.sh        nagios.sysconfig   update-version
configure         INSTALLING       pkginfo.in         UPGRADING
configure.ac      install-sh       README.md          worker
contrib           LEGAL            sample-config      xdata
```

图 7-14　解压缩 nagios-4.4.3 后查看到的文件

（2）Nagios 软件包配置

使用如下命令进行配置，将 Nagios 安装在/usr/local/nagios/下，然后进行 make 编译。

```
[root@master nagios-4.4.3]# ./configure --prefix=/usr/local/nagios/
[root@master nagios-4.4.3]# make all
[root@master nagios-4.4.3]# make install
[root@master nagios-4.4.3]# make install -init
[root@master nagios-4.4.3]# make install-commandmode
```

正确执行 make install-commandmode 的结果如图 7-15 所示。

```
[root@master nagios-4.4.3]# make install-commandmode
/usr/bin/install -c -m 775 -o nagios -g nagios -d /usr/local/nagios/var/rw
chmod g+s /usr/local/nagios/var/rw

*** External command directory configured ***
```

图 7-15　正确执行 make install-commandmode 的结果

再使用如下命令进行配置。

```
[root@master nagios-4.4.3]# make install-config
```

正确执行 make install-config 的结果如图 7-16 所示。

```
[root@master nagios-4.4.3]# make install-config
/usr/bin/install -c -m 775 -o nagios -g nagios -d /usr/local/nagios/etc
/usr/bin/install -c -m 775 -o nagios -g nagios -d /usr/local/nagios/etc/objects
/usr/bin/install -c -b -m 664 -o nagios -g nagios sample-config/nagios.cfg /usr/local/nagio
s/etc/nagios.cfg
/usr/bin/install -c -b -m 664 -o nagios -g nagios sample-config/cgi.cfg /usr/local/nagios/e
tc/cgi.cfg
/usr/bin/install -c -b -m 660 -o nagios -g nagios sample-config/resource.cfg /usr/local/nag
ios/etc/resource.cfg
/usr/bin/install -c -b -m 664 -o nagios -g nagios sample-config/template-object/templates.c
fg /usr/local/nagios/etc/objects/templates.cfg
/usr/bin/install -c -b -m 664 -o nagios -g nagios sample-config/template-object/commands.cf
g /usr/local/nagios/etc/objects/commands.cfg
/usr/bin/install -c -b -m 664 -o nagios -g nagios sample-config/template-object/contacts.cf
g /usr/local/nagios/etc/objects/contacts.cfg
/usr/bin/install -c -b -m 664 -o nagios -g nagios sample-config/template-object/timeperiods
.cfg /usr/local/nagios/etc/objects/timeperiods.cfg
/usr/bin/install -c -b -m 664 -o nagios -g nagios sample-config/template-object/localhost.c
fg /usr/local/nagios/etc/objects/localhost.cfg
/usr/bin/install -c -b -m 664 -o nagios -g nagios sample-config/template-object/windows.cfg
 /usr/local/nagios/etc/objects/windows.cfg
/usr/bin/install -c -b -m 664 -o nagios -g nagios sample-config/template-object/printer.cfg
 /usr/local/nagios/etc/objects/printer.cfg
/usr/bin/install -c -b -m 664 -o nagios -g nagios sample-config/template-object/switch.cfg
/usr/local/nagios/etc/objects/switch.cfg

*** Config files installed ***

Remember, these are *SAMPLE* config files.  You'll need to read
the documentation for more information on how to actually define
services, hosts, etc. to fit your particular needs.
```

图 7-16　正确执行 make install-config 的结果

验证程序是否被正确安装：切换目录到安装路径（这里是/usr/local/nagios），查看是否存在 bin、etc、libexec、sbin、share、var 这 6 个目录，如果存在则表明程序被正确地安装到系统了，如图 7-17 所示。

```
[root@master nagios-4.4.3]# cd /usr/local/nagios/
[root@master nagios]# ls
bin  etc  libexec  sbin  share  var
```

图 7-17　验证程序是否被正确安装

Nagios 各个目录和用途如表 7-2 所示。

表 7-2　　　　　　　　　　　　　　　Nagios 各个目录和用途

目　录	用　途
bin	Nagios 可执行程序所在目录
etc	Nagios 配置文件所在目录
sbin	Nagios CGI 文件所在目录，也就是执行外部命令所需文件所在的目录
share	Nagios 网页文件所在的目录
libexec	Nagios 外部插件所在目录
var	Nagios 日志文件、lock 等文件所在的目录
var/archives	Nagios 日志自动归档目录
var/rw	用来存放外部命令文件的目录

然后进入 Nagios 目录检查安装文件是否完整，检查 Nagios 是否安装成功。

验证 Nagios 配置文件的正确性：Nagios 在验证配置文件方面做得非常到位，通过如下命令即可完成。

```
[root@master nagios]# /usr/local/nagios/bin/nagios -v /usr/local/nagios/etc/nagios.cfg
```

结果如图 7-18 所示即表示配置文件正确。

```
[root@master nagios]# /usr/local/nagios/bin/nagios -v /usr/local/nagios/etc/nagios.cfg

Nagios Core 4.4.3
Copyright (c) 2009-present Nagios Core Development Team and Community Contributors
Copyright (c) 1999-2009 Ethan Galstad
Last Modified: 2019-01-15
License: GPL

Website: https://www.nagios.org
Reading configuration data...
   Read main config file okay...
   Read object config files okay...

Running pre-flight check on configuration data...

Checking objects...
        Checked 8 services.
        Checked 1 hosts.
        Checked 1 host groups.
        Checked 0 service groups.
        Checked 1 contacts.
        Checked 1 contact groups.
        Checked 24 commands.
        Checked 5 time periods.
        Checked 0 host escalations.
        Checked 0 service escalations.
Checking for circular paths...
        Checked 1 hosts
        Checked 0 service dependencies
        Checked 0 host dependencies
        Checked 5 timeperiods
Checking global event handlers...
Checking obsessive compulsive processor commands...
Checking misc settings...

Total Warnings: 0
Total Errors:   0

Things look okay - No serious problems were detected during the pre-flight check
[root@master nagios]#
```

图 7-18　验证 Nagios 配置文件的正确性

4. 安装配置 PHP

使用如下命令安装 PHP。

```
[root@master ~] #yum  install  php
```

安装成功后，会显示哪些软件包已安装、哪些作为依赖被安装。

使用如下命令编辑 HTTP 的配置文件。

```
[root@master ~] #vi  /etc/httpd/conf/httpd.conf
```

修改相关参数为如下内容。

```
User nagios
Group nagios
<IfModule dir_module>
   DirectoryIndex index.html index.php
</IfModule>
ServerName 192.168.1.21:80        #即监控所用服务器的 IP 地址
Listen 80
```

并在这个文件最后增加以下代码，使 Nagios 的 Web 页面必须经过授权才能访问。

```
#setting for nagios
ScriptAlias /nagios/cgi-bin "/usr/local/nagios/sbin"
<Directory "/usr/local/nagios/sbin">
    AuthType Basic
    Options ExecCGI
    AllowOverride None
    Order allow,deny
    Allow from all
    AuthName "Nagios Access"
    #用于此目录访问身份验证的文件
    AuthUserFile /usr/local/nagios/etc/htpasswd
    Require valid-user
</Directory>
Alias /nagios "/usr/local/nagios/share"
<Directory "/usr/local/nagios/share">
    AuthType Basic
    Options None
    AllowOverride None
    Order allow,deny
    Allow from all
    AuthName "nagios Access"
    AuthUserFile /usr/local/nagios/etc/htpasswd
    Require valid-user
</Directory>
```

在上面的配置中，指定了目录验证文件 htpasswd，使用如下命令创建这个文件。

```
[root@master ~] #/usr/bin/htpasswd -c /usr/local/nagios/etc/htpasswd nagios
```

注意，此时需要指定登录该页的密码，且务必记住，后面需要用到。

使用如下命令修改/usr/local/nagios/etc/cgi.cfg 文件。

```
[root@master ~] #vi /usr/local/nagios/etc/cgi.cfg
```

修改相关参数为如下内容。

```
default_user_name=nagios
authorized_for_system_information=nagiosadmin,nagios
authorized_for_configuration_information=nagiosadmin,nagios
authorized_for_system_commands=nagios
authorized_for_all_services=nagiosadmin,nagios
authorized_for_all_hosts=nagiosadmin,nagios
authorized_for_all_service_commands=nagiosadmin,nagios
authorized_for_all_host_commands=nagiosadmin,nagios
```

使用如下命令启动 httpd 服务。

```
[root@master ~]# systemctl start httpd.service
```

通过 Nagios 命令的 "-d" 参数来手动启动 Nagios 的守护进程。

```
[root@master ~]# /usr/local/nagios/bin/nagios -d /usr/local/nagios/etc/nagios.cfg
```

至此，Nagios 安装完成，可以通过网页来访问 Nagios 了。输入用于监控的机器地址，如 http://192.168.1.21/nagios，即可打开 Nagios 监控主页面，如图 7-19 所示。

图 7-19　Nagios 监控主页面

因为设置了需要验证用户名和密码登录，所以在此输入用户名和密码即可登录。

需要注意的是，Nagios 只是一个空壳，真正实现监控功能的是 Nagios 的各种插件。下面讲解 Nagios 的插件的安装。

5. 安装 Nagios 的插件

首先，使用如下命令下载 Nagios 的插件 nagios-plugins-2.2.1.tar.gz。

```
[root@master ~]# wget https://nagios-plugins.org/download/nagios-plugins-2.2.1.tar.gz
```

下载成功后，在软件包所在目录解压缩并切换至该目录，并使用 configure 命令对插件进行安装配置。

```
[root@master ~]#tar -zxvf nagios-plugins-2.2.1.tar.gz
[root@master ~]#cd nagios-plugins-2.2.1/
[root@master nagios-plugins-2.2.1]# ./configure --with-nagios-user=nagios --with-nagios-group=nagios
```

结果如图 7-20 所示。

```
[root@master ~]# cd nagios-plugins-2.2.1/
[root@master nagios-plugins-2.2.1]# ./configure --with-nagios-user=nagios
--with-nagios-group=nagios
checking for a BSD-compatible install... /usr/bin/install -c
checking whether build environment is sane... yes
checking for a thread-safe mkdir -p... /usr/bin/mkdir -p
checking for gawk... gawk
checking whether make sets $(MAKE)... yes
checking whether to disable maintainer-specific portions of Makefiles... yes
checking build system type... x86_64-unknown-linux-gnu
checking host system type... x86_64-unknown-linux-gnu
checking for gcc... gcc
```

图 7-20　使用 configure 命令对插件进行安装配置

接着，执行 make 命令进行编译，过程如图 7-21 所示。

```
[root@master  nagios-plugins-2.2.1]#make
```

```
[root@master nagios-plugins-2.2.1]# make
make  all-recursive
make[1]: 进入目录 "/root/nagios-plugins-2.2.1"
Making all in gl
make[2]: 进入目录 "/root/nagios-plugins-2.2.1/gl"
rm -f alloca.h-t alloca.h && \
{ echo '/* DO NOT EDIT! GENERATED AUTOMATICALLY! */'; \
  cat ./alloca.in.h; \
```

图 7-21　执行 make 命令

make 命令成功执行后如图 7-22 所示。

```
libtool: link: gcc -DNP_VERSION=\"2.2.1\" -g -O2 -o check_icmp check_icmp.
o ../plugins/netutils.o ../plugins/utils.o  -L. ../lib/libnagiosplug.a ../
gl/libgnu.a -lnsl -lresolv -lpthread -ldl
make[2]: 离开目录 "/root/nagios-plugins-2.2.1/plugins-root"
Making all in po
make[2]: 进入目录 "/root/nagios-plugins-2.2.1/po"
make[2]: 对 "all"无需做任何事。
make[2]: 离开目录 "/root/nagios-plugins-2.2.1/po"
make[2]: 进入目录 "/root/nagios-plugins-2.2.1"
make[2]: 离开目录 "/root/nagios-plugins-2.2.1"
make[1]: 离开目录 "/root/nagios-plugins-2.2.1"
[root@master nagios-plugins-2.2.1]# 
```

图 7-22　make 命令成功执行

执行 make all 命令进行编译。

```
[root@master  nagios-plugins-2.2.1]# make all
```

结果如图 7-23 所示。

```
[root@master nagios-plugins-2.2.1]# make all
make  all-recursive
make[1]: 进入目录 "/root/nagios-plugins-2.2.1"
Making all in gl
make[2]: 进入目录 "/root/nagios-plugins-2.2.1/gl"
make  all-recursive
make[3]: 进入目录 "/root/nagios-plugins-2.2.1/gl"
make[4]: 进入目录 "/root/nagios-plugins-2.2.1/gl"
make[4]: 对 "all-am"无需做任何事。
make[4]: 离开目录 "/root/nagios-plugins-2.2.1/gl"
make[3]: 离开目录 "/root/nagios-plugins-2.2.1/gl"
make[2]: 离开目录 "/root/nagios-plugins-2.2.1/gl"
Making all in tap
make[2]: 进入目录 "/root/nagios-plugins-2.2.1/tap"
make[2]: 对 "all"无需做任何事。
make[2]: 离开目录 "/root/nagios-plugins-2.2.1/tap"
Making all in lib
make[2]: 进入目录 "/root/nagios-plugins-2.2.1/lib"
Making all in .
make[3]: 进入目录 "/root/nagios-plugins-2.2.1/lib"
make[3]: 对 "all-am"无需做任何事。
make[3]: 离开目录 "/root/nagios-plugins-2.2.1/lib"
```

图 7-23　执行 make all 命令

接着，执行 make install 命令进行编译。

```
[root@master  nagios-plugins-2.2.1]# make install
```

执行 make install 命令，如图 7-24 所示。

```
[root@master nagios-plugins-2.2.1]# make install
Making install in gl
make[1]：进入目录"/root/nagios-plugins-2.2.1/gl"
make  install-recursive
make[2]：进入目录"/root/nagios-plugins-2.2.1/gl"
make[3]：进入目录"/root/nagios-plugins-2.2.1/gl"
make[4]：进入目录"/root/nagios-plugins-2.2.1/gl"
if test yes = no; then \
  case 'linux-gnu' in \
    darwin[56]*) \
      need_charset_alias=true ;; \
    darwin* | cygwin* | mingw* | pw32* | cegcc*) \
      need_charset_alias=false ;; \
    *) \
      need_charset_alias=true ;; \
  esac ; \
```

图 7-24　执行 make install 命令

然后，使用如下命令查看插件及其个数。

```
[root@master~ ]# \ls /usr/local/nagios/libexec/
[root@master~ ]# ls /usr/local/nagios/libexec/|wc -l
```

结果如图 7-25 所示，若可以查看到 nagios-plugins 的相关插件，即表示插件安装成功。

```
[root@master ~]# \ls /usr/local/nagios/libexec/
check_apt          check_icmp         check_ntp          check_ssh
check_breeze       check_ide_smart    check_ntp_peer     check_ssmtp
check_by_ssh       check_ifoperstatus check_ntp_time     check_swap
check_clamd        check_ifstatus     check_nwstat       check_tcp
check_cluster      check_imap         check_oracle       check_time
check_dhcp         check_ircd         check_overcr       check_udp
check_dig          check_jabber       check_ping         check_ups
check_disk         check_load         check_pop          check_uptime
check_disk_smb     check_log          check_procs        check_users
check_dns          check_mailq        check_real         check_wave
check_dummy        check_mrtg         check_rpc          negate
check_file_age     check_mrtgtraf     check_sensors      urlize
check_flexlm       check_nagios       check_simap        utils.pm
check_ftp          check_nntp         check_smtp         utils.sh
check_hpjd         check_nntps        check_snmp
check_http         check_nt           check_spop
[root@master ~]# ls /usr/local/nagios/libexec/|wc -l
62
```

图 7-25　查看 nagios-plugins 的相关插件

6. 配置监控本机

插件安装好后，修改配置文件，配置监控的主机，首先配置监控本机。

/usr/local/nagios/etc/object/下有一个 localhost.cfg 文件，这个文件本来就是存在的，是不需要修改的，其内容如图 7-26 所示。

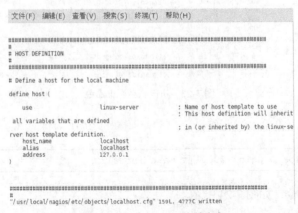

图 7-26　localhost.cfg 文件内容

再次输入地址 http://192.168.1.21/nagios，查看本机监控，单击左侧"Hosts"，如图 7-27 所示。

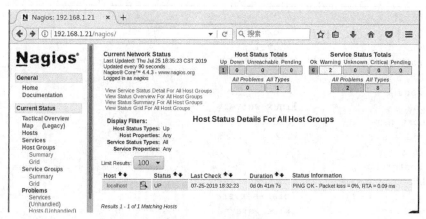

图 7-27 查看本机监控

查看已启动的服务，即单击"OK"按钮，如图 7-28 所示。

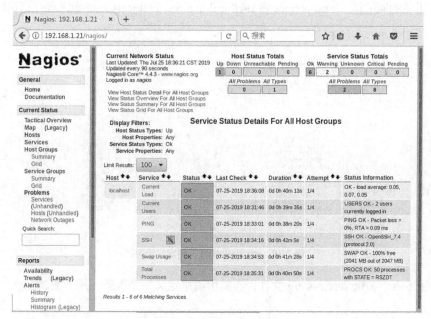

图 7-28 查看已启动的服务

7. 配置监控其他 Linux 机器

下面配置用 Nagios 来监控其他 Linux 机器。

监控其他 Linux 机器，一般来说需要手动添加两个文件。这两个文件在/nagios/etc/object/下，分别是 hosts.cfg 文件和 services.cfg 文件，其中 hosts.cfg 文件主要指定被监控的主机的相关情况，包括 IP 地址以及主机名等；而 services.cfg 则定义需要监控的服务等。下面给出简单的配置示例。

首先使用如下命令编辑 hosts.cfg 文件。

```
[root@master ~]# vi /usr/local/nagios/etc/objects/hosts.cfg
```

修改为如下内容。

```
define host{
        use                linux-server
        host_name          slave1
        address            192.168.1.22
        }
define host{
        use                linux-server
        host_name          slave2
        address            192.168.1.23
        }
define hostgroup{
        hostgroup_name      bian-servers
        alias               bian-servers
        members             slave1,slave2
        }
```

hosts.cfg 文件中简单定义了两台需要被监控的 Linux 主机以及一个主机组，use 项引用了 local-service 服务的属性值。local-service 在/usr/local/nagios/etc/objects/templates.cfg 文件中有定义，内容如图 7-29 所示。

图 7-29 templates.cfg 文件定义的内容

再使用如下命令编辑 services.cfg 文件，在其中简单定义一个服务，用于测试监控主机是否能够正常被监控到。

```
[root@master ~]# vi /usr/local/nagios/etc/objects/services.cfg
```

修改为如下内容。

```
define service{
        use                   local-service
        host_name             slave1,slave2
        service_description    check-host-alive
        check_command          check-host-alive
    }
```

现在两个配置文件编辑好了，需要在 nagios.cfg 文件（nagios.cfg 文件在/nagios/etc 下）中添加对这两个文件的引用，只需要添加以下两行内容。

```
cfg_file=/usr/local/nagios/etc/objects/hosts.cfg
cfg_file=/usr/local/nagios/etc/objects/services.cfg
```

再次输入地址 http://192.168.1.21/nagios，调用监控页面，单击左侧"Hosts"，如图 7-30 所示。（注：图中显示的 localhost 指的是本机，即 master。）

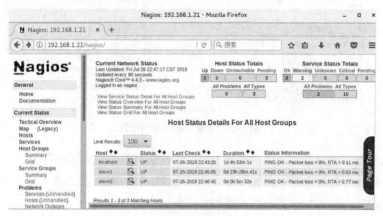

图 7-30　监控页面

可见，3 台机器已被监控，单击"OK"按钮，查看已经正常启动的服务的情况，如图 7-31 所示。

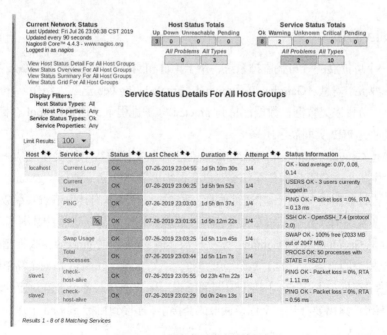

图 7-31　查看已经正常启动的服务

在 Host 列表中，单击"slave1"按钮，查看该机器中各服务的情况，如图 7-32 所示。

图 7-32　查看 slave1 中各服务

对于其他想要查看的对象或内容，单击相关按钮或文字即可，此处不赘述。

另外，如果还想要监控远端主机的多个服务，可以安装 NRPE 插件来实现。因篇幅有限，此处不予介绍，有兴趣或有需求的读者，可查找相关资料。

7.3　使用 Ganglia 实现对 Hadoop 和 HBase 集群的运维监控

7.3.1　Ganglia 简介

Ganglia 是一个可扩展的分布式监控系统，用于集群和网格等高性能计算系统，可以监视和显示集群中节点的各种状态信息。Ganglia 包括 gmond、gmetad 和 gweb 这三大组件。gmond 守护进程运行在各个节点上，负责采集数据；数据汇总到 gmetad 守护进程下，用 RRDtool 存储；gweb 将数据以图、表等方式通过 PHP 页面展示出来。

gmond 全称是 Ganglia Monitoring Daemon，类似于传统监控系统中的代理，它是一种轻量级服务，需要安装在每台主机上，负责与操作系统交互以获得需要关注的指标数据。gmond 在每台主机上完成实际意义上的指标数据收集工作，并通过侦听、通告协议和集群内其他节点共享数据。使用 gmond 可以轻松收集很多系统指标数据，如 CPU、内存、磁盘、网络和活跃进程的数据等。

gmetad 全称是 Ganglia Meta Daemon，是一种从其他 gmetad 或 gmond 源收集指标数据并将其以 RRD 格式存储至磁盘的服务，它的主要作用就是整合所有信息。gmetad 是一个简单的轮询器，对网络中每个集群进行轮询，并将每台主机上返回的所有指标数据写入各个集群对应的轮询数据库。轮询器对集群的"轮询"只需要打开一个用于读取的套接字，连接到目标 gmond 节点的 8649 端口即可，通过远程非常容易实现。

gweb 全称是 Ganglia Web，是一个可视化工具，显示 Ganglia 收集的主机各项指标。gweb 是利用浏览器显示 gmetad 所存储数据的 PHP 前端。在 Web 界面中以图表方式展现集群运行时收集的多种不同指标数据。gweb 允许在图表中通过单击、拖曳改变时间周期，可以查看过去一小时、一天、一月或一年中的不同指标数据。因为 gweb 需要与轮询器创建的 RRD 数据库进行交互，所以 gweb 通常安装在和 gmetad 相同的物理机上。

7.3.2　Ganglia 安装环境准备

为了实现 Ganglia 对 Hadoop 和 HBase 集群的监控，采用前文已经配置好 Hadoop 和 HBase 集群的 3 台机器，IP 地址分别为 192.168.1.21（master）、192.168.1.22（slave1）、192.168.1.23（slave2），网关均为 192.168.1.1。

Ganglia 的安装也最好采用 YUM 方式，只有当 YUM 源里面没有该软件包时，才去下载源码并采用源码方式安装软件包。

先查看本机安装的 Linux 操作系统的版本信息，再决定 YUM 下载安装的 Ganglia 版本，图 7-33 中 Linux 的版本为 el7uek.x86_64。

```
[root@master ~]# cat /proc/version
Linux version 4.1.12-94.3.9.el7uek.x86_64 (mockbuild®) (gcc version 4.8.5 2
0150623 (Red Hat 4.8.5-11) (GCC) ) #2 SMP Fri Jul 14 20:09:40 PDT 2017
```

图 7-33　查看本机 Linux 操作系统的版本信息

7.3.3　Ganglia 安装

1. 安装 gmond

每台需要监控的机器都需要安装 gmond。

（1）搜索 gmond 软件包

使用如下命令在本地软件库中搜索 gmond 软件包。

```
[root@master ~]# yum search ganglia-gmond
```

结果如图 7-34 所示，显示搜索失败，可能是当前 RPM 发行版中没有 Ganglia 软件包。

```
[root@master ~]# yum search ganglia-gmond
已加载插件：langpacks, ulninfo
警告：没有匹配 ganglia-gmond 的软件包
No matches found
```

图 7-34　在本地软件库中搜索 gmond 软件包

与本机 Liunx 操作系统匹配的包文件所在网址如图 7-35 所示。

图 7-35　与本机 Linux 操作系统匹配的包文件所在网址

因此，可以用如下命令解决下载问题，输入 rpm -Uvh \，然后输入要下载的包名。

```
[root@master ~]#rpm -Uvh \
> http://dl.fedoraproject.org/pub/epel/7Server/x86_64/Packages/e/epel-release-7-11.noarch.rpm
```

结果如图 7-36 所示。

```
[root@master yum.repos.d] # rpm -Uvh \
> http://dl.fedoraproject.org/pub/epel/7Server/x86_64/Packages/e/epel-release-
7-11.noarch.rpm
获取 http://dl.fedoraproject.org/pub/epel/7Server/x86_64/Packages/e/epel-releas
e-7-11.noarch.rpm
警告 : /var/tmp/rpm-tmp.EaU5W5: 头 V3 RSA/SHA256 Signature, 密钥 ID 352c64e5: NO
KEY
准备中...                        ################################# [100%]
正在升级/安装...
   1:epel-release-7-11          ################################# [100%]
```

图 7-36　用 rpm-Uvh\下载包文件

再使用 yum search 命令搜索 ganglia-gmond（首次执行会下载 epel/primary_db）。

```
[root@master ~]# yum search ganglia-gmond
```

再次在本地软件库中搜索 gmond 软件包，如图 7-37 所示。

```
(2/3): epel/x86_64/primary_db                    | 6.8 MB   00:02
epel/x86_64/updateinfo          FAILED
http://kartolo.sby.datautama.net.id/EPEL/7/x86_64/repodata/fe1c27708d4184838bed82a4c
73154e6d2a6b90873481d7e8d673ded9217d0de-updateinfo.xml.bz2: [Errno 14] curl#7 - "Fai
led to connect to 2403:ba00:602::1e: Network is unreachable"
正在尝试其他镜像。
(3/3): epel/x86_64/updateinfo                    | 994 kB   00:00
======================= N/S matched: ganglia-gmond =======================
```

图 7-37　再次在本地软件库中搜索 gmond 软件包

显示搜索到的 gmond 软件包，如图 7-38 所示。

```
=================== N/S matched: ganglia-gmond ===================
ganglia-gmond.x86_64 : Ganglia Monitoring daemon
ganglia-gmond-python.x86_64 : Ganglia Monitor daemon python DSO and metric
                            : modules

  名称和简介匹配 only，使用 "search all"试试。
```

图 7-38　搜索到的 gmond 软件包

（2）安装 gmond 和 gmond-python

使用如下命令安装 gmond 和 gmond-python。

```
[root@master~]#yum -y install ganglia-gmond
[root@master~]#yum -y install ganglia-gmond-python
```

图 7-39 显示 gmond 安装完成，gmond-python 安装完成的显示与之类似。

```
Running transaction check
Running transaction test
Transaction test succeeded
Running transaction
警告 : RPM 数据库已被非 yum 程序修改。
  正在安装    : libconfuse-2.7-7.el7.x86_64                          1/3
  正在安装    : ganglia-3.7.2-2.el7.x86_64                           2/3
  正在安装    : ganglia-gmond-3.7.2-2.el7.x86_64                     3/3
  验证中      : libconfuse-2.7-7.el7.x86_64                          1/3
  验证中      : ganglia-3.7.2-2.el7.x86_64                           2/3
  验证中      : ganglia-gmond-3.7.2-2.el7.x86_64                     3/3

已安装:
  ganglia-gmond.x86_64 0:3.7.2-2.el7

作为依赖被安装:
  ganglia.x86_64 0:3.7.2-2.el7          libconfuse.x86_64 0:2.7-7.el7

完毕！
[root@master ~]#
```

图 7-39　gmond 安装完成

2. 安装 gmetad

使用如下命令安装 gmetad。

```
[root@master ~]# yum install ganglia-gmetad -y
```

图 7-40 显示 gmetad 安装完成。

```
总计                                            224 kB/s | 731 kB  00:03
从 file:///etc/pki/rpm-gpg/RPM-GPG-KEY-oracle 检索密钥
导入 GPG key 0xEC551F03:
 用户 ID    : "Oracle OSS group (Open Source Software group) <build@oss.oracle.com>"
 指纹       : 4214 4123 fecf c55b 9086 313d 72f9 7b74 ec55 1f03
 软件包     : 7: oraclelinux-release-7.4-1.0.4.el7.x86_64 (@anaconda/7.4)
 来自       : /etc/pki/rpm-gpg/RPM-GPG-KEY-oracle
Running transaction check
Running transaction test
Transaction test succeeded
Running transaction
 正在安装    : rrdtool-1.4.8-9.el7.x86_64                         1/3
 正在安装    : libmemcached-1.0.16-5.el7.x86_64                   2/3
 正在安装    : ganglia-gmetad-3.7.2-2.el7.x86_64                  3/3
 验证中      : libmemcached-1.0.16-5.el7.x86_64                   1/3
 验证中      : rrdtool-1.4.8-9.el7.x86_64                         2/3
 验证中      : ganglia-gmetad-3.7.2-2.el7.x86_64                  3/3

已安装:
 ganglia-gmetad.x86_64 0: 3.7.2-2.el7

作为依赖被安装:
 libmemcached.x86_64 0:1.0.16-5.el7          rrdtool.x86_64 0:1.4.8-9.el7

完毕！
```

图 7-40 gmetad 安装完成

3. 安装其他需要的软件包

在安装和配置 gweb 之前，需要先检查是否已经安装了 Apache Web Server 和 PHP 5 或其更新版本。下面假设没有安装过，用 YUM 方式进行安装。

（1）安装 Apache 和 PHP 5

使用如下命令完成安装。

```
[root@master ~]#yum install httpd php -y
```

（2）安装其他需要的软件包

使用如下命令安装其他需要的软件包。

```
[root@master ~]# yum -y install rrdtool perl-rrdtool
[root@master ~]# yum -y install apr-devel
[root@master ~]# yum install -y ganglia-devel
[root@master ~]# yum install -y ganglia-gmond-python
[root@master ~]# yum install -y zlib-devel
[root@master ~]# yum install -y libconfuse-devel
[root@master ~]# yum install -y expat-devel
[root@master ~]# yum install -y pcre-devel
```

以上软件包安装均成功。

4. 安装 gweb

使用如下命令安装 gweb。

```
[root@master ~]# yum -y install ganglia-web
```

安装 gweb 时发生错误，如图 7-41 所示。

```
[root@master ~]# yum -y install ganglia-web
已加载插件 : langpacks, ulninfo
正在解决依赖关系
--> 正在检查事务
---> 软件包 ganglia-web.x86_64.0.3.7.1-2.el7 将被 安装
--> 正在处理依赖关系 php-ZendFramework，它被软件包 ganglia-web-3.7.1-2.el7.x86_64 需要
--> 正在处理依赖关系 php-gd，它被软件包 ganglia-web-3.7.1-2.el7.x86_64 需要
--> 正在检查事务
---> 软件包 php-ZendFramework.noarch.0.1.12.20-1.el7 将被 安装
--> 正在处理依赖关系 php-bcmath，它被软件包 php-ZendFramework-1.12.20-1.el7.noarch 需要
--> 正在处理依赖关系 php-process，它被软件包 php-ZendFramework-1.12.20-1.el7.noarch 需要
--> 正在处理依赖关系 php-xml，它被软件包 php-ZendFramework-1.12.20-1.el7.noarch 需要
---> 软件包 php-gd.x86_64.0.5.4.16-46.el7 将被 安装
--> 正在处理依赖关系 libt1.so.5()(64bit)，它被软件包 php-gd-5.4.16-46.el7.x86_64 需要
--> 正在检查事务
---> 软件包 php-ZendFramework.noarch.0.1.12.20-1.el7 将被 安装
--> 正在处理依赖关系 php-bcmath，它被软件包 php-ZendFramework-1.12.20-1.el7.noarch 需要
---> 软件包 php-process.x86_64.0.5.4.16-46.el7 将被 安装
---> 软件包 php-xml.x86_64.0.5.4.16-46.el7 将被 安装
---> 软件包 t1lib.x86_64.0.5.1.2-14.el7 将被 安装
--> 解决依赖关系完成
错误：软件包 : php-ZendFramework-1.12.20-1.el7.noarch (epel)
            需要 : php-bcmath
您可以尝试添加 --skip-broken 选项来解决该问题
您可以尝试执行 : rpm -Va --nofiles --nodigest
```

图 7-41　安装 web 时发生错误

图 7-41 中显示的信息说明上面的 YUM 源里没有与现有 Linux 操作系统匹配的软件包，需要自行下载安装。

经过查找分析，可下载与现有 Linux 操作系统匹配的 ganglia-web-3.7.2.tar.gz 软件包，该软件包信息如图 7-42 所示。

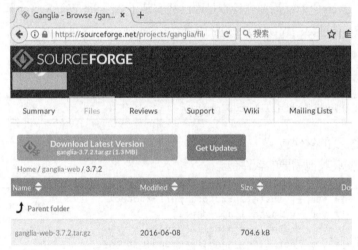

图 7-42　ganglia-web-3.7.2.tar.gz 软件包

假设软件包下载在/home/下，使用如下命令将其解压缩至/usr/share/目录下，并进入解压缩后的目录，编辑其中的 Makefile 文件。

```
[root@master~]# tar -zxvf  /home/ganglia-web-3.7.2.tar.gz  -C  /usr/share/
[root@master~]# cd /usr/share/ganglia-web-3.7.2
[root@master ganglia-web-3.7.2]# vi Makefile
```

将其中的 GDESTDIR 参数的值修改为"/usr/share/ganglia"，以便生成 ganglia 目标工作文件夹。再将其中的 APACHE_USER 参数的值修改为"ganglia"，以便使用 ganglia 用户的权限去访问各个监控所用目录及网页，如图 7-43 所示。

```
##########################################################
# User configurables:
##########################################################
# Location where gweb should be installed to (excluding conf, dwoo dirs).
#GDESTDIR = /usr/share/ganglia-webfrontend
GDESTDIR = /usr/share/ganglia

# Location where default apache configuration should be installed to.
GCONFDIR = /etc/ganglia-web

# Gweb statedir (where conf dir and Dwoo templates dir are stored)
GWEB_STATEDIR = /var/lib/ganglia-web

# Gmetad rootdir (parent location of rrd folder)
GMETAD_ROOTDIR = /var/lib/ganglia

#APACHE_USER = www-data
APACHE_USER = ganglia
##########################################################

# Gweb version
GWEB_VERSION = 3.7.2
```

图 7-43　编辑 Makefile 文件内容

然后使用 make install 命令安装 gweb。

```
[root@master ganglia-web-3.7.2]# make install
```

图 7-44 显示 gweb 安装成功。

```
[root@master ganglia-web-3.7.2]# make install
rsync --exclude "rpmbuild" --exclude "*.gz" --exclude "Makefile" --excl
ude "*debian*" --exclude "ganglia-web-3.7.2" --exclude ".git*" --exclud
e "*.in" --exclude "*~" --exclude "#*#" --exclude "ganglia-web.spec" --
exclude "apache.conf" -a . ganglia-web-3.7.2
mkdir -p //var/lib/ganglia-web/dwoo/compiled && \
mkdir -p //var/lib/ganglia-web/dwoo/cache && \
mkdir -p //var/lib/ganglia-web && \
rsync -a ganglia-web-3.7.2/conf //var/lib/ganglia-web && \
mkdir -p //usr/share/ganglia && \
rsync --exclude "conf" -a ganglia-web-3.7.2/* //usr/share/ganglia && \
chown -R ganglia:ganglia //var/lib/ganglia-web
[root@master ganglia-web-3.7.2]# █
```

图 7-44　gweb 安装成功

7.3.4　服务器端配置

gmetad 和 gmond 需要在监控端配置，本小节将在 master 端配置。

首先，需要关闭 SELinux，用 vi /etc/selinux/config 命令编辑该文件，将其中的 "SELINUX=enforcing" 改成 "SELINUX=disable"，然后重启机器使其生效。最后，需要关闭防火墙，用 systemctl stop firewalld 命令即可关闭。

1. 配置 gmetad.conf

用如下命令编辑文件/etc/ganglia/gmetad.conf。

```
[root@master~]# vi /etc/ganglia/gmetad.conf
```

修改 data_source。

```
data_source "biancluster" 192.168.1.21:8649 192.168.1.22:8649 192.168.1.23:8649
```

配置的是 gmetad 采集数据的目标 gmond 地址和 tcp_accept_channel 端口，如图 7-45 所示。

```
#data_source "my cluster" localhost

data_source "biancluster" 192.168.1.21:8649 192.168.1.22:8649 192.168.1.23:8649
#
# Round-Robin Archives
"/etc/ganglia/gmetad.conf" 244L, 10045C written
```

图 7-45　编辑 gmetad.conf 文件

设置 gmetad 的数据库默认位置为"/var/lib/ganglia/rrds"、setuid_username 的值为"ganglia"、gridname 的值为"biancluster"，如图 7-46、图 7-47、图 7-48 所示。

```
# Where gmetad stores its round-robin databases
# default: "/var/lib/ganglia/rrds"
# rrd_rootdir "/some/other/place"
#
#-----------------------------------------------
```

```
# User gmetad will setuid to (defaults to "nobody")
# default: "nobody"
setuid_username ganglia
#
```

```
# default: unspecified
# gridname "MyGrid"
gridname "biancluster"
#
```

图 7-46 设置数据库默认位置　　　　　　图 7-47 设置 setuid_username　　　　图 7-48 设置 gridname

2. 配置 gmond.conf

修改/etc/ganglia/ganglia-monitor 的配置文件，每台被监控的机器都需要进行如下配置。

编辑/etc/ganglia/gmond.conf 文件，修改以下内容（本节点作为收集节点，被监控节点可以是多个，最后需要在 gmetad.conf 上进行配置）。

```
cluster {
  name = "biancluster"    #此处必须与前面 gmetad.conf 文件中的 gridname 一致
  owner = "bian"
  latlong = "unspecified"
  url = "unspecified"
}
#发送到目标 gmond 的地址和端口（单播）
udp_send_channel {
# mcast_join = 239.2.11.71   #注释掉多播方式
  host=192.168.1.21
  port = 8649
  ttl = 1
}
#接收 UDP 的端口
udp_recv_channel {
port = 8649
bind = 192.168.1.21
}
#gmetad 用来收集数据请求的端口
tcp_accept_channel {
port = 8650
gzip_output = no
}
```

其他没有提到的配置项建议不修改。

3. 配置 gweb

（1）创建所需的软链接

用如下命令创建软链接，将/usr/share/ganglia 文件夹链接到 Apache 的默认目录下。

```
[root@master ~]# ln -s /usr/share/ganglia/  /var/www/html/ganglia
```

也可以将/usr/share/ganglia 的内容直接复制到/var/www/html/ganglia，此时可见/var/www/html/ganglia 文件夹。

再用如下命令创建软链接，将/var/lib/ganglia-web/文件夹链接到/var/lib/ganglia。

```
[root@master ~]# ln -s /var/lib/ganglia-web/  /var/lib/ganglia
```

（2）修改相应文件夹的所属用户、所属组及权限

还要注意以下目录的所属用户、所属组及其权限。如果不是"ganglia：ganglia"，需要为相应的目录设置"用户：组"为"ganglia：ganglia"，并赋予相应的读写权限。否则可能在使用监控页时发生权限不够等错误。

执行如下命令进行相应修改。

```
[root@master ~]# chown -R  ganglia: ganglia  /usr/share/ganglia
[root@master ~]# chmod -R  755  /usr/share/ganglia
[root@master ~]# chown -R  ganglia: ganglia  /var/lib/ganglia/
[root@master ~]# chmod -R  777  /var/lib/ganglia/dwoo/compiled
[root@master ~]# chmod -R  777  /var/lib/ganglia/dwoo/cache
[root@master ~]# chown -R  ganglia: ganglia  /var/lib/ganglia-web/
[root@master ~]# chmod -R  755  /var/lib/ganglia-web/
```

（3）修改或创建/etc/httpd/conf.d/ganglia.conf

执行如下命令修改或创建/etc/httpd/conf.d/ganglia.conf。

```
[root@master ~]# vi /etc/httpd/conf.d/ganglia.conf
```

改成或写入如下内容。

```
Alias /ganglia /usr/share/ganglia
<Location /ganglia>
Order deny,allow
Allow from all
</Location>
```

至此，Ganglia 的服务器端已经配置完成。

4. 配置 HDFS、YARN 集成 Ganglia

为了使 Ganglia 能监控 HDFS、YARN，需要对 Hadoop 下的 hadoop-metrics2.properties 文件进行修改，执行如下命令。

```
[root@master ~]# vi /opt/hadoop/etc/hadoop/hadoop-metrics2.properties
```

修改其中的内容如下。

```
# for Ganglia 3.1 support
*.sink.ganglia.class=org.apache.hadoop.metrics2.sink.ganglia.GangliaSink31
*.sink.ganglia.period=10
# default for supportsparse is false
*.sink.ganglia.supportsparse=true
*.sink.ganglia.slope=jvm.metrics.gcCount=zero,jvm.metrics.memHeapUsedM=both
*.sink.ganglia.dmax=jvm.metrics.threadsBlocked=70,jvm.metrics.memHeapUsedM=40
namenode.sink.ganglia.servers=192.168.1.21:8649
```

```
datanode.sink.ganglia.servers= 192.168.1.22:8649, 192.168.1.23:8649
#此处的 IP 地址参考 Hadoop 的 DataNode 的 IP 配置
resourcemanager.sink.ganglia.servers=192.168.1.21:8649
nodemanager.sink.ganglia.servers=192.168.1.22:8649, 192.168.1.23:8649
#此处的 IP 地址参考 Hadoop 的 NodeManager 的 IP 配置
mrappmaster.sink.ganglia.servers=192.168.1.21:8649
jobhistoryserver.sink.ganglia.servers=192.168.1.21:8649
```

设置使 Ganglia 能监控 Hadoop 的参数的部分截图如图 7-49 所示。

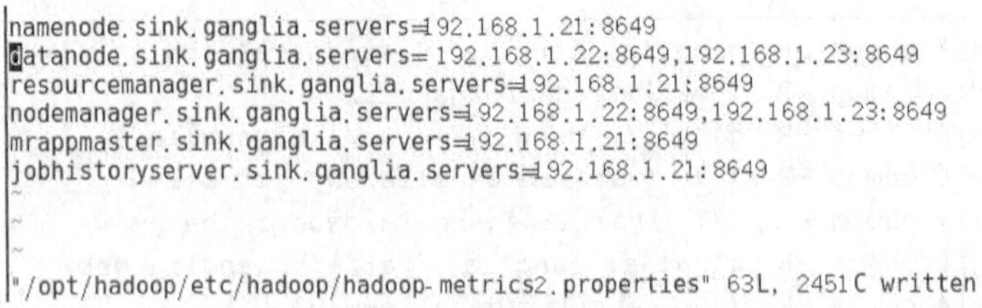

图 7-49　设置使 Ganglia 能监控 Hadoop 的参数

然后，将该配置文件复制到每一台需要监控的机器（即 slave1 和 slave2）上，即用如下命令将 hadoop-metrics2.properties 复制到远程节点计算机的$HADOOP_HOME/etc/hadoop/目录（即 Hadoop 的配置目录下的/etc/hadoop/目录）下。

```
[root@master ~]# cd /opt/hadoop/etc/hadoop/
[root@master ~]scp  hadoop-metrics2.properties  192.168.1.22:/opt/hadoop/etc/hadoop/
[root@master ~]scp  hadoop-metrics2.properties  192.168.1.23:/opt/hadoop/etc/hadoop/
```

其中，复制到一台机器的结果如图 7-50 所示，另一台类似。

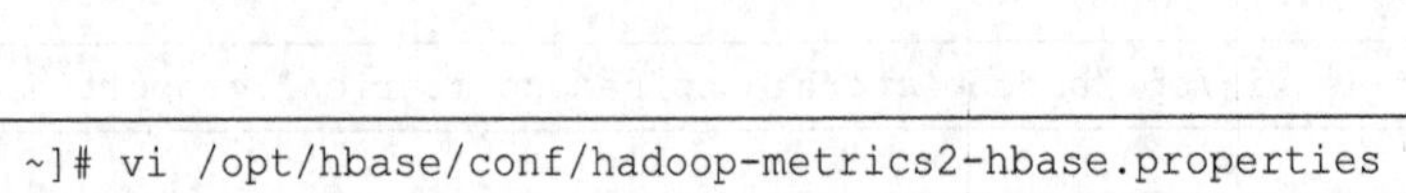

图 7-50　远程复制 Hadoop 的 metrics2 文件

5. 配置 HBase 集成 Ganglia

为了使 Ganglia 能监控 HBase，需要对 HBase 下的 hadoop-metrics2-hbase.properties 文件进行修改。执行如下命令。

```
[root@master ~]# vi /opt/hbase/conf/hadoop-metrics2-hbase.properties
```

改成或写入如下内容。

```
*.sink.file*.class=org.apache.hadoop.metrics2.sink.FileSink
# default sampling period
*.period=10
*.source.filter.class=org.apache.hadoop.metrics2.filter.GlobFilter
*.record.filter.class=${*.source.filter.class}
*.metric.filter.class=${*.source.filter.class}
hbase.sink.ganglia.record.filter.exclude=*Regions*
```

```
hbase.sink.ganglia.class=org.apache.hadoop.metrics2.sink.ganglia.GangliaSink31
hbase.sink.ganglia.tagsForPrefix.jvm=ProcessName
*.sink.ganglia.period=20
hbase.sink.ganglia.servers=192.168.1.21:8649
```

然后，将该配置文件复制到每一台需要监控的机器（即 slave1 和 slave2）上，即用如下命令将
hadoop-metrics2-hbase.properties 复制到远程节点计算机的$HBASE_HOME/conf 目录（即 HBase 的配
置目录下的/conf/目录）下。

```
[root@master hadoop]# cd /opt/hbase/conf/
[root@master conf]# scp hadoop-metrics2-hbase.properties 192.168.1.22:/opt/hbase/conf/
[root@master conf]# scp hadoop-metrics2-hbase.properties 192.168.1.23:/opt/hbase/conf/
```

其中，复制到一台机器的结果如图 7-51 所示，另一台类似。

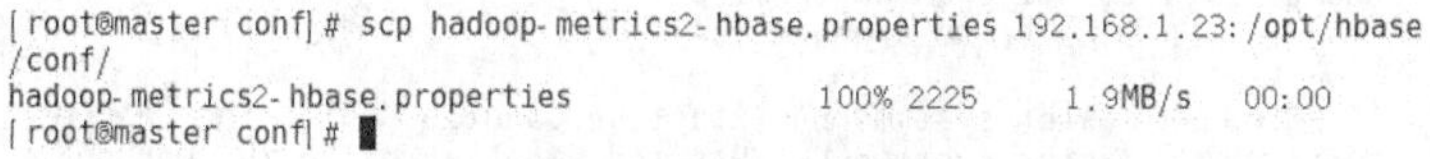

```
[root@master conf]# scp hadoop-metrics2-hbase.properties 192.168.1.23:/opt/hbase
/conf/
hadoop-metrics2-hbase.properties               100% 2225     1.9MB/s   00:00
[root@master conf]#
```

图 7-51　远程复制 Hbase 的 metrics2 文件

7.3.5　客户机端配置

客户机端只要配置 gmond 即可，因此需要安装 ganglia-gmond 和 ganglia-gmond-python。安装方
式与服务器端一样，即在 slave1 和 slave2 上均需要执行如下安装命令。

```
[root@slave1~]#yum -y install ganglia-gmond
[root@ slave1~]#yum -y install ganglia-gmond-python
```

然后，编辑/etc/ganglia/gmond.conf 文件，修改的内容与在服务器端配置监控端相同，也可以用
scp 命令远程复制过来。

7.3.6　启动各个服务及监控进程

1. 在服务器端启动各个服务及监控进程

① 在 master 启动 Hadoop、HBase 服务。在 master 和 slave1 启动 Hadoop、HBase 服务（启动命
令及过程可参照第 6 章 Hadoop、HBase 配置内容），启动后各个节点可见的进程如图 7-52、图 7-53
所示。

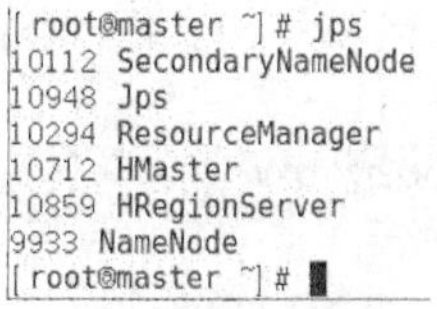

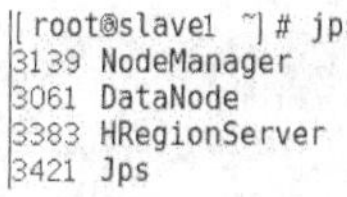

```
[root@master ~]# jps
10112 SecondaryNameNode
10948 Jps
10294 ResourceManager                  [root@slave1 ~]# jps
10712 HMaster                          3139 NodeManager
10859 HRegionServer                    3061 DataNode
9933 NameNode                          3383 HRegionServer
[root@master ~]#                       3421 Jps
```

图 7-52　master 上可见的进程　　图 7-53　slave1 上可见的进程

slave2 的结果与 slave1 相同。

② 在 master 启动和查看 gmond、gmetad、httpd 服务，命令分别如下。

```
[root@master ~]# /bin/systemctl start gmond.service
[root@master ~]# /bin/systemctl status gmond.service
[root@master ~]# /bin/systemctl start gmetad.service
[root@master ~]# /bin/systemctl status gmetad.service
[root@master ~]# /bin/systemctl start httpd.service
[root@master ~]# /bin/systemctl status httpd.service
```

启动和查看 gmond 服务的结果如图 7-54 所示，其他结果与其类似。

```
[root@master ~]# /bin/systemctl start gmond.service
[root@master ~]# /bin/systemctl status gmond.service
● gmond.service - Ganglia Monitoring Daemon
   Loaded: loaded (/usr/lib/systemd/system/gmond.service; disabled; vendor
 preset: disabled)
   Active: active (running) since 六 2019-07-20 16:49:51 CST; 37s ago
  Process: 11098 ExecStart=/usr/sbin/gmond (code=exited, status=0/SUCCESS)
 Main PID: 11099 (gmond)
   CGroup: /system.slice/gmond.service
           └─11099 /usr/sbin/gmond

7月 20 16:49:51 master systemd[1]: Starting Ganglia Monitoring Daemon...
7月 20 16:49:51 master systemd[1]: Started Ganglia Monitoring Daemon.
```

图 7-54　启动和查看 gmond 服务

2. 在 2 个 slave 启动 gmond 服务

还需要在 2 个 slave 启动 gmond 服务，启动和查看命令如下。

```
[root@slave1~]# /bin/systemctl start gmond.service
[root@ slave1~]# /bin/systemctl status gmond.service
[root@slave2 ~]# /bin/systemctl start gmond.service
[root@ slave2~]# /bin/systemctl status gmond.service
```

7.3.7　查看监控

在 master 的浏览器上查看监控页面，如图 7-55、图 7-56 及图 7-57 所示。

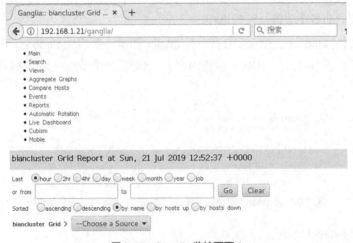

图 7-55　Ganglia 监控页面 1

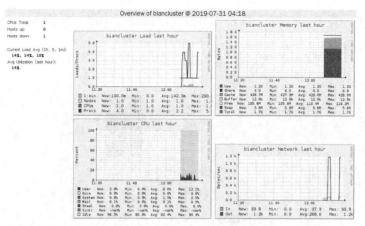

图 7-56　Ganglia 监控页面 2

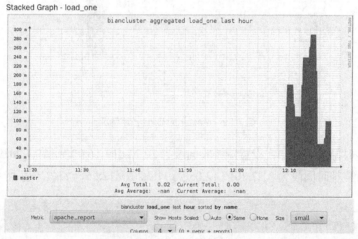

图 7-57　Ganglia 监控页面 3

在图 7-57 中选择 master，可见其各种资源占用情况，部分截图如图 7-58 所示。

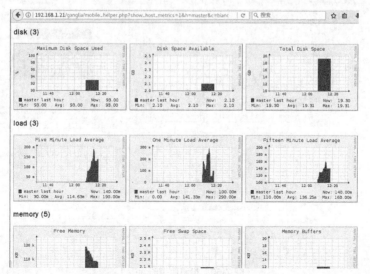

图 7-58　master 的各种资源占用情况

单击图 7-56 所示页面中的 CPU 的图片即可查看 master 的 CPU 占用情况，如图 7-59 所示。

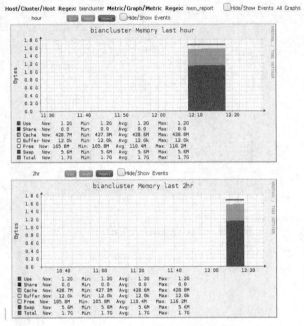

图 7-59　master 的 CPU 占用情况

也可设置监控时间段。例如，设置监控时间段为 20.7.2019 16:00 到 20.7.2019 21:00，如图 7-60 所示；又如，设置监控时间段为 31.7.2019 12:05 到 31.7.2019 12:25，如图 7-61 所示。

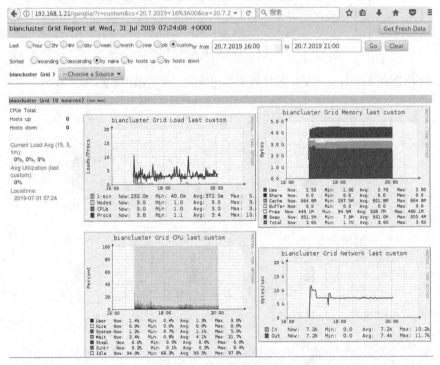

图 7-60　设置监控时间段 1

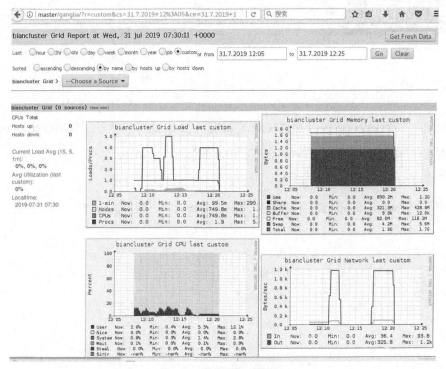

图 7-61　设置监控时间段 2

7.4　本章小结

本章详细讲解了 Nagios 和 Ganglia 的安装和配置过程，并介绍了如何使用 Hadoop、Nagios 和 Ganglia 进行大数据运维监控。

Hadoop 服务本身有一些可以监控 Hadoop 运行情况的 Shell 命令，也可以通过浏览器监控 Hadoop 服务运行情况及集群使用情况。

Nagios 能有效监控 Windows、Linux 和 UNIX 的主机状态以及交换机、路由器等网络设置。Nagios 在进行监控时，用绿色、黄色、红色、深黄色这 4 种颜色表示返回的状态信息。

Ganglia 虽然有不错的可视化数据功能，但欠缺告警功能，而 Nagios 可以弥补这一点。将二者配合使用，可以达到较好的监控及告警效果。

7.5　习题

1. 使用 Hadoop 通过浏览器监控服务运行情况时，使用什么 IP 地址和端口？
2. 简述 Nagios 的工作原理。
3. 简述安装 Nagios 的前提条件。
4. 简述 Ganglia 的工作原理。

参考文献

1. 刘鹏. 实战 Hadoop——开启通向云计算的捷径[M]. 北京：电子工业出版社，2011.

2. 翟周伟. Hadoop 核心技术[M]. 北京：机械工业出社，2015.

3. 王亮. Kafka 源码解析与实战[M]. 北京：机械工业出版，2018.

4. 谭磊，范磊. Hadoop 应用实战[M]. 北京：清华大学出版社，2017.